［ネットワーク超入門］

手を動かしながら学ぶ IPネットワーク

Gene［著］

演習で段階的に
社内ネットワークを構築することで
「ネットワーク」の基礎が身につく1冊！

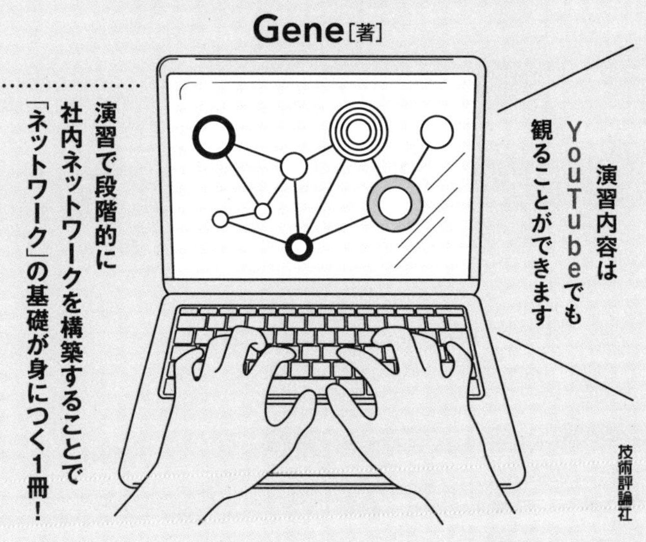

演習内容は
YouTubeでも
観ることができます

技術評論社

＜本書を購入する前にご確認ください＞

本書の演習は、OSSのネットワーク機器エミュレーターツールである「GNS3」を利用しています。そのため、Cisco IOSのイメージファイルが必要になります。しかし、準備することが難しい方のために、Cisco Networking Academyが提供する無償のネットワークシミュレーションツール「Cisco Packet Tracer」用のファイルやYouTubeによる動画解説をご用意しています。詳細は「本書を活用するために」－「演習の環境セットアップ」（vページ）をご確認ください。

はじめに

ネットワークは、今では日常生活に浸透して当たり前にように利用するインフラです。1ユーザとしてネットワークを利用するだけなら、その仕組みを詳しく知る必要はありません。しかし、仕事でネットワークの構築や運用管理を行うには仕組みを理解しておくことが必要です。また、純粋な好奇心でネットワークの仕組みを詳しく知りたいという方もいらっしゃるでしょう。本書は、そんなネットワークの仕組みを知りたいという方に向けて執筆しました。

本書は、ネットワークの仕組みを知るために、「手を動かしてネットワークを作ってみる」ということをコンセプトにしています。ネットワークを作るためにはネットワーク機器が複数必要ですが、物理的に何台ものネットワーク機器を揃えるのはハードルが高いです。しかし、今では物理的なネットワーク機器を揃えなくても、手元のPC上で仮想的にネットワークを作ることが比較的容易にできるようになっています。筆者が、以前、中古のネットワーク機器をオークションで落札して個人的なラボを作っていたころとは隔世の感があります。

本書の構成は、基本的に「技術の仕組みの解説」→「演習」としています。イーサネットを利用したIPネットワークを構築するための基本的な技術の仕組みを解説して、その仕組みの理解を深めるための演習という流れです。ステップ・バイ・ステップで、理解を深めるために時にはあえてかなり回りくどい手順にしています。そして、最後に企業の社内ネットワークを構築するための総合演習を用意しています。総合演習で、いろんな個々の技術を組み合わせてネットワークが構築されているということを実感できるでしょう。

読者が演習を実行するには、演習環境を準備していただく必要がありますが、仮に演習環境をご自身で準備できなくても、筆者が演習の手順を解説する動画を公開しているので、安心してください。

本書を通じて、ネットワーク上でデータが転送されていく仕組みとそんなネットワークを構築するネットワーク機器の動作の理解を深めていただければ幸いです。そして、さらにネットワーク技術に興味を持っていただけることを願っています。

最後に、本書の企画をご提案いただいた技術評論社の取口さんをはじめ、制作に関わってくださったみなさまにお礼申し上げます。ありがとうございました。

2022年2月

Gene

本書を活用するために

ここでは、本章をより活用していただくために、本文中の表記や演習環境について説明します。

本書のコマンド構文の表記

本書ではさまざまな設定コマンドを紹介します。コマンド構文として、ユーザが指定する引数やオプションについて、次の表記ルールとしています。

- < >：ユーザが指定する引数
- [ ]：必須のオプション
- { }：省略可能なオプション

たとえば、IPアドレスを設定するコマンド構文の表記は次のようになります。

```
構文
(config-if)#ip address <address> <subnetmask>

引数
<address>：IPアドレス
<subnetmask>：サブネットマスク
```

「(config-if)#」は、コマンドを入力するときのモードです。この例では、インタフェースコンフィグレーションモードで入力するコマンドということです。「ip address」は、IPアドレス設定のコマンド構文として決まった文字列です。そして「<address> <subnetmask>」の部分はユーザが入力する必要がある引数です。コマンドによって、引数として文字列だったり数値だったりします。

また、オプションを指定するコマンド構文は次のとおりです。

```
構文
(config-if)#switchport mode {dynamic {auto | desirable} | trunk |access}
```

オプションとして決まった文字列を指定する必要がある場合、候補の文字列を「|」で区切ります。この例は、オプションとして「dynamic」「trunk」または「access」という決まった文字列を指定します。そして「dynamic」の場合、さらに

続けて「dynamic auto」または「dynamic desirable」と指定します。オプション内でユーザが入力する引数が必要な場合もあります。

演習の環境セットアップ

本書の演習は、OSS（オープンソースソフトウェア）のネットワーク機器エミュレーターツールである「GNS3」を利用して作成しています。紙幅の制約のためGNS3自体は解説していません。筆者のWebサイト（「ネットワークのおべんきょしませんか？」）にGNS3のインストールやセットアップについて詳しく解説しています。

- 「ネットワークのおべんきょしませんか？」－「GN3の使い方」
  URL https://www.n-study.com/how-to-use-gns3/

本書の演習を取り組んでいただくためには、次の記事の内容が完了している必要があります。

- 「[GNS3の使い方]GNS3のインストール（Windows10）」
  URL https://www.n-study.com/how-to-use-gns3/gns3-install-guide/
- 「[GNS3の使い方]IOSルータテンプレートの作成（ローカルサーバ）」
  URL https://www.n-study.com/how-to-use-gns3/create-ios-router-template/

IOSルータテンプレートの作成の際に、Cisco IOS「c3725-adventerprisek9-mz.124-15.T14.bin」のイメージファイルが必要です。ダウンロードしていただける演習ファイルの中にはIOSイメージファイルは含まれていません。IOSイメージファイルは、読者ご自身で実機ルータからダウンロードするなどの手段で入手していただく必要があります。

ご自身で演習環境を準備することが難しい方のために、各演習の手順を解説している動画をYouTubeで公開しています。YouTube動画へのリンクは本書サポートページに記載しています。

- 本書サポートページ
  URL https://gihyo.jp/book/2022/978-4-297-12687-2/support

また、「GNS3」ではなくCisco Networking Academyが提供する無償のネットワークシミュレーションツール「Cisco Packet Tracer」用の演習ファイルも準備しています。Cisco Packet Tracer用の演習ファイルは、記載している演習の手順と若干異なる部分が出てきますが、ほぼ同様の設定が可能です。Cisco Packet Tracerについても概要や簡単な使い方を筆者のWebサイトで解説しています。

- 「Cisco Packet Tracer」
  URL https://www.n-study.com/cisco-packet-tracer/

Cisco Packet Tracerでは、IOSイメージファイルは不要です。Cisco Networking Academyに登録(無料)すれば利用できます。

本書の演習は「GNS3 2.2.17」と「Cisco Packet Tracer 8.0.0.0212」で作成しています。

演習用ファイルのダウンロード

本書サポートページから演習用のファイル(ZIP圧縮ファイル)をダウンロードしてください。

- 本書サポートページ
  URL https://gihyo.jp/book/2022/978-4-297-12687-2/support

ダウンロードしたZIP圧縮ファイルを展開(解凍)すると、**表0-1**のようなフォルダの一覧があります。

◯表0-1：演習用ファイルのフォルダ構成

フォルダ名	章	演習	ページ
01_L2SW_Basic	Chapter 3	レイヤ2スイッチの動作	86
02_VLAN_Basic	Chapter 4	VLAN	108
03_L3SW	Chapter 6	レイヤ3スイッチ	159
04_Static_routing	Chapter 7	ルーティングの基礎	185
05_RIP	Chapter 8	RIP	217
06_Internet_Connection	Chapter 9	インターネットへの接続	245
07_Comprehensive_Exercise	Appendix	総合演習	256

なお、解凍したZIPファイルを配置する場所(パス)に日本語など2バイト文字が含まれないようにしてください。パスに2バイト文字が含まれているとGNS3プロジェクトファイルを正常に開くことができません。

演習の進め方

演習環境の起動

実施したい演習のフォルダ内にあるプロジェクトファイル(拡張子「.gns3」)をダブルクリックすると、GNS3が起動して演習環境が読み込まれます(Cisco Packet Tracer用のファイルは拡張子「.pkt」です。)。

ルータの起動

演習環境を読み込んだときは、デバイスは起動していない状態です。演習環境のデバイスを起動させるために、ツールバーの起動アイコンをクリックします(**図0-1**)。すべてのデバイスを一括で起動できます。

◯図0-1：[GNS3] ルータの起動

コンソール接続

デバイスのコマンドラインにログインするためには、アイコンをダブルクリックしてください。コンソール画面が表示されてコマンド入力が可能になります。

デバイスのコマンドラインにログインしていないと、PCのCPU負荷が大きくなってしまうことがあります。演習環境のデバイスを起動したら、すべてのデバイスのコマンドラインにログインしておいたほうがよいです。なお、CLIのフォントなどを変更したい場合は、次のWebページを参照してください。

- 「[GNS3の使い方]Solar-PuTTYのフォント、背景色の変更方法」
  URL https://www.n-study.com/how-to-use-gns3/solar-putty/

設定コマンドと確認コマンドの入力

演習の手順は、基本的に「～の設定」→「～の確認」という構成です（一部例外はあります）。

- 「～の設定」

「～の設定」の手順のときにはグローバルコンフィグレーションモードからコマンドを入力してください。なお、「!」は区切りのためのものです。入力しても入力しなくてもどちらでも問題ありません。

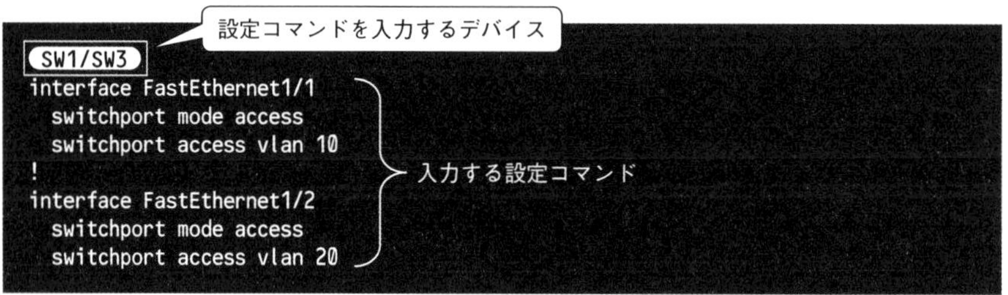
設定コマンドを入力するデバイス
SW1/SW3
interface FastEthernet1/1
switchport mode access
switchport access vlan 10
!
interface FastEthernet1/2
switchport mode access
switchport access vlan 20
入力する設定コマンド

- 「～の確認」

そして、「～の確認」の手順のときには特権EXECモードで確認コマンドを入力してください。確認の手順では、表示内容のサンプルで特に注目していただきたい行の文字色を黄色にしています。

確認コマンドを入力するデバイス

```
SW1
SW1# show vlan-switch brief

VLAN Name                             Status    Ports
---- -------------------------------- --------- -------------------------------
1    default                          active    Fa1/0, Fa1/3, Fa1/4, Fa1/5
                                                Fa1/6, Fa1/7, Fa1/8, Fa1/9
                                                Fa1/10, Fa1/11, Fa1/12, Fa1/13
                                                Fa1/14, Fa1/15
10   VLAN0010                         active    Fa1/1
20   VLAN0020                         active    Fa1/2
   :(略)
```

入力する確認コマンド

Chapter 1

ネットワークの全体像

学び始める前に押えておきたいこと

ネットワークを学び始めると、英語も含めた技術用語がたくさん出てきます。呼び方すらわからないものもあるでしょう。本章では利用者の視点で、ネットワークやTCP/IPの基本的な内容を説明していきますが、技術用語を覚えるよりも、どのような流れになっているのかをイメージできるようにしてください。

1-1 ネットワークの基本

- ネットワークとはある機器から別の機器までデータを送り届けるための仕組み
- ルータ／レイヤ2スイッチ／レイヤ3スイッチといったネットワーク機器によってネットワークを作る
- 具体的なネットワーク構成を抽象化して、クラウドのアイコンでネットワークを表現することが多い

ネットワークとは

いまや**ネットワーク**は日常生活においても、ごく当たり前に利用するようになっています。ネットワークという言葉は、とても幅広い意味で使われていますが、本書で取り扱うのは**コンピュータネットワーク**です。以降では、単にネットワークと表記します。

○図1-1：ネットワークとは

まず、ネットワークとは何かについて考えましょう。ネットワークとは「ある機器から別の機器までデータを送り届けるための仕組み」です。**図1-1**のようにネットワークに接続しているPCやサーバなどの間でデータを転送します。

クラウドのアイコンでネットワークを表現

ネットワークを表現するときに、クラウド(雲)のアイコンをよく利用します(**図1-1**にもあります)。クラウドのアイコンにより、具体的な構成は意識しないでネットワークというものを抽象化して表現しています。

クラウドのアイコンが表現しているネットワークも小規模な家庭内ネットワークからインターネットのような巨大なネットワークまでさまざまです(**図1-2**)。同じクラウドのアイコンでも、前後の文脈でクラウドのアイコンが示すネットワークが具体的にどのようなものであるかが異なるので注意してください。

○図1-2：ネットワークの「表現」の例

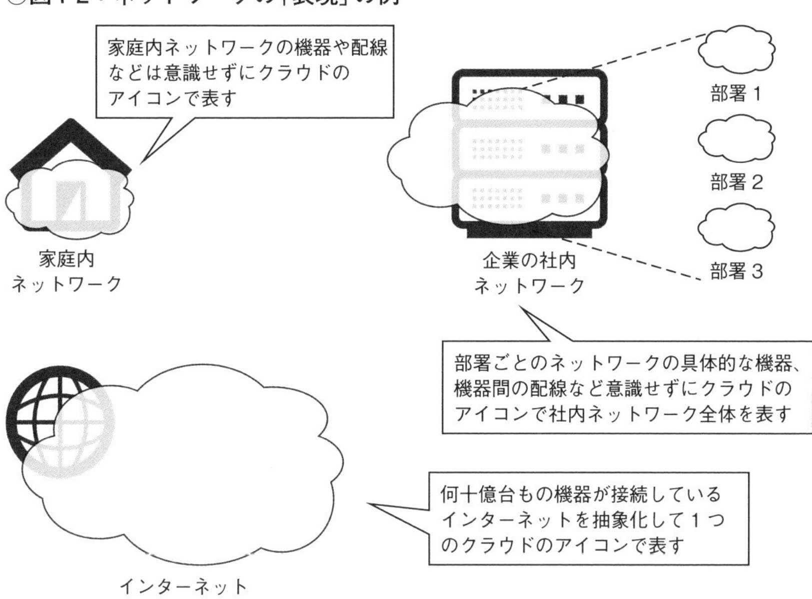
家庭内ネットワークの機器や配線などは意識せずにクラウドのアイコンで表す
家庭内
ネットワーク
企業の社内
ネットワーク
部署1
部署2
部署3
部署ごとのネットワークの具体的な機器、機器間の配線など意識せずにクラウドのアイコンで社内ネットワーク全体を表す
インターネット
何十億台もの機器が接続しているインターネットを抽象化して1つのクラウドのアイコンで表す

たとえば、家庭内のネットワークであれば、数台のネットワーク機器とPCなどをケーブルで配線しているのが具体的な構成です。そういった具体的な構成は意識せずに、家庭内ネットワークを1つのクラウドのアイコンで表します。

また、ある程度の規模の企業の社内ネットワークであれば、部署ごとにネットワークを分けているようなことが多いです。部署ごとのネットワーク具体的な構成は、ネットワーク機器と機器間のケーブルの配線があります。そういった細かい具体的な構成は意識せずに、1つのクラウドのアイコンで「社内ネットワーク全体」を表現することができます。

そして、インターネットは今や何十億台もの機器が接続している、世界規模のとても巨大なネットワークです。そんなインターネットを1つのクラウドのアイコンで表現することもできます。

本書でも、必要に応じて、いろんな規模のネットワークをクラウドのアイコンで抽象化して表現します。

ネットワークの具体的な構成

単なるユーザとしてネットワークを利用するときには、具体的なネットワーク構成を詳しく知る必要はありません。しかし、ネットワークの仕組みをきちんと学ぶためには、ネットワークの具体的な構成を知っておく必要があります。

ネットワークは、ネットワーク機器で構成されています。ネットワーク機器として、おもに次の3種類あります。

- レイヤ2スイッチ
- ルータ
- レイヤ3スイッチ

ネットワーク機器を表すための一般的によく利用されているアイコンは**図1-3**のようになっています。

本書では、Chapter 3以降でこれらの基本的なネットワーク機器の役割や動作の仕組みを詳しく解説していきます。さらに、演習でネットワークを構築します。

◯図1-3：おもなネットワーク機器のアイコン

ルータ

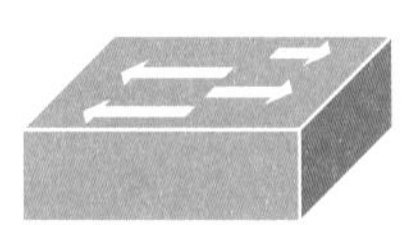

L2 スイッチ

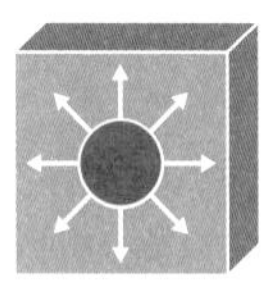

L3 スイッチ

　そして、このようなネットワーク機器で構成されているネットワークにPCやサーバなどの情報端末を接続します。ネットワーク機器や情報端末には機器間を接続するための**インタフェース**が備わっています。インタフェースは境界という意味で、機器とネットワークの境界に当たります。インタフェースのことを**ポート**と称することも多いです。

　ルータの場合はインタフェースと呼ぶことが多いのですが、レイヤ2スイッチやレイヤ3スイッチでは、ポートと呼ぶことが多いです。ただ、呼称の使い分けに決まった基準はありません。基本的にインタフェースもポートも同じ意味と考えて差し支えありません。

　ネットワーク機器および情報端末間の接続、つまり、インタフェース間のつながりのことを**リンク**と呼んでいます。有線ではなく無線の場合は、インタフェースは機器の外からは見えませんが、無線用のインタフェースがあります。また、無線のリンクも目に見えませんが、無線のリンクは電波のようなイメージで表現しています(**図1-4**)。

◯図1-4：ネットワークの具体的な構成例

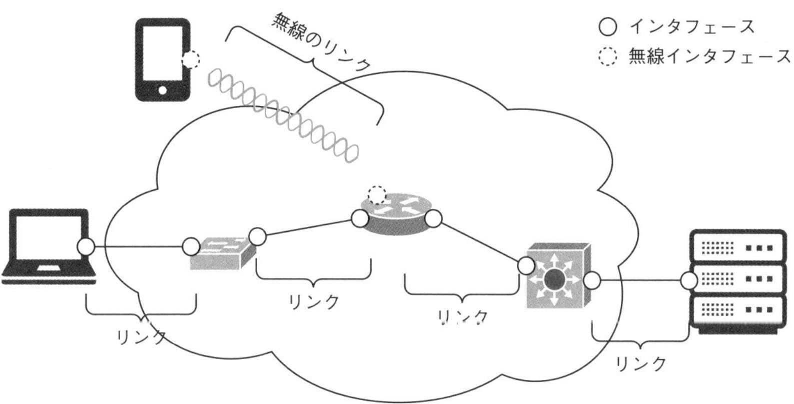

　ネットワークに接続してデータをやり取りするPCやサーバなどを、ここでは**情報端末**と表現していますが、この表現も次のようにたくさんあります。

- ホスト
- ノード

- ステーション(ワークステーション)
- エンドポイント

ネットワーク技術はいろんな規格を組み合わせて成り立っていて、それぞれの規格を主導している組織が異なります。そのため、同じモノやコトを指していても、違う言葉を使うようなケースが多く見られます。

現在の通信で一般的に利用するTCP/IPでは、ネットワークに接続してデータのやり取りを行う機器のことを**ホスト**と表現します。本書では、PCやサーバなどを基本的には「ホスト」と表記します。

ネットワークを利用する目的

ネットワークを介してPCやサーバなどとの間でデータをやり取りするわけですが、ネットワークを利用する"目的"ではありません。データをやり取りするのは"手段"です。ネットワーク上でさまざまなデータをやり取りするのは、次のような目的のためです(**図1-5**)。

- 情報収集
- 情報共有
- 効率的なコミュニケーション
- 業務プロセスの効率化

新しい製品やサービスなどあなたの興味があることについて情報収集をするために、日常的にWebサイトを閲覧しているでしょう。ネットワーク上のストレージサービスにファイルを保存しておけば、どんな端末からもそのファイルにアクセスできますし、他のユーザとの共有も簡単です。

たとえば、本書を執筆する過程では、原稿ファイルをストレージサービスにおいて、編集者と共有して校正や編集を効率良くできるようにしています。そして、電子メールにより低コストで素早く他のユーザとコミュニケーションが取れるようになります。さらに、最近ではSNS(Social Networking Service)のメッセンジャー機能を利用すると、ほぼリアルタイムのコミュニケーションが

○図1-5：ネットワークを利用する目的

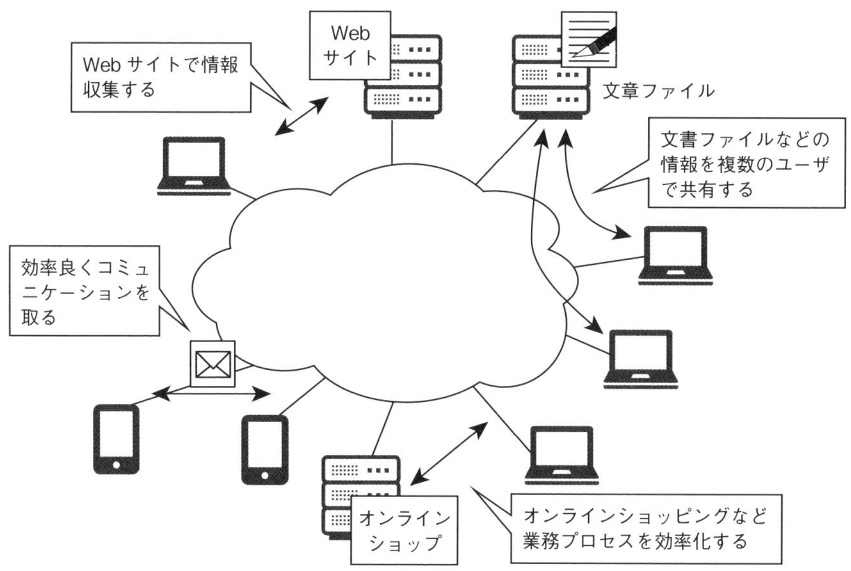

可能です。オンラインのビデオ会議システムを利用すると、いつでもどこからでも会議ができるようになり、リモートワーク環境の実現に一役買っています。

ネットワーク上の仮想店舗で買物をするオンラインショッピングは、販売業者にとっては受注／決済プロセスや顧客管理などといった業務プロセスを効率化できます。購入する一般消費者にとっても店舗に行かなくても買い物ができるといったメリットがあります。さらに企業の社内ネットワークでは、出張申請や経費精算などの事務処理をシステム化して、業務プロセスの効率化を図っている例も多く見られます。

通信の主体はおもにアプリケーション

図1-5のような目的のために、いろんなアプリケーションを利用しています。よく利用するアプリケーションが「Microsoft Edge」「Google Chrome」「Mozilla Firefox」「Apple Safari」といったWebブラウザです。本書を手にとっているあなたも、毎日のようにWebブラウザを利用していることでしょう。

ネットワークを介してデータをやり取りし、さまざまなメリットを享受するわけですが、「**データをやり取りしている主体はアプリケーションである**」ということはネットワークの仕組みを学ぶうえでとても重要です[注1]。そして、「**原則として通信、すなわちデータは"双方向で"やり取りする**」ということも重要なポイントです(**図1-6**)。本書で繰り返し述べていきます。

◯**図1-6：通信の主体はアプリケーション**

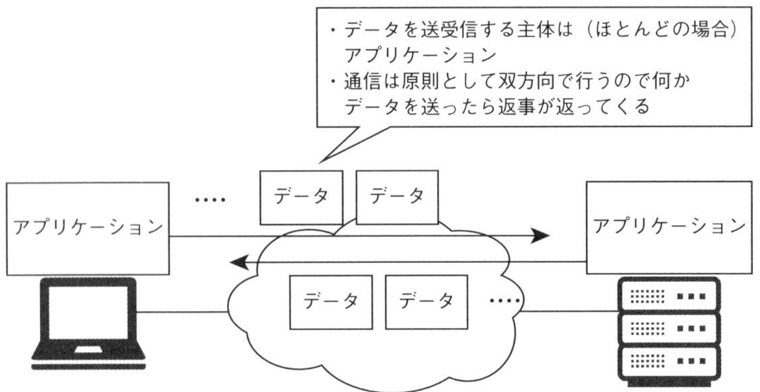

アプリケーションのデータのやり取りは、たいてい1つのみではありません。複数のデータが連続して送信されることがほとんどです。アプリケーションの通信を構成する一連のデータのまとまりを**アプリケーションフロー**、または単に**フロー**と呼んでいます。

アプリケーションの通信は、双方向でフローが発生します。本書の図では、シンプルにするためにやり取りされるデータを複数のまとまりとして描くことはほとんどありません。しかし、やり取りされるデータは1つだけではなく、連続した複数のデータのまとまりになっていることを忘れないようにしてください。

注1) アプリケーション間のデータのやり取り以外ももちろんあります。

1-2 ネットワークの分類

- 利用するユーザによるネットワークの分類が重要
- プライベートネットワークは限られたユーザだけが利用するネットワーク
- インターネットはユーザを限定しない(できない)ネットワーク

利用するユーザによるネットワークの分類

ネットワークはいろんな観点で分類できます。筆者が特に重要だと考えているのが「**利用するユーザによるネットワークの分類**」です。ユーザが存在して、はじめてネットワークに価値が生まれます。ユーザがいないネットワークに何の価値もありません。そのため、「利用するユーザによるネットワークの分類」が重要です。

利用するユーザによって、ネットワークは大きく次の2つに分類できます。

- プライベートネットワーク(クローズドネットワーク)
- インターネット(オープンネットワーク)

プライベートネットワーク

プライベートネットワークは、作り上げたネットワークを限定されたユーザだけでしか使わせないようにしているネットワークです。プライベートネットワーク[注2]の典型的な例は「企業の社内ネットワーク」や「家庭内ネットワーク」があります。

注2) プライベートネットワークは、「クローズドネットワーク(閉域網)」とも呼びます。

企業の社内ネットワーク

企業における社内ネットワークは、プライベートネットワークのもっとも典型的な例です。企業の社内ネットワークは誰でも利用できるわけではなく、原則として、その企業の社員のみが利用できます。社員のPCやスマートフォン／タブレットなどと企業内のサーバ間でさまざまなデータをやり取りして、情報共有したり、コミュニケーションをとったり、業務システムを利用しています。一時的に、社員以外の訪問客が社内ネットワークに接続することもありますが、訪問客が無制限に社内ネットワークにアクセスできるわけではありません。訪問客のアクセスは、社内ネットワークの一部に限定されます。

ある程度規模が大きい企業であれば、複数の拠点があります。拠点の地理的な配置に関連して、企業の社内ネットワークは**LAN**(Local Area Network)と**WAN**(Wide Area Network)から構成されることになります(**図1-7**)。ある拠点のネットワーク全体をLANと呼び、離れた拠点間を接続するためのネットワークをWANと呼びます。拠点が1ヵ所しかなければLANのみです。そして、LANを構築するためにイーサネットと無線LANがおもに利用されています。

◯図1-7：社内ネットワークの例

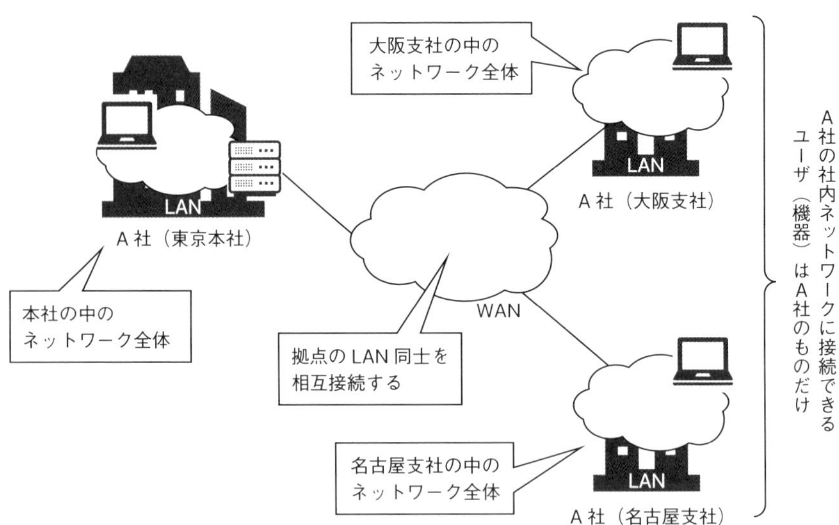

家庭内ネットワーク

家庭内ネットワークは、規模が小さいだけで企業の社内ネットワークと考え方は同じです。家庭内ネットワークは、利用できるユーザ(機器)が家族だけに限定されているというプライベートネットワークです(**図1-8**)。ときどき、訪問客が接続することもあるかもしれませんが、訪問客が家主の許可を得ずに好き勝手に家庭内ネットワークを利用することはできません。

◯図1-8：家庭内ネットワークの例

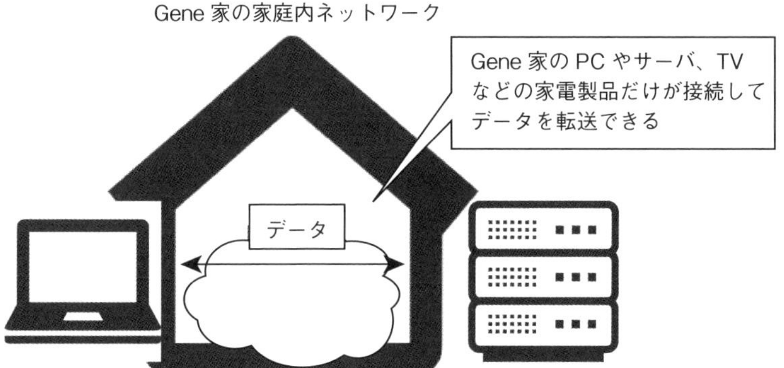
Gene家の家庭内ネットワーク
Gene家のPCやサーバ、TV
などの家電製品だけが接続して
データを転送できる
データ

インターネット(オープンネットワーク)

インターネットは、利用できるユーザを限定しない(できない)ネットワークで、さまざまな組織のネットワークを相互接続したネットワークです。インターネットを構成するある組織のネットワークを**AS**(エーエス)(Autonomous System)：自律システム」と呼びます。世界中のASが相互接続したものがインターネットです。

ASの具体的な例として、ISP(Internet Service Provider)があります。ISPはその名前のとおり、インターネット接続サービスを提供する事業者です。日本ではOCNやBIGLOBE、So-netなどが有名なISPです。NTTドコモ／KDDI(au)／ソフトバンクといった携帯電話事業者もISPの一種です。

他にもGoogleやAmazonといったインターネットを介してさまざまなサービスを提供している企業のネットワークもASです。

企業や家庭内ネットワークといったプライベートネットワークをインターネッ

トに接続するということは、どこかのISPとインターネット接続サービスについて契約します。これにより、企業のネットワークや家庭のネットワークは契約したISPのネットワークに所属します。ISP同士はどこかでつながっているということは、あるISPと契約した家庭や企業のネットワークもどこかでつながっています。その結果、同じISPのユーザのみならず世界中のたくさんのユーザ間で通信ができるようになります。

○図1-9：インターネットの構成イメージ

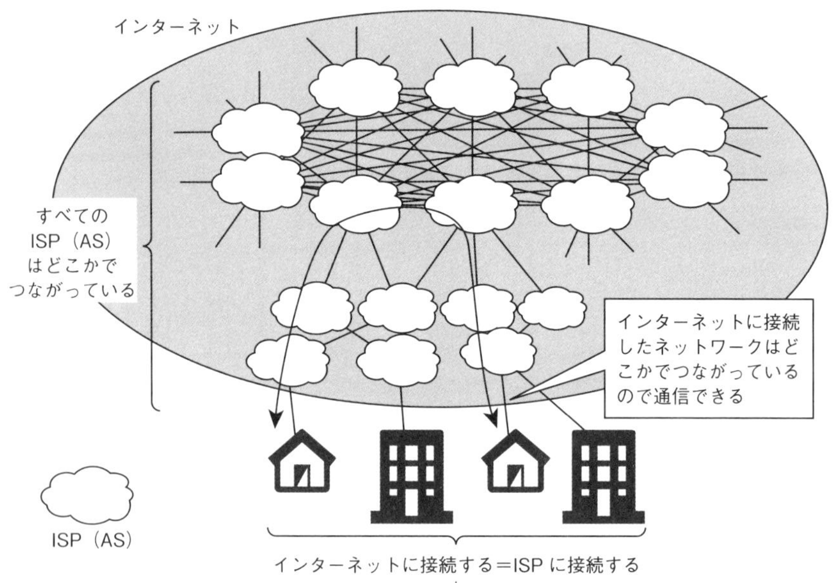

どこかのISPとインターネット接続サービスを契約しさえすれば、他のISPと契約しているすべてのユーザとの通信が可能になることから、利用できるユーザが限定することができません。そして、多くのユーザが接続していることで、ネットワークを利用する利便性が向上します。

1-3 TCP/IPの基礎

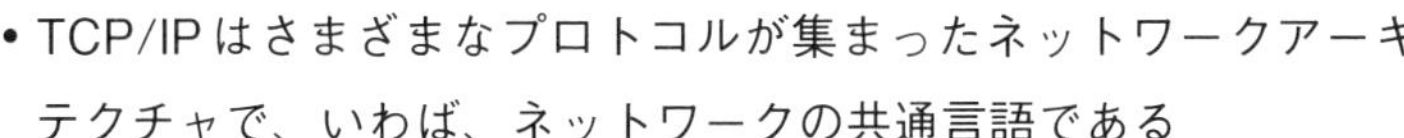

- TCP/IPはさまざまなプロトコルが集まったネットワークアーキテクチャで、いわば、ネットワークの共通言語である
- TCP/IPは4つの階層で、さまざまなプロトコルを規定している
- IPでアプリケーションが動作しているホスト間でデータを転送する
- TCPまたはUDPで適切なアプリケーションにデータを振り分ける

プロトコルとネットワークアーキテクチャ

私たちが会話するときに日本語や英語といった言語を利用します。PCなどの通信ではネットワークアーキテクチャを利用します。つまり、会話における言語に相当するのがネットワークアーキテクチャです(**図1-10**)。

○図1-10：ネットワークアーキテクチャと言語

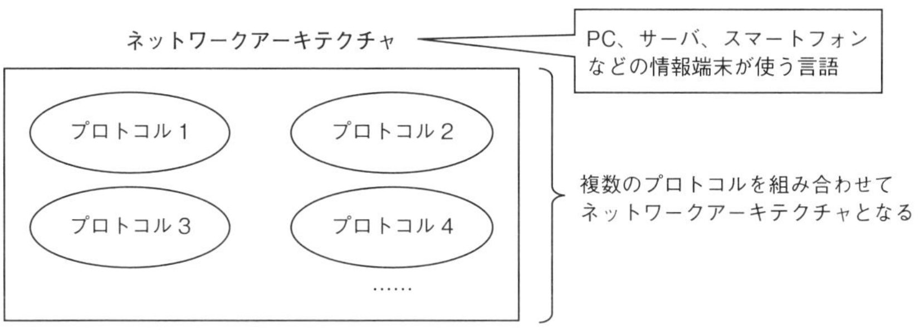

言語（英語、日本語など）

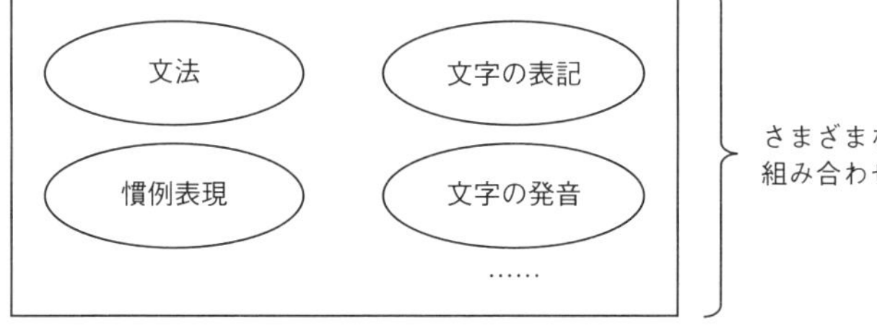

さまざまな決まりごとを組み合わせて言語になる

言語には、文字の表記、発音、文法などのいろんなルールがあります。ネットワークアーキテクチャでも同様です。通信相手の指定方法、つまり、アドレスやデータのフォーマット、通信の手順などのルールが必要です。通信におけるルールを「**プロトコル**」と呼びます。そして、プロトコルの集まりが「**ネットワークアーキテクチャ**[注3]」です。

ネットワークアーキテクチャの例として、次のものがあります。

- TCP/IP
- OSI
- Microsoft NETBEUI
- Novell IPX/SPX
- Apple AppleTalk
- IBM SNA

会話をするためには、お互いに同じ言語でないと成立しません(昨今は自動翻訳機器もありますが)。コンピュータ同士の通信でも同様です。同じネットワークアーキテクチャを利用する必要があります。今では、PCなどをネットワークにつないでいるのが当たり前ですが、昔はそうではありません。昔のOSには、デフォルトでネットワークの機能が備わっていません。ネットワークアーキテクチャが組み込まれていなかったので、ネットワークを利用するために、先ほど挙げたネットワークアーキテクチャを追加でインストールする必要がありました。

現在、Windows、iOS、Linux、AndroidなどのOSには標準でTCP/IPのネットワークアーキテクチャが組み込まれていて、**TCP/IP**に基づいてさまざまな通信を行うことができます。TCP/IPはいわば「ネットワークの共通言語」となっています。

TCP/IPの階層

TCP/IPはさまざまなプロトコルの集合です。いろんなプロトコルは、ネッ

注3) ネットワークアーキテクチャは、「プロトコルスタック」「プロトコルスイート」などとも呼びます。

トワークの通信を実現するための機能ごとに階層化しています。TCP/IPの階層は、おもに次の4つです[注4]。

- アプリケーション層
- トランスポート層
- インターネット層
- ネットワークインタフェース層

アプリケーション層

アプリケーション層は、ユーザが直接触れるアプリケーションの機能を実現するためのプロトコルで、アプリケーション間でデータをやり取りするためのフォーマットや手順を決めています。また、PCなどで扱うデータはすべて「0」か「1」です。それをユーザ(人間)がわかるように文字列や音声、動画などに表現します(**図1-11**)。

○図1-11:アプリケーション層の役割

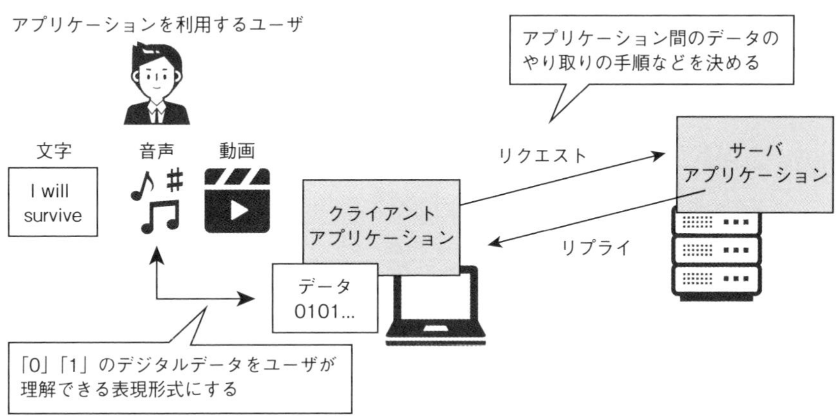

アプリケーション層に含まれるプロトコルは、「**HTTP**」「**SMTP**」「**POP3**」「**DHCP**」「**DNS**」……など多数あります。HTTPはお馴染みのChrome 、Edgeなど Webブラウザで利用しています。また、SMTP/POP3はOutlook、Thunderbirdなど電子メールソフトで利用しています。

注4) さらに階層を細分化して解説している例もあります。

ただ、アプリケーション層のプロトコルだからといって、必ずアプリケーションそのもので利用するためというわけではありません。DHCPやDNSはアプリケーションで通信するために準備するプロトコルです。

そして、アプリケーション層以下の階層の役割は、送信元のアプリケーションから宛先のアプリケーションまでどうやって転送できるようにするかということです。

トランスポート層

トランスポート層に含まれるプロトコルは「**TCP**」と「**UDP**」で、メインの役割は、適切なアプリケーションへデータを振り分けることです(**図1-12**)。1つのホスト上には複数のアプリケーションが動作していることがあります。どのアプリケーションのデータであるかを判断して、適切なアプリケーションへ振り分けます。そのために、**ポート番号**という情報を利用しています。そして、TCPではデータの信頼性を確保するための機能も備えています(UDPにはありません)。

○**図1-12：トランスポート層の役割**

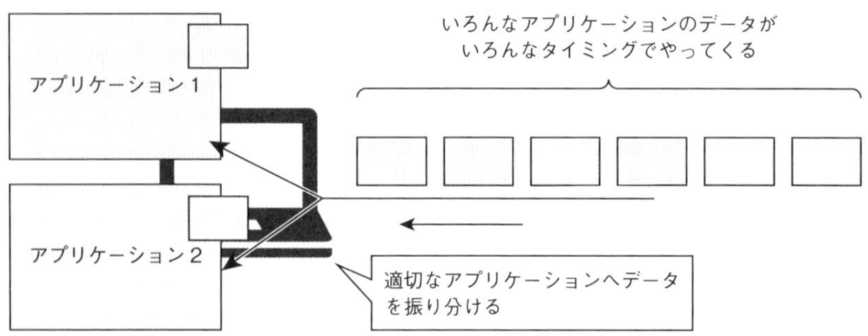

トランスポート層によって、適切なアプリケーションへデータを振り分けるためには、当然ながらきちんとデータが宛先まで届かなくてはいけません。アプリケーションが動作している宛先ホストまでデータを送り届けるためにインターネット層があります。

インターネット層

インターネット層の役割は、エンドツーエンド通信を実現することです(**図1-13**)。送信元ホストから宛先ホストまでのデータを転送するのがエンドツーエンド通信です。同じネットワークであっても、異なるネットワークであっても、アプリケーションが動作している最終的な宛先ホストまでデータを送り届けます。

○図1-13：インターネット層の役割

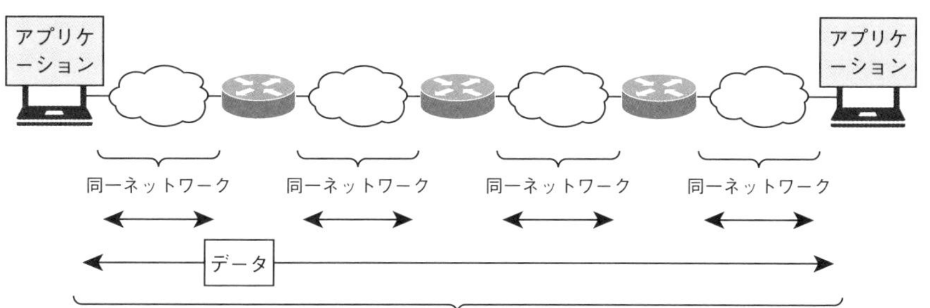

インターネット層に含まれるプロトコルは「**IP**」「**ICMP**」「**ARP**」などがあります。エンドツーエンド通信を行うのはIPで、ICMPやARPはIPを補佐するプロトコルです。

ただ、IPだけでは実際にデータの転送はできません。IPには、データを物理的な信号に変換して伝える機能はないからです。IPだけでなく、ネットワークインタフェース層のプロトコルをさらに組み合わせて利用します。

ネットワークインタフェース層

ネットワークインタフェース層の役割は、同じネットワーク内でデータを物理的に転送することです。「0」と「1」のデータは電気信号や光信号、電波といった物理的な信号に変換して(載せて)、ネットワークに送り出します。そのためにネットワークインタフェース層のプロトコルがあります。代表的なネットワークインタフェース層のプロトコルは「**イーサネット**」(**図1-14**)と「**無線LAN(Wi-Fi)**」です。

◯図1-14：ネットワークインタフェース層（イーサネット）の役割

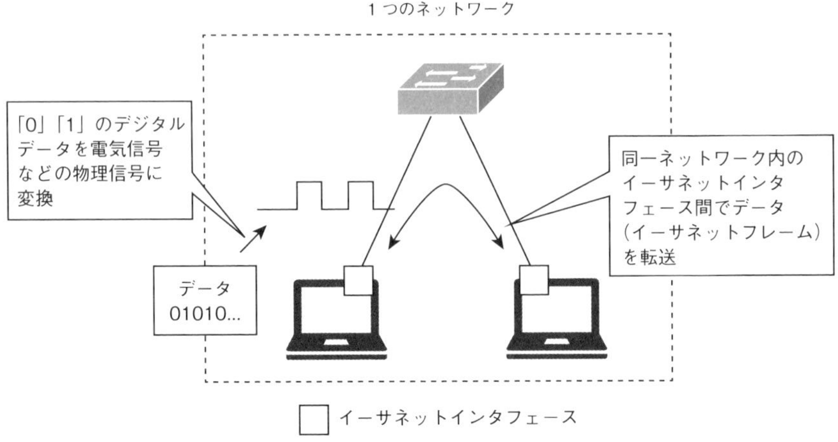
1つのネットワーク
「0」「1」のデジタルデータを電気信号などの物理信号に変換
データ
01010...
同一ネットワーク内のイーサネットインタフェース間でデータ（イーサネットフレーム）を転送
イーサネットインタフェース

TCP/IPでは、ネットワークインタフェース層のプロトコル自体は定めていません。ネットワークインタフェース層として、どんなプロトコルでも利用できるようにしています。また、送信元と宛先で同じネットワークインタフェース層のプロトコルを使う必要もありません。無線LAN(Wi-Fi)でつながっているスマートフォンから、光ファイバ(イーサネット)でつながっているサーバとの間で通信できます。ちなみに、「高速なネットワーク」とは高速な通信ができるネットワークインタフェース層のプロトコルを利用できるネットワークという意味です。

ここまでのTCP/IPの階層について、**表1-1**にまとめます。

◯表1-1：TCP/IPの階層

階層	役割	おもなプロトコル
アプリケーション	アプリケーションで扱うデータのフォーマットや手順を決める	HTTP/SMTP/POP3/IMAP/DHCP/DNSなど
トランスポート	データを適切なアプリケーションに振り分ける	TCP/UDP
インターネット	送信元から宛先までデータを送り届ける	IP/ICMP/ARPなど
ネットワークインタフェース	同じネットワーク内でデータを物理的に転送する	イーサネット／無線LAN（Wi-Fi）など

TCP/IPの通信に必要なプロトコルの制御情報

TCP/IPで通信するためには、アプリケーションからネットワークインタフェース層のプロトコルを組み合わせます。各プロトコルの機能を実現するための制御情報を**ヘッダ**と呼びます。たとえば、データを転送するためのプロトコルであれば、ヘッダには宛先や送信元のアドレスが指定されています。各プロトコルは、データを送信するときにヘッダを付加します。ヘッダを付加することを「**カプセル化**」と呼びます。

そして、データを受け取るとそれぞれのプロトコルのヘッダにもとづいて適切に処理をして、ヘッダを外して次のプロトコルに処理を引き渡します。ヘッダを解釈して、ヘッダを外すことを「**逆カプセル化**」(または「**非カプセル化**」)と呼びます(**図1-15**)。

◯図1-15:カプセル化と逆カプセル化

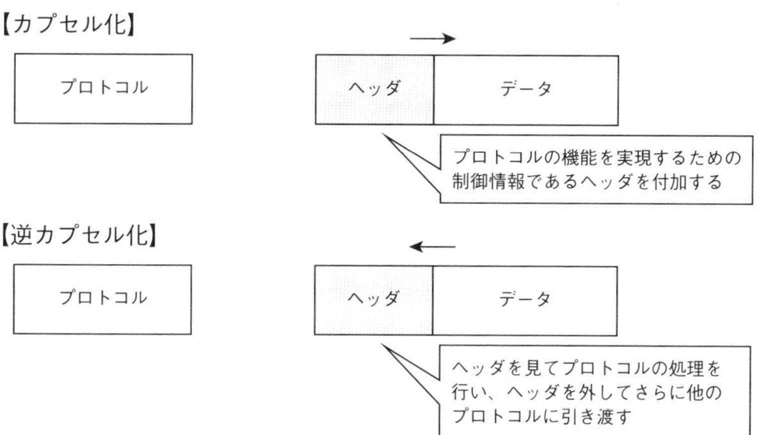
【カプセル化】
プロトコル
ヘッダ
データ
プロトコルの機能を実現するための
制御情報であるヘッダを付加する
【逆カプセル化】
プロトコル
ヘッダ
データ
ヘッダを見てプロトコルの処理を
行い、ヘッダを外してさらに他の
プロトコルに引き渡す

TCP/IPの通信の流れ(Webサイトを閲覧する場合)

TCP/IPの4階層構造のネットワークアーキテクチャでどのようにアプリケーションのデータを送受信するかについて見ていきます。

たとえば、Webサイトを閲覧する場合は、WebブラウザとWebサーバアプリケーション間でのデータのやり取りです。そのために利用するプロトコルは次の組み合わせです注5。

- アプリケーション層 ：HTTP
- トランスポート層 ：TCP
- インターネット層 ：IP
- ネットワークインタフェース層 ：イーサネット

以降では、クライアントPCのWebブラウザからWebサーバのWebサーバアプリケーションへのデータの送信と転送、そして受信の様子を考えていきます。

データの送信側

Webブラウザのデータは、まず、HTTPヘッダでカプセル化されてTCPへ引き渡されます。そして、さらにTCPヘッダが付加され、IPヘッダが付加されます。最後にイーサネットヘッダとFCS(Frame Check Sequence)が付加されて、ネットワーク上へ送信するデータの全体ができあがります。TCP/IPの上位の階層のプロトコルから下位の階層のプロトコルのヘッダがどんどんカプセル化されていくことになります(**図1-16**)。

そして、利用しているイーサネットの規格に応じた物理的な信号に変換して、伝送媒体(ケーブル)へと送り出していきます。

こうして、送信側でアプリケーションのデータに適切なヘッダを付加して、物理信号としてネットワーク上に送り出せば、適切な宛先まで届くようにネットワークは作られています。

データの転送

伝送媒体へ送り出された物理的な信号は、宛先のWebサーバまでのさまざまなネットワーク機器によって転送されます。ネットワーク機器は、受信した物理的な信号を一旦さまざまなヘッダが付加されている「0」と「1」のデータに戻します。そして、それぞれのネットワーク機器の動作に応じたヘッダを参照してデータを転送します(**図1-17**)。

注5) ネットワークインタフェース層のプロトコルは自由に選ぶことができますが、例としてイーサネットを利用するものとします。

○図1-16：Webブラウザからのデータの送信

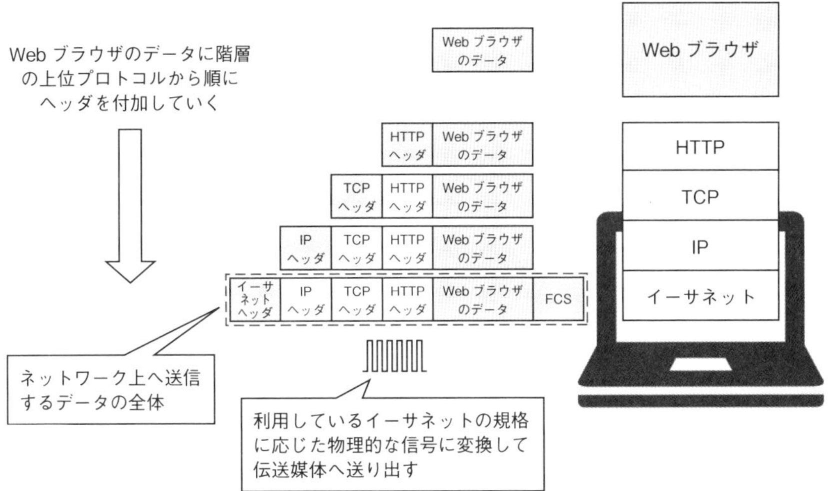

○図1-17：データの転送

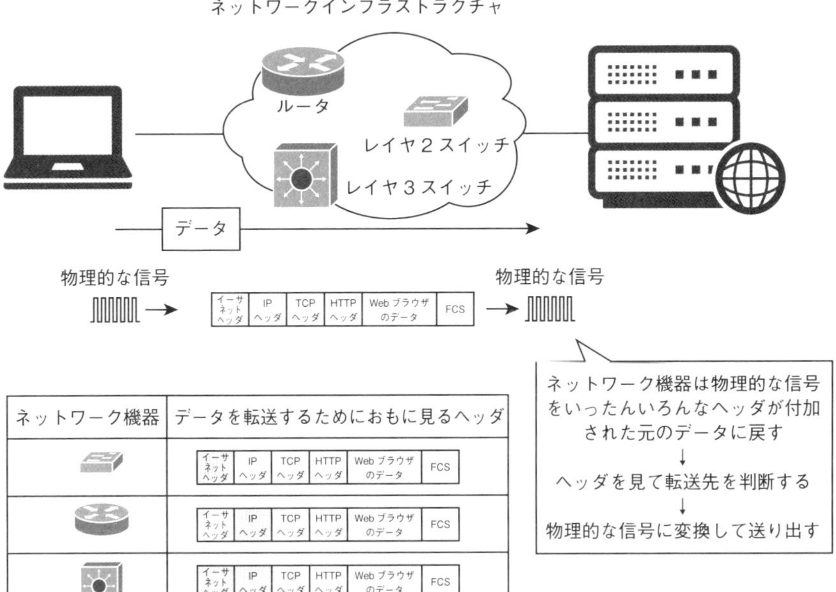

ネットワーク機器	データを転送するためにおもに見るヘッダ
	イーサネットヘッダ / IPヘッダ / TCPヘッダ / HTTPヘッダ / Webブラウザのデータ / FCS
	イーサネットヘッダ / IPヘッダ / TCPヘッダ / HTTPヘッダ / Webブラウザのデータ / FCS
	イーサネットヘッダ / IPヘッダ / TCPヘッダ / HTTPヘッダ / Webブラウザのデータ / FCS

※ここではネットワーク機器に入ってくる物理的な信号とネットワーク機器から出ていく物理的な信号を同じ形にしていますが、必ずしも同じ物理信号になるわけではありません。

各ネットワーク機器の動作の詳しい仕組みは、Chapter 3以降で解説します。ネットワークを構築したり、管理したりするネットワーク技術者はネットワーク機器の動作の仕組みをしっかりと理解しておく必要があります。そして、そのうえで、きちんとユーザが望む宛先にデータを転送できるようなネットワークを作り上げて日々運用管理します。

データの受信

Webサーバアプリケーションが動作しているWebサーバまで物理的な信号が送り届けられてくると「0」と「1」のデータに変換します。そして、イーサネットヘッダを参照して自分宛てのデータであることを確認します。また、FCSによってデータにエラーがないかを確認します。

自分宛てのデータであることがわかったら、イーサネットヘッダとFCSを外して、IPへデータの処理を引き渡します。IPでは、IPヘッダを参照して自分宛てのデータであることを確認します。自分宛てのデータであれば、IPヘッダを外してTCPへデータの処理を引き渡します。次にTCPはTCPヘッダを参照して、どのアプリケーションのデータであるかを確認します。TCPはTCPヘッダを外してWebサーバアプリケーションへデータの処理を引き渡します。こうしてWebサーバのWebサーバアプリケーションまでデータが届けられHTTPヘッダやそのあとのデータの部分の処理を行います(**図1-18**)。

○図1-18：Webサーバアプリケーションのデータの受信

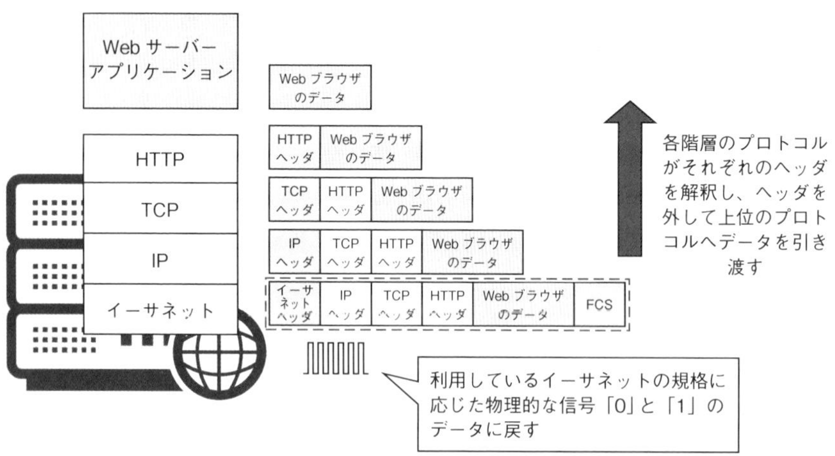

ここまではWebブラウザからWebサーバアプリケーション宛てのデータについて考えていますが、送信側と受信側は必ず決まっているわけではありません。このあとは、Webサーバアプリケーションがデータの送信側となり、Webブラウザがデータの受信側になります。通信は原則として双方向で行われるということをあらためて意識してください。

階層に注目したデータの呼び方

アプリケーションのデータには、さまざまなプロトコルのヘッダが付加されてネットワーク上に送り出されることになります。ネットワークアーキテクチャの階層に注目して、次のようにデータの呼び方が使い分けられます。

- アプリケーション層　：メッセージ
- トランスポート層[注6]　：セグメントまたはデータグラム
- インターネット層[注7]　：パケットまたはデータグラム
- ネットワークインタフェース層　：フレーム

Webブラウザによる通信の場合、WebブラウザのデータにHTTPヘッダを付加して「**HTTPメッセージ**」となります。そして、HTTPメッセージにTCPヘッダを付加して「**TCPセグメント**」です。TCPセグメントにIPヘッダを付加すると「**IPパケット**」です。「**IPデータグラム**」と呼ぶこともあります。IPパケットにイーサネットヘッダとFCSを付加すると「**イーサネットフレーム**」と呼びます(**図1-19**)。

階層ごとデータの呼び方は、ネットワークの通信を考えるときにどの階層に注目しているかを明確にしています。ただ、このようなデータの呼び方は厳密に使い分けをしているわけではありません。目安として階層に注目してデータの呼び方を使い分けることがあるという程度で考えてください。本書でも、データの呼び方については厳密に必ず使い分けることはしていません。

注6) トランスポート層では、TCPを利用しているときに「セグメント」、UDPを利用しているときに「データグラム」と呼びます。

注7) インターネット層は「IPパケット」または「IPデータグラム」と呼びます。

◯図1-19：階層に注目したデータの呼び方の使い分け

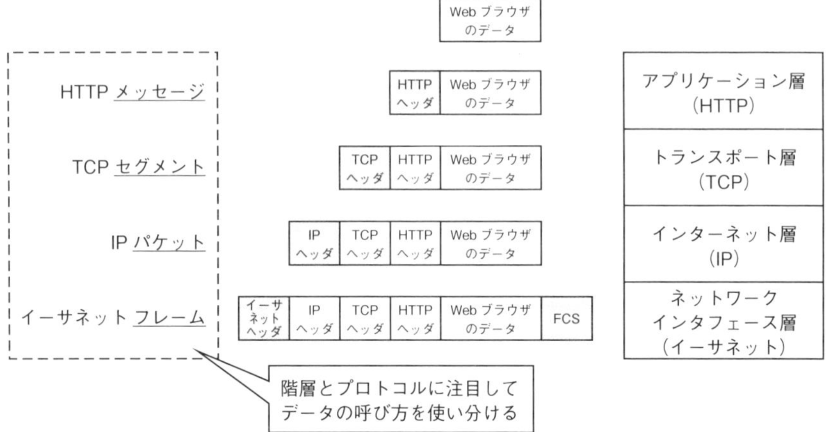

IP

IP(Internet Protocol)はTCP/IPの名前に含まれているように、TCP/IPのさまざまなプロトコルの中でもとても重要なプロトコルです。まずは、IPの役割を明確にしておきましょう。

IPの役割は「**エンドツーエンドの通信を行う**」ことです。つまり、ネットワーク上のあるホストから別のホストへのデータを転送するのがIPの役割です。送信元ホストと宛先ホストは、同じネットワーク上でも異なるネットワークでもどちらでもよいです。

IPでデータを転送するためには、データのIPヘッダを付加して、「IPパケット」とします。宛先が異なるネットワークに接続している場合は、間にルータが存在します。送信元ホストから送信されたIPパケットは、経路上のルータが転送して最終的な宛先ホストまで送り届けられます。ルータがIPパケットを転送することを指して「**ルーティング**注8」と呼びます(**図1-20**)。

なお、IPには現在広く利用されているIPv4からIPv6へ移行しようとしています。どちらも「エンドツーエンドの通信を行う」という基本的な役割は共通です。IPv6を理解するためにも、IPv4の役割や仕組みを理解しておくことがとても重要です。

注8) ルーティングについて、Chapter 6で改めて解説します。

○図1-20：IPによるエンドツーエンド通信

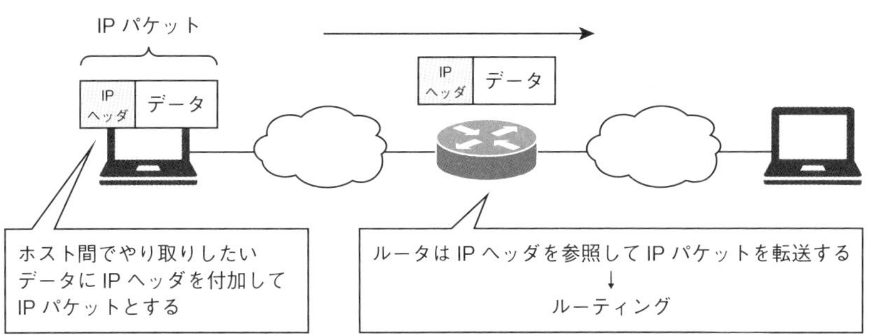
IP パケット
IP ヘッダ
データ
IP ヘッダ
データ
ホスト間でやり取りしたいデータにIPヘッダを付加してIPパケットとする
ルータはIPヘッダを参照してIPパケットを転送する
↓
ルーティング

※IPヘッダだけではなく、ネットワーク上に送り出すためにさらにイーサネットなどのネットワークインタフェース層のプロトコルのヘッダも付加したうえで物理的な信号に変換されます。

IPヘッダフォーマット

IPによるエンドツーエンド通信を実現するために付加するIPヘッダのフォーマットは**図1-21**のとおりです。

○図1-21：IPv4ヘッダフォーマット

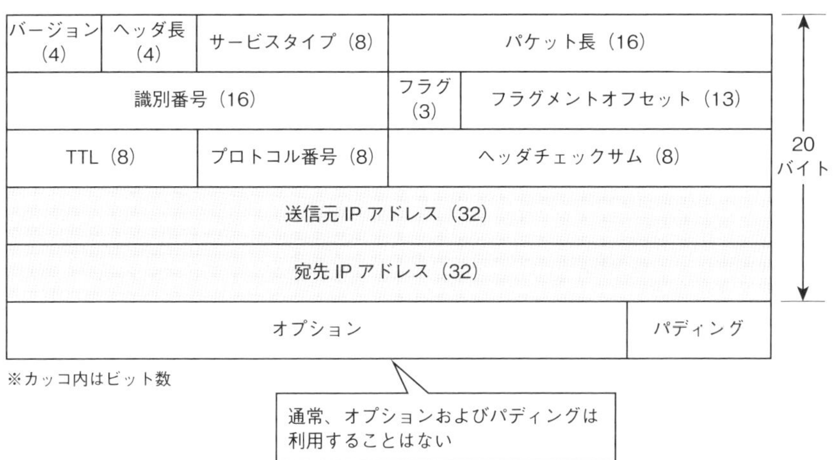

バージョン（4）	ヘッダ長（4）	サービスタイプ（8）	パケット長（16）	
識別番号（16）			フラグ（3）	フラグメントオフセット（13）
TTL（8）		プロトコル番号（8）	ヘッダチェックサム（8）	
送信元IPアドレス（32）				
宛先IPアドレス（32）				
オプション				パディング

20バイト
通常、オプションおよびパディングは利用することはない

※カッコ内はビット数

本書では、IPヘッダに含まれる各情報についての詳細は割愛します。重要なことは、IPヘッダには必ずIPアドレスを指定しなければいけないということです。ただ、IPアドレスをわざわざユーザに入力させるようなことはしません。

ユーザが意識せずに自動的に適切な宛先IPアドレスを求めてIPヘッダを付加できるようにするために**DNS**(Domain Name System)があります。IPアドレスの詳細は、Chapter 5で解説します。

ICMP(ping)

ICMP(Internet Control Message Protocol)とは、IPによるエンドツーエンド通信を補佐するためのプロトコルです。

通信の主体はアプリケーションです。アプリケーション間のデータのやり取りができるようにするために、まずは、アプリケーションが動作しているPCやサーバなどとの間の通信ができなければいけません。つまり、エンドツーエンド通信が必要です。

エンドツーエンド通信はIPによって実現していますが、IP自体にきちんとエンドツーエンド通信ができているかどうかを確認する仕組みはありません。とりあえず、IPヘッダを付けてデータを送っているだけです。宛先まで届けばその返事が返ってくるはずですが、宛先まで届けられなかったらいつまでたっても返事が返ってきません。そして、届かなかった理由もわかりません。

そこで、IPによるエンドツーエンド通信が正常にできているかどうかを確認するための機能を盛り込んでいるプロトコルとしてICMPが開発されています(**図1-22**)。

○図1-22：ICMPの目的

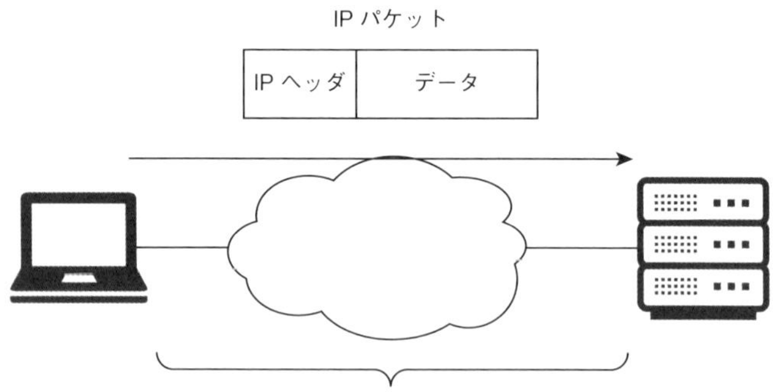
IP パケット
IP ヘッダ
データ
ICMP によって通信できるかどうか、どのような経路を通っているかを確認する

ICMPでの通信の確認でもっともよく利用するのが**ping**(ピング／ピン)です。pingは指定した宛先IPアドレスまでの通信ができるかどうかを確認するためのコマンドです。

pingの仕組みはとてもシンプルです(**図1-23**)。指定したIPアドレス宛てにICMPエコー要求メッセージを送信しています。これは「送ったデータをそっくりそのまま送り返してください」という内容です。ICMPエコー要求メッセージを受け取ると、ICMPエコー応答メッセージとして、データをそのまま送り返します。ICMPエコー応答メッセージが返ってくれば、pingは成功です。指定したIPアドレスとの間で、送ったデータの返事がきちんと返ってきているという往復のエンドツーエンド通信ができていることがわかります。そして、エンドツーエンド通信ができていることを指して、「IP接続性がある」とか「IP到達性がある」などと表現します。

◯図1-23：pingの通信確認

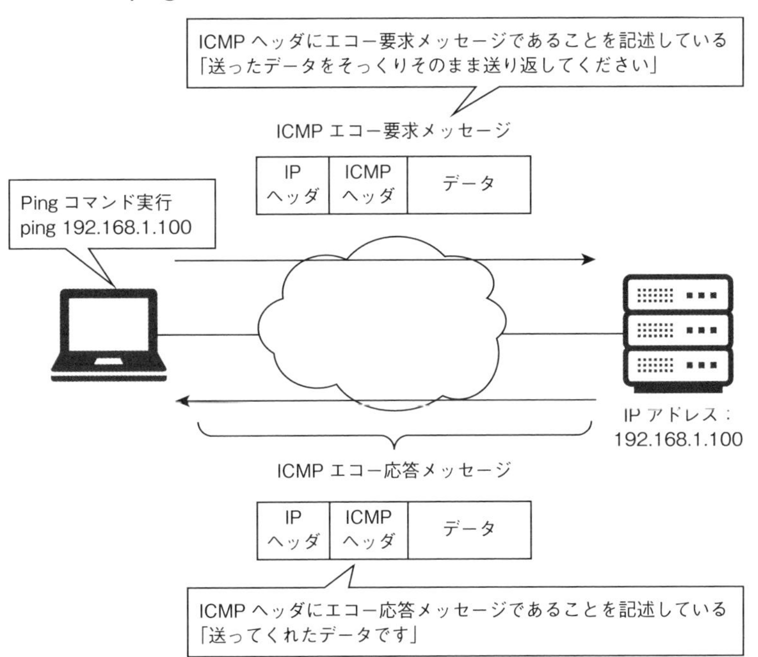

ICMP ヘッダにエコー要求メッセージであることを記述している
「送ったデータをそっくりそのまま送り返してください」
ICMP エコー要求メッセージ
IP ヘッダ
ICMP ヘッダ
データ
Ping コマンド実行
ping 192.168.1.100
IP アドレス：
192.168.1.100
ICMP エコー応答メッセージ
IP ヘッダ
ICMP ヘッダ
データ
ICMP ヘッダにエコー応答メッセージであることを記述している
「送ってくれたデータです」

ポート番号

ポート番号とは、TCP/IPのアプリケーションを識別するための識別番号で、TCPまたはUDPヘッダに指定されます(**図1-24**)。

○図1-24：ポート番号の概要

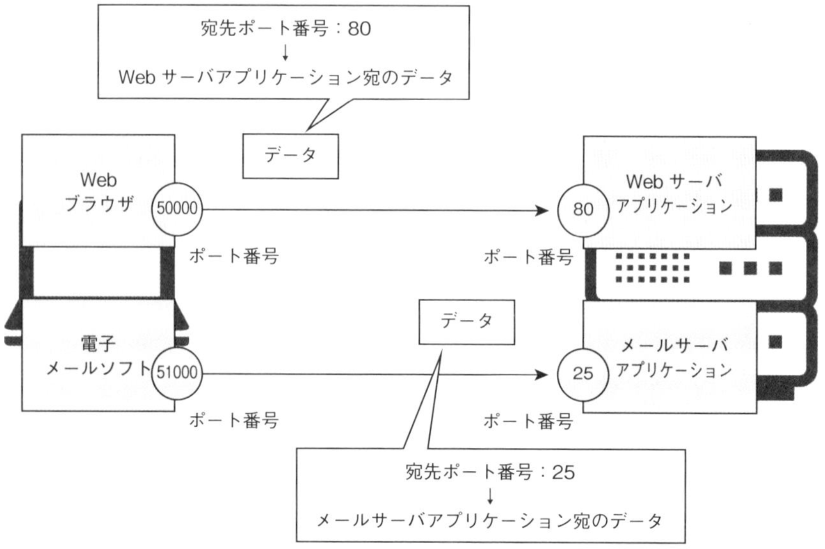

ポート番号によって、どのアプリケーションのデータであるかを識別して、適切なアプリケーションへデータを振り分けます。ポート番号は16ビットの数値なので、取りうる範囲は0〜65535です。**表1-2**のように範囲で意味が決められています。

○表1-2：ポート番号

名称	ポート番号の範囲	意味
ウェルノウンポート	0 〜 1023	サーバアプリケーション用に予約されているポート番号
登録済みポート	1024 〜 49151	よく利用されるアプリケーションのサーバ側のポート番号
ダイナミック／プライベートポート	49152 〜 65535	クライアントアプリケーション用のポート番号

ウェルノウンポート番号

ポート番号で特に重要なのが**ウェルノウンポート**番号です。ウェルノウンポート番号は、あらかじめ決められています(**表1-3**)。

サーバアプリケーションを起動すると、ウェルノウンポート番号でクライアントアプリケーションからの要求を待ち受けます。たとえば、Webサーバアプリケーションはアプリケーションプロトコルとして、HTTPを利用します[注9]。HTTPのウェルノウンポート番号は「80」なので、Webサーバアプリケーションはポート番号「80」でWebブラウザからの要求を待ち受けることになります。

○表1-3：おもなウェルノウンポート番号

プロトコル	TCP	UDP
HTTP	80	－
HTTPS	443	－
SMTP	25	－
POP3	110	－
IMAP4	143	－
DNS	53	53
FTP	20/21	－
DHCP	－	67/68
Telnet	23	－

※サーバアプリケーションの設定でウェルノウンポート番号以外のポート番号に変更することも可能です。

登録済みポート

登録済みポートは、ウェルノウンポート番号以外でよく利用されるサーバアプリケーションを識別するためのポート番号です。登録済みポートもあらかじめ決められています。たとえば、リモートからPCなどの操作を行うリモートデスクトップは、ポート番号「3389」を利用します。

ダイナミック／プライベートポート

ダイナミック／プライベートポートは、クライアントアプリケーションを識

注9） Webサイトの通信を暗号化している場合はHTTPSを利用します。

別するためのポート番号です。ウェルノウンポートや登録済みポートと異なり、あらかじめ決められているわけではありません。クライアントアプリケーションが通信するときに、ダイナミックに割り当てられます。また、Webブラウザならブラウザのタブ/ウィンドウごとに異なるポート番号が自動的に割り当てられます。これにより、Webブラウザのタブ/ウィンドウも識別できるようにしています。

こうしたポート番号についても、IPアドレスと同じようにユーザは意識しなくても自動的に適切な番号でヘッダが付加されるようになります。サーバアプリケーション側のポート番号は決まったウェルノウンポート番号で、クライアントアプリケーション側のポート番号は自動的に割り当てられるからです。

TCPとUDP

TCP/IPのトランスポート層には「**TCP**」と「**UDP**」があります。どちらも一番の目的は、適切なアプリケーションにデータを振り分けることです。

この共通した機能以外に、信頼性を確保する必要があればTCPを利用します。信頼性はあまり重視せずにアプリケーションのデータ転送の効率だけ求めるのであればUDPを利用します。アプリケーションごとにどのようにデータの転送をしたいかによって、TCPかUDPを使い分けています(**表1-4**)。

○表1-4：TCPとUDPの比較

プロトコル	TCP	UDP
信頼性	高い	高くない
転送効率	良くない	良い
主な機能	・アプリケーションへのデータの振り分け ・データの分割/組み立て ・再送制御 ・フロー制御	・アプリケーションへのデータの振り分け
用途	・データのサイズが大きく信頼性が必要なアプリケーションのデータの転送	・リアルタイムのデータの転送 ・ブロードキャスト、マルチキャスト ・データのサイズが小さいアプリケーションのデータ転送

TCPを利用するようなアプリケーションは、送受信するデータのサイズが大きいアプリケーションです。データサイズが大きいと、分割しなければいけません。分割されたデータの一部が失われると、宛先でデータを組み立てることができないので信頼性が必要です。TCPを利用すれば、アプリケーション間のデータ転送において信頼性を確保することができます。

一方、UDPを利用するようなアプリケーションは、扱うデータのサイズが小さくて分割の必要がないものです。また、IP電話のようなリアルタイムのデータの転送が必要だったり、同じデータを一度の複数の宛先に送信する(ブロードキャストまたはマルチキャスト)ようなアプリケーションもUDPを利用することが多くなっています。

TCP/UDPヘッダフォーマット

TCPとUDPのヘッダフォーマットは**図1-25**と**図1-26**のようになっています。

○図1-25：TCPヘッダフォーマット

<table>
<tr><td colspan="3">送信元ポート番号（16）</td><td>宛先ポート番号（16）</td></tr>
<tr><td colspan="4">シーケンス番号（32）</td></tr>
<tr><td colspan="4">ACK番号（32）</td></tr>
<tr><td>データ
オフセット（4）</td><td>予約（6）</td><td>フラグ（6）</td><td>ウィンドウサイズ（16）</td></tr>
<tr><td colspan="3">チェックサム（16）</td><td>アージェントポインタ（16）</td></tr>
</table>

※（　）内はビット数

○図1-26：UDPヘッダフォーマット

送信元ポート番号（16）	宛先ポート番号（16）
データグラム長（16）	チェックサム（16）

※（　）内はビット数

TCP/UDPヘッダの詳細は割愛しますが、TCPヘッダにもUDPヘッダにもポート番号の情報が含まれていることがポイントです。単にアプリケーションにデータを振り分ける以外の機能のためにTCPヘッダフォーマットはUDPよりも複雑になっています。

アプリケーションの通信の識別

「通信の主体はアプリケーション」です。ここで、アプリケーションの通信の識別について考えます。アプリケーションの一連のデータのまとまりであるフローはIPアドレスとポート番号の組み合わせで識別できます。

IPヘッダにあるIPアドレスでアプリケーションが動作しているPC／サーバなどがわかります。そして、TCP/UDPヘッダのポート番号でPC／サーバ上のアプリケーションがわかります。IPアドレスとポート番号の組み合わせを表記するときには、「10.0.0.1:80」のように「:(コロン)」で区切ります(**図1-27**)。

○**図1-27：アプリケーションフローの識別**

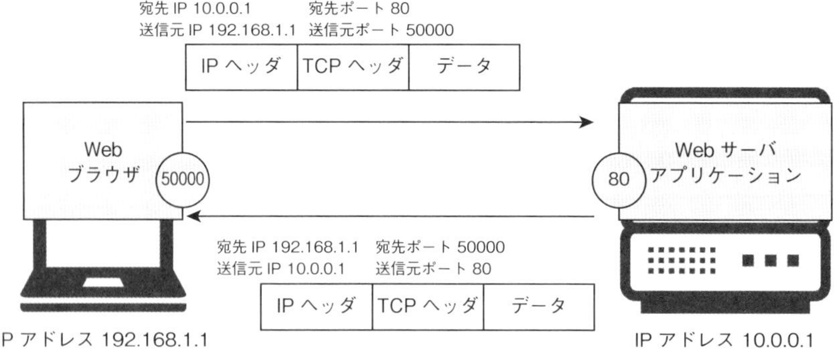

アプリケーションのデータに適切なポート番号を指定したTCPまたはUDPヘッダを付加して、さらに適切なIPアドレスを指定したIPヘッダを付加します。さらに適切なネットワークインタフェース層のプロトコルのヘッダを付加して物理信号としてネットワーク上に送り出せば、ネットワーク上のネットワーク機器が転送してくれます。

DNSの概要

DNS(Domain Name System)は、ホストの名前であるホスト名からIPアドレスを求めるためのプロトコルです。TCP/IPの通信では必ずIPアドレスを指定しなければいけません。TCP/IPでやり取りするデータにはIPヘッダを付加して、IPヘッダにIPアドレスを指定しなければいけないからです。しかし、IPアドレスは数字の羅列なので、ユーザにはわかりにくいものです。1つや2つならともかく、何個もIPアドレスを覚えておくことは難しいでしょう。

IPアドレスを利用しているのですが、ユーザにはそのことを意識させないようにしています。そのためにアプリケーションが動作するサーバやクライアントPCなどのホストにわかりやすい名前の「**ホスト名**」を付けます。アプリケーションを利用するユーザが意識するのは、Webサイトのアドレスである「https://www.n-study.com/」のようなURLや「gene@n-study.com」のようなメールアドレスなどです。URLやメールアドレスには、ホスト名そのものやホスト名を求めるための情報が含まれています。

ユーザがURLなどのアプリケーションのアドレスを指定すると、ホスト名に対応するIPアドレスを自動的に求めるのがDNSの役割です。このようなホスト名からIPアドレスを求めることを**名前解決**と呼びます。DNSはもっともよく利用されている名前解決の方法です。

DNSは普段、私たちが利用している携帯電話の電話帳のようなイメージです。電話をかけるには電話番号が必要です。しかし、電話番号をいくつも覚えておくことは難しいです。そこで、あらかじめ電話帳に名前と電話番号を登録しておきます。電話をかけるときには、相手の名前を指定すれば、自動的に電話番号がダイアルされます。TCP/IPの通信に必要なIPアドレスは、TCP/IPネットワークの電話帳であるDNSに問い合わせて調べることになります(**図1-28**)。

DNSの名前解決は、あまり目立ちませんが、ネットワークの仕組みを知るうえでとても重要です。DNSの設定が正しくなかったり、障害などの影響でDNSを利用できなくなったりすると、通信する宛先IPアドレスがわからなくなってしまいます。その結果、TCP/IPの通信そのものが成り立ちません。普段、ネットワークを利用してさまざまな通信を行っていますが、DNSが非常に重要な役割を果たしています。

○図1-28：DNSはネットワークの「電話帳」

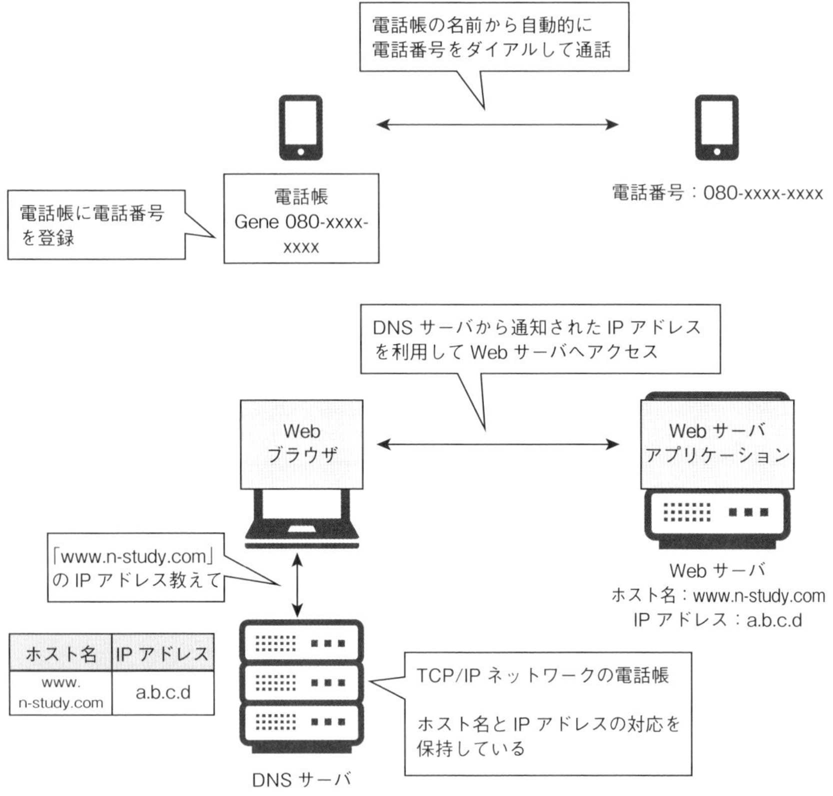

DHCPの概要

DHCP(Dynamic Host Configuration Protocol)は、IPアドレスなどのTCP/IPの通信に必要な設定を自動的に行うためのプロトコルです。TCP/IPで通信するためには、TCP/IPの設定が正しく行われていることが大前提です。設定が間違ってしまっていると、当然、正常な通信はできません。具体的な設定内容としては次のものが挙げられます。

- IPアドレス／サブネットマスク
- デフォルトゲートウェイのIPアドレス
- DNSサーバのIPアドレス

IT技術に慣れているユーザであれば、こうした設定を難なくできるでしょう。しかし、あまり慣れていないユーザにとっては、自分でTCP/IPの設定を行うことはハードルが高い場合があります。たとえ、慣れているユーザであっても設定ミスをしてしまうことはよくあります。設定ミスなどをなくすためには、設定の自動化が有効です。そのためのプロトコルがDHCPです。DHCPによって、ホストをネットワークに接続すれば、自動的に必要なTCP/IPの設定を行うことができます。

DHCPを利用するには、あらかじめDHCPサーバを用意し、配布するIPアドレスなどのTCP/IPの設定を登録しておきます。DHCPサーバに登録しているTCP/IP設定情報をDHCPプールと呼びます。DHCPクライアントのホストがネットワークに接続すると、DHCPサーバとの間で4つのメッセージ(「DHCP DISCOVER」「DHCP OFFER」「DHCP REQUEST」「DHCP ACK」)をやり取りして、自動的にTCP/IPの設定を行います(**図1-29**)。

◯図1-29：DHCPの概要

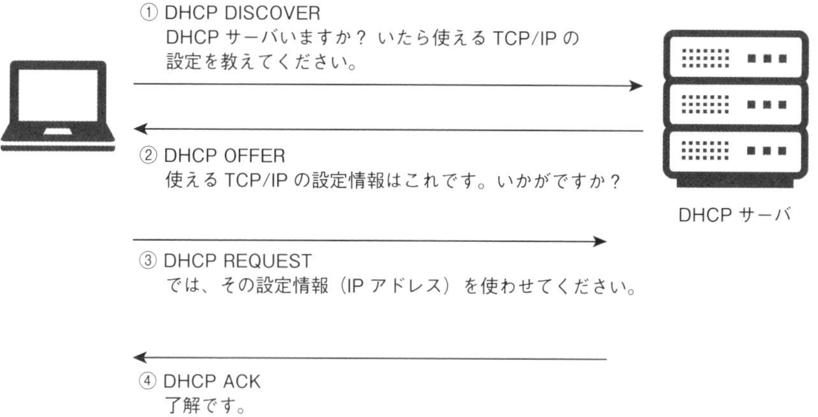
① DHCP DISCOVER
DHCP サーバいますか？ いたら使える TCP/IP の設定を教えてください。
② DHCP OFFER
使える TCP/IP の設定情報はこれです。いかがですか？
DHCP サーバ
③ DHCP REQUEST
では、その設定情報（IP アドレス）を使わせてください。
④ DHCP ACK
了解です。

TCP/IPの設定の意味

今では、前述のDHCPによってほとんどの場合TCP/IPの設定は自動化されています。一般のユーザには、設定を意識させないのですが、ネットワークの仕組みを学ぶにはTCP/IPの設定の意味をきちんと理解しておきましょう。

IPアドレス／サブネットマスクの設定

TCP/IPでは、必ずIPアドレスを利用して通信します。PCやサーバには、イーサネットインタフェースなどに必ず**IPアドレス**と**サブネットマスク**を設定しなければいけません(**図1-30**)。

◯図1-30：IPアドレス／サブネットマスクの設定

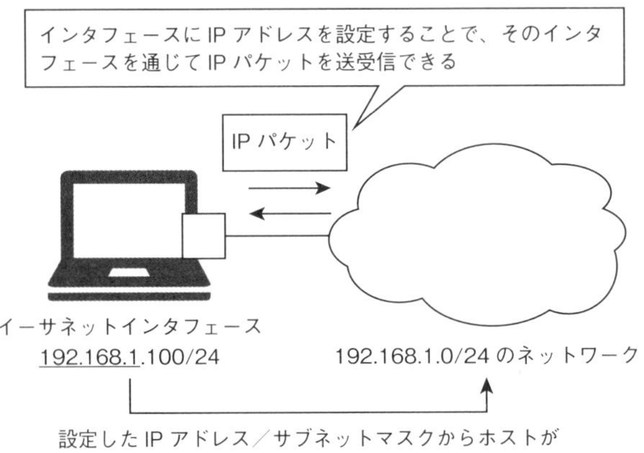

そして、「インタフェースにIPアドレスを設定する」ということは、「ネットワークに(論理的に)接続する」ことに他なりません。インタフェースに設定したIPアドレスとサブネットマスクから、ホストが接続されるネットワークアドレスがわかります。インタフェースにIPアドレスを設定してはじめて、そのインタフェースを通じてIPパケットを送受信できるようになります。

◯図1-31：IPアドレスの設定ミス

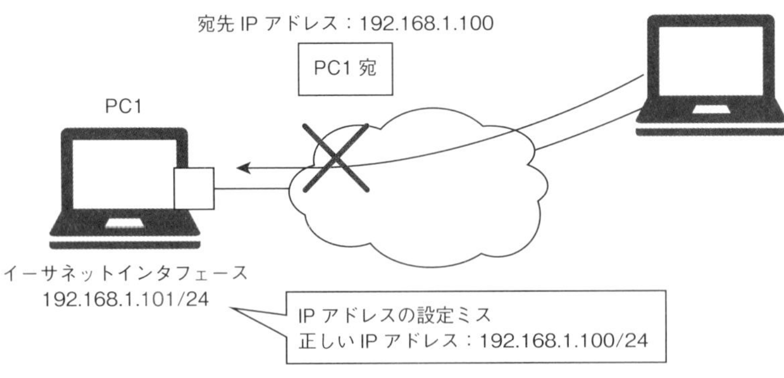

○図1-32：サブネットマスクの設定ミス

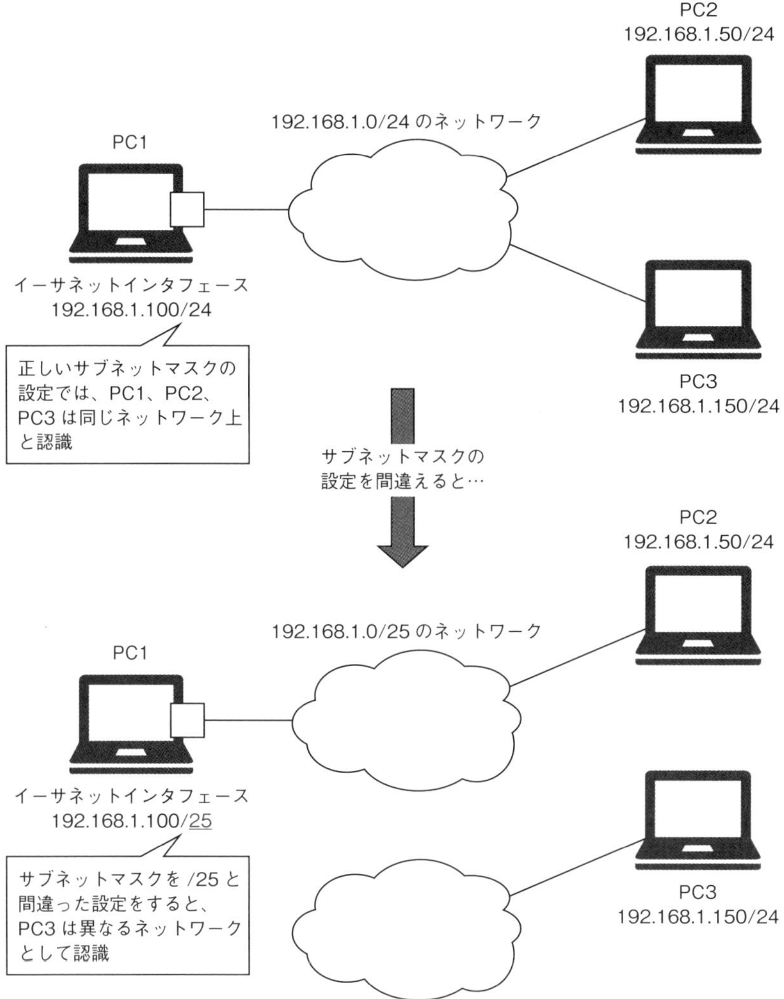

※下段のネットワークの認識は、サブネットマスクの設定を間違えているPC1から見た認識です。PC2とPC3はサブネットマスクの設定を間違っていません。PC2とPC3は、PC1～PC3が同じネットワークと認識していることになります。

※IPアドレス／サブネットマスクの詳細はChapter 5で解説します。

※PC1は192.168.1.1～192.168.1.126の範囲のIPアドレスを同じネットワークのIPアドレスとして認識していることになります。

もし、IPアドレスの設定を間違えてしまうと、他のホストからの送信されたIPパケットを正しく受信できなくなります(**図1-31**)。また、サブネットマスクの設定を間違えてしまうと、同じネットワークのホストを異なるネットワークとみなしてしまったり、異なるネットワークのホストを同じネットワークとみなしてしまったり、正しく通信できなくなります(**図1-32**)。

デフォルトゲートウェイの設定

デフォルトゲートウェイとは、同じネットワーク上のルータやレイヤ3スイッチです。デフォルトゲートウェイのIPアドレスとして、同じネットワーク上のルータ／レイヤ3スイッチのIPアドレスを指定します(**図1-33**)。

◯図1-33：デフォルトゲートウェイの設定

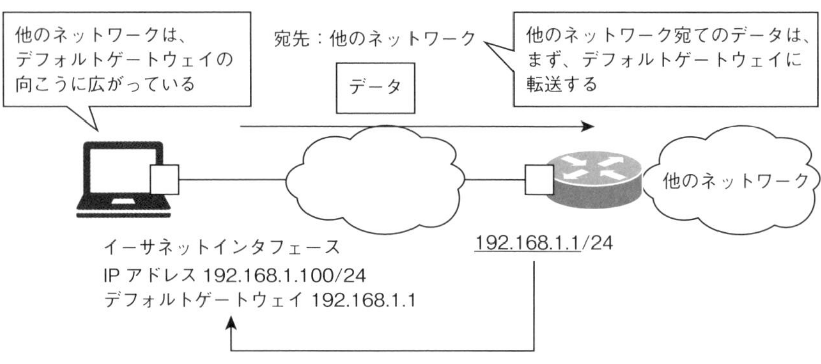
他のネットワークは、
デフォルトゲートウェイの
向こうに広がっている
宛先：他のネットワーク
データ
他のネットワーク宛てのデータは、
まず、デフォルトゲートウェイに
転送する
他のネットワーク
イーサネットインタフェース
IP アドレス 192.168.1.100/24
デフォルトゲートウェイ 192.168.1.1
192.168.1.1/24

ルータやレイヤ3スイッチは、ネットワークの相互接続を行うネットワーク機器です。つまり、ホストが接続されているネットワーク以外のネットワークは、ルータまたはレイヤ3スイッチの向こう側にあります。そのため、デフォルトゲートウェイは他のネットワークの入口にあたり、他のネットワーク宛てのデータは、まず、デフォルトゲートウェイへ転送します[注10]。

もし、デフォルトゲートウェイの設定を間違えてしまうと、異なるネットワークへの通信が一切できなくなってしまいます(**図1-34**)。同じネットワークの通信には問題はありません。

注10) 入口、出口は相対的なものなので、デフォルトゲートウェイは、自分のネットワークからの出口という認識でもOKです。個人的には、「自分のネットワークからの出口」と考えるほうが好きです。

○**図1-34：デフォルトゲートウェイの設定ミス**

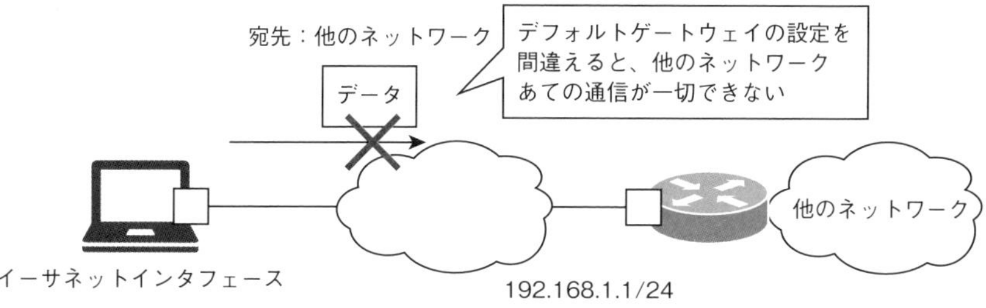

同じネットワークの通信は問題ないのに、他のネットワークへの通信ができないというときには、デフォルトゲートウェイの設定が正しいかどうか、デフォルトゲートウェイに障害がないかを確認しましょう。

DNSサーバのIPアドレス

TCP/IPの通信には必ずIPアドレスが必要です。ただし、IPアドレスの指定はわかりにくいものです。通常、ユーザにとってIPアドレスを見せずにURLやメールアドレスなどを利用して通信します。URLやメールアドレスなどからIPアドレスを求めるためにDNSサーバに問い合わせて名前解決を行います。DNSサーバのIPアドレスは名前解決のための設定です（**図1-35**）。

○**図1-35：DNSサーバの設定**

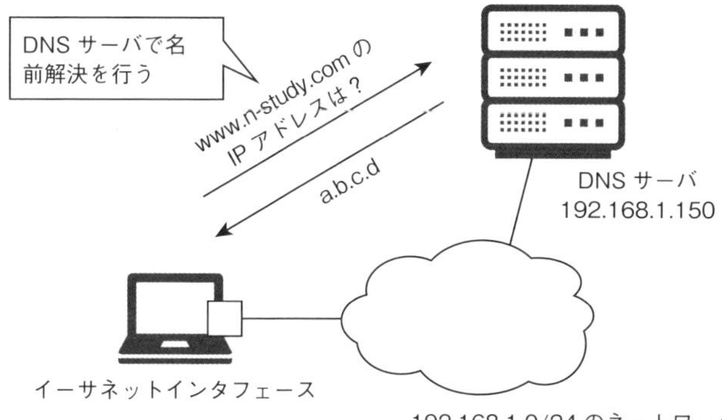

もし、DNSサーバのIPアドレスの設定を間違えると、名前解決ができなくなります。その結果、通信相手のIPアドレスがわからずにデータの送信自体できなくなります(**図1-36**)。

◯図1-36：DNSサーバの設定ミス

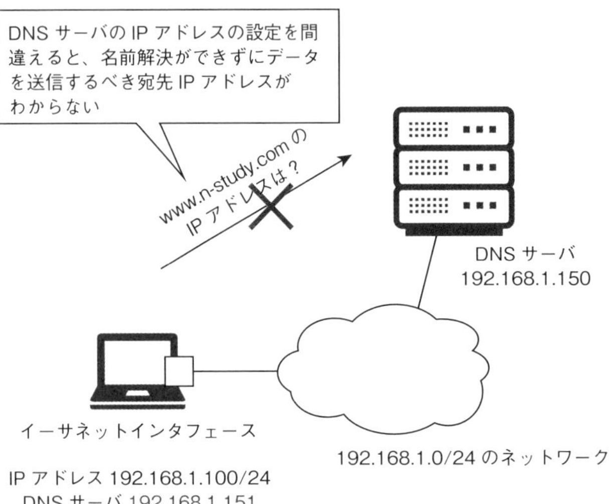

やはり、DNSサーバ自体の障害があると、DNSサーバの設定を間違えてしまったときと同じ状況になります。DNSサーバの障害に備えて、DNSサーバを冗長化しておきます。そして、ホストでプライマリとセカンダリDNSサーバの設定をしておきます[注11]。

注11）図1-36では、DNSサーバは同じネットワーク上となっていますが、必ずしも同じネットワーク上である必要はありません。

ホストのTCP/IPの設定確認

Windows OSのTCP/IP設定を確認するために**ipconfigコマンド**をコマンドプロンプトで利用します。

```
C:¥Users¥gene>ipconfig ⏎

Windows IP 構成

  イーサネット アダプター イーサネット:

   接続固有の DNS サフィックス . . . . . : lan
   リンクローカル IPv6 アドレス . . . . : fe80::25ac:bcfc:7e54:5fa7%2
   IPv4 アドレス . . . . . . . . . . . : 192.168.1.169
   サブネット マスク. . . . . . . . . . : 255.255.255.0
   デフォルト ゲートウェイ . . . . . . . : 192.168.1.1
```

ipconfigコマンドを実行すると、ネットワークアダプタ(ネットワークインタフェース)ごとのTCP/IP設定が表示されます。オプションを指定しなければ、IPアドレス/サブネットマスク、デフォルトゲートウェイといった内容が表示されます。

有線LANだけでなく、無線LANも備えているノートPCなどでは無線LANのTCP/IP設定も表示されることになります。また、Windows 10では、デフォルトでIPv6が有効化されているのでIPv6の仮想的なトンネルインタフェースの情報も表示されます[注12]。

「**/all**」を付けてipconfigコマンドを実行すると、詳細な設定情報を表示します。IPアドレスだけでなく、MACアドレスやDNSサーバのIPアドレスなどもわかります。

注12) 次ページの実行例では、IPv6の仮想的なトンネルインタフェースは省略しています。

```
C:¥Users¥gene>ipconfig /all ⏎

Windows IP 構成

   ホスト名. . . . . . . . . . . . . . . . :NewGtune
   プライマリ DNS サフィックス . . . . . . :
   ノード タイプ . . . . . . . . . . . . . :ハイブリッド
   IP ルーティング有効 . . . . . . . . . . :いいえ
   WINS プロキシ有効 . . . . . . . . . . . :いいえ
   DNS サフィックス検索一覧 . . . . . . . . :lan

  イーサネット アダプター イーサネット:

   接続固有の DNS サフィックス . . . . . :lan
   説明. . . . . . . . . . . . . . . . . :Realtek PCIe GBE Family Controller
   物理アドレス . . . . . . . . . . . . . :30-9C-23-67-AD-2D
   DHCP 有効 . . . . . . . . . . . . . . :はい
   自動構成有効 . . . . . . . . . . . . . :はい
   リンクローカル IPv6 アドレス . . . . . :fe80::25ac:bcfc:7e54:5fa7%2(優先)
   IPv4 アドレス . . . . . . . . . . . . :192.168.1.169(優先)
   サブネット マスク . . . . . . . . . . :255.255.255.0
   リース取得 . . . . . . . . . . . . . . :2020年1月7日 19:38:39
   リースの有効期限 . . . . . . . . . . . :2020年1月11日 0:20:09
   デフォルト ゲートウェイ . . . . . . . :192.168.1.1
   DHCP サーバー . . . . . . . . . . . . :192.168.1.1
   DHCPv6 IAID . . . . . . . . . . . . . :36740131
   DHCPv6 クライアント DUID . . . . . . . :00-01-00-01-21-C2-95-3F-30-9C-23-67-AD-2D
   DNS サーバー . . . . . . . . . . . . . :192.168.1.1
   NetBIOS over TCP/IP . . . . . . . . :有効
```

Chapter 2

Cisco機器の設定の基本

CLIモードで設定コマンドを扱うために

ネットワーク環境を構築するためには、ネットワーク機器に必要な設定を施す必要があります。本章では、Cisco機器を設定するための基本的な内容を学びます。実際にCLIモードで設定コマンドを入力して確認できるようになりましょう。

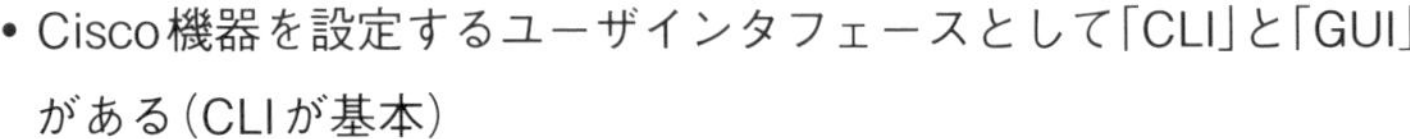

2-1 Cisco機器の設定の準備

- Cisco機器を設定するユーザインタフェースとして「CLI」と「GUI」がある（CLIが基本）
- CLIでCisco機器を設定するためには、PCとコンソールケーブルで接続してターミナルソフトウェアでコマンドを入力する
- 設定ファイルは2種類ある（「running-config」と「startup-config」）
- インタフェース名によって、インタフェースを識別できるようにしている

Cisco機器を設定するユーザインタフェース

Cisco機器を設定するためには2つのインタフェースがあります。

- CLI（Command Line Interface）
  コマンドベースでCisco機器の設定や確認を行う
- GUI（Graphical User Interface）
  Webブラウザ上で設定パラメータを入力して設定や確認を行う

GUIでの設定のほうが直感的でわかりやすいのですが、Cisco機器を扱う基本はCLIです。CLIではCisco機器のコマンドを知らないと設定などを行うことができません。一方、GUIであればコマンドの知識がなくても、画面の指示にしたがって設定パラメータを入力すればよいだけです。典型的な設定に関しては、設定ウィザードが用意されていてウィザードにしたがってパラメータを入力すれば、必要な設定が完了します。

ただ、GUIでさまざまな機能を設定するときには、何回もの画面遷移が必要になってしまうことが多く、手間がかかってしまいます。また、Webブラウザでアクセスできることが前提なので、GUIによる設定を利用するためには初期設定が必要で、初期設定はCLIで行うことになります[注1]。

本書の演習では、CLIでさまざまな設定を行っていきます。

注1）工場出荷時の設定で、GUIでアクセスできるようになっていることがほとんどです。

CLIで設定するためのPCとの接続

Cisco機器をCLIで設定するためには次のものが必要です。

- ターミナルソフトウェア
- PCのシリアルポート
- コンソールケーブル(ロールオーバーケーブル)

ターミナルソフトウェアは、Cisco機器へコマンドを送ったり、コマンドの結果を受け取って表示するためのソフトウェアです。**Tera Term**や**Putty**がよく利用されるターミナルソフトウェアです。

PCとCisco機器を接続するには、**コンソールケーブル**と**シリアルポート**が必要です。Cisco機器のコンソールポートとPCのシリアルポートをコンソールケーブルで接続します(**図2-1**)。コンソールケーブルは**ロールオーバーケーブル**とも呼ばれます。

現在の一般的なPCには、シリアルポートが備わっていないことがほとんどです。そこで、USB－シリアル変換ケーブルによってUSBポート経由でルータのコンソールポートと接続します(**写真2-1**)。

○図2-1：Cisco機器とPCの接続

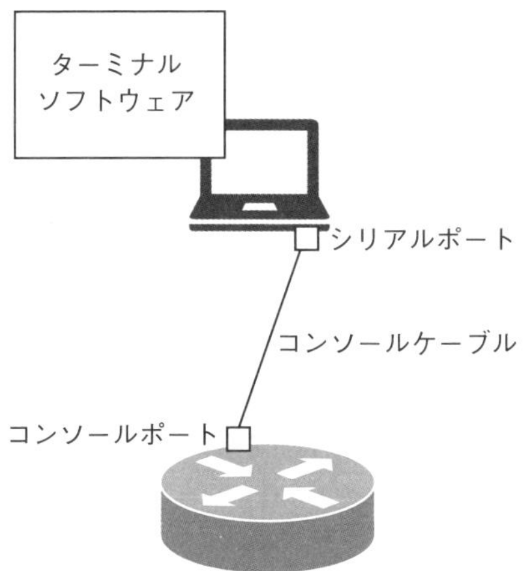

○写真2-1：PCとルータの接続

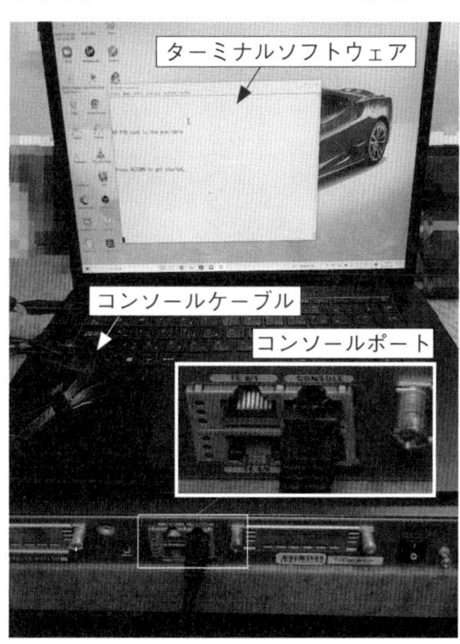

設定ファイル

Cisco機器の設定情報は、次の設定ファイルに保存されています。

- running-config
- startup-config

これらの設定ファイルは、Cisco機器に設定されている設定コマンドをテキストファイルとしてまとめています(**リスト2-1**)。

○リスト2-1：running-configファイルの例

```
hostname R1
!
    :(略)
!
interface Ethernet0/0
  ip address 192.168.12.1 255.255.255.0
!
interface Ethernet0/1
  ip address 192.168.21.1 255.255.255.0
!
ip route 10.3.0.0 255.255.0.0 192.168.21.2
ip route 10.3.3.0 255.255.255.0 192.168.12.2
!
    :(略)
```

※「!」はコメント行で、設定コマンドとして認識されません。デフォルトでは設定ファイルをみやすくするため、適当な間隔で「!」の行が追加されています。
※デフォルトで入っている設定コマンドの中には、show running-configコマンドで表示されないものもあります。

running-configには管理者が明示的に設定した設定コマンドもあれば、デフォルトでもともと入っている設定コマンドもありますが、この出力の「**1行、1行がそれぞれ設定コマンドである**」ということをおさえておいてください。

running-configは現在稼働中の設定ファイルで、メモリ(DRAM)上にrunning-configのファイルが保存されています。入力したコマンドはrunning-configのファイルに反映され、running-configにしたがってCisco機器は動作しています。DRAMの内容は電源を切ると削除されてしまうので、電源を切るとrunning-configのファイルは消えてしまいます。

そして、startup-configは、Cisco機器の起動時の設定ファイルです。電源を切っても内容が消えないNVRAM上にstartup-configは保存されています。Cisco機器が起動するときにNVRAMのstartup-configファイルをDRAMのrunning-configにコピーします。そのため、起動したときは、startup-configの内容の設定で動作していることになります。

このあと改めて説明しますが、「設定を保存する」とは「running-config」を「startup-config」にコピーすることです。running-configをstartup-configにコピーすれば、Cisco機器に対して設定した設定コマンドは再起動しても反映されています(**図2-2**)。

○図2-2：running-configとstartup-config

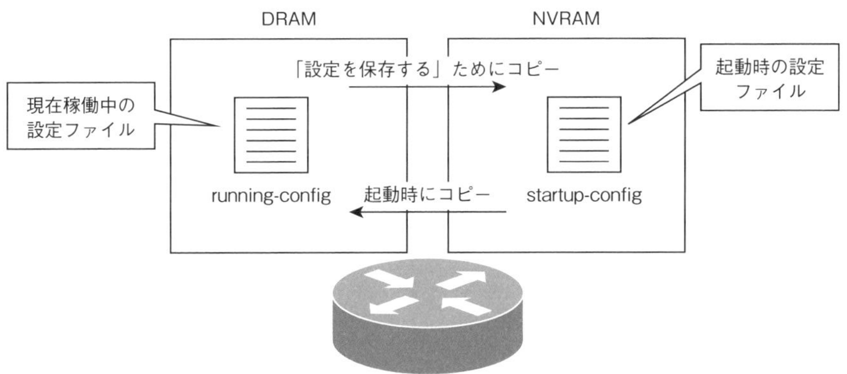

Cisco機器の設定の流れ

PCとCisco機器をコンソールケーブルで接続して設定する手順は次のようになります。

①ターミナルソフトウェアから設定コマンドを入力する
②設定したコマンドが意図したように動作していることを確認する
③設定を保存する

ターミナルソフトウェアから設定コマンドを入力すると、コマンドはルータのコンソールポートへ送り込まれて実行されます。入力したコマンドは、現在稼働中の設定ファイルのrunning-configに即座に反映され、それにしたがって動作します。

設定コマンドが即座にrunning-configに反映されて、その内容にしたがって動作するという仕様は危険な側面もあります。間違った設定コマンドを実行すると、すぐにその設定コマンドが反映されて、機器へのアクセス自体ができなくなってしまうこともあるからです。設定コマンドを入力するときには、慎重に行ってください(**図2-3**)。

◯図2-3：設定コマンドの入力

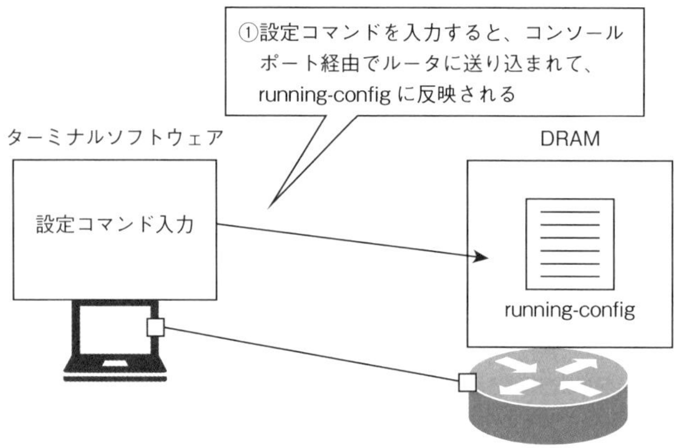

そして、重要なことは設定したコマンドが意図したように動作していることをしっかりと確認することです。設定コマンドを入力するだけではなく、動作をきちんと確認してはじめて設定作業が完了します。Cisco機器の動作や状態を確認するためにさまざまなshowコマンドなどの確認コマンドがあります。設定したコマンドの動作を確認するには、適切な確認コマンドを実行できるようになることが重要です。何らかの設定を行うときには、「**設定したら動作を確認する**」ということを常に心がけてください(**図2-4**))。

本書の演習でも、原則として設定のあと確認するという手順にしています。

以上のような、設定コマンドの入力→動作の確認というプロセスを必要なだけ繰り返します。そして、最後に設定の保存が必要です。入力したコマンドが反映されるrunning-configはメモリ上のファイルなので、電源を切ってしまうと消去されてしまいます。電源を切っても消去されないNVRAM上のstartupconfigに設定を保存しなければいけません。ターミナルソフトウェアから設定の保存コマンド(copy running-config startup-config)を入力すると、running-configの内容がstartup-configにコピーされ、設定が保存されます(**図2-5**)。

◯図2-4：確認コマンドの入力

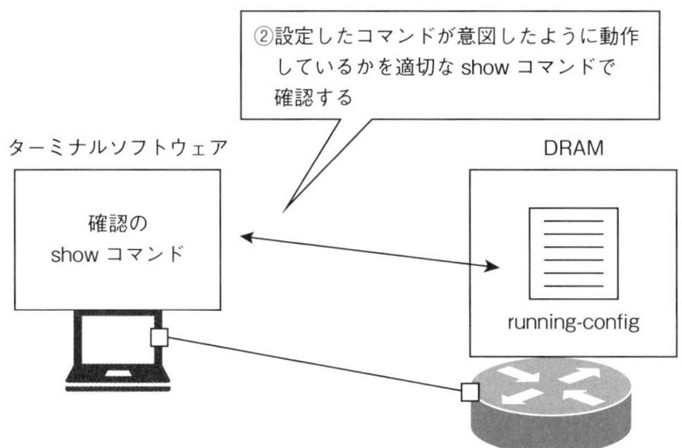

◯図2-5：設定の保存

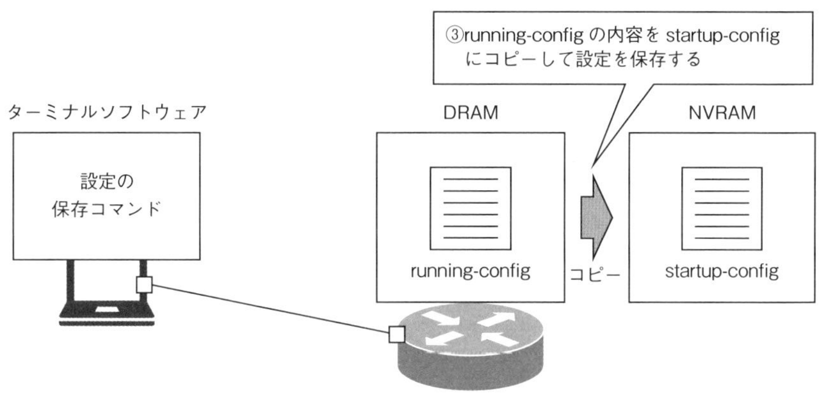

インタフェース名

ルータやスイッチといったネットワーク機器には複数の**インタフェース**が搭載されています。一口に「イーサネット」といっても、10Mbpsのイーサネットもあれば10Gbpsのイーサネットもあるように、インタフェースの種類も1種類とは限りません。そのため、インタフェースを設定する場合やネットワーク構成図を作成するとき、インタフェースをきちんと識別できなければいけません。Ciscoでは、インタフェース名によってインタフェースを識別できるようにしています。

Cisco機器のインタフェース名の基本的なフォーマットは次のようになります。

```
<interface-type> <slot> / <port>
```

<interface-type>はインタフェースの種類を表すあらかじめ決められた文字列です。おもなインタフェースの種類を**表2-1**にまとめます。

<interface-type>の後ろの<slot>/<port>で、機器上のどのインタフェースなのかを表します。固定型の機器に最初から備わっているインタフェースでは、<slot>は基本的に固定で0です。固定型の機器でも一部、ネットワークモジュールの追加スロットを備えているモデルもあり、そのスロット番号を指定します。モジュール型の機器のインタフェースの場合は、モジュールが挿入されているスロット番号を指定します。

<port>はそのままポート番号です。ルータのポート番号は「0」から始まるのですが、Catalystスイッチは「1」からポート番号が始まることに気をつけてください[注2]。

◯表2-1：おもなインタフェースの種類

インタフェースの種類	<interface-type>
イーサネット	Ethernet
ファストイーサネット	FastEthernet
ギガビットイーサネット	GigabitEthernet
10ギガビットイーサネット	TenGigabitEthernet
シリアル	Serial
ISDN BRI	BRI

※<interface-type>では、大文字・小文字の区別は必要ありません。

コンソールポートのインタフェース名は「con 0」でAUXポートのインタフェース名は「aux 0」です。

注2）ルータとスイッチでは、ポートの物理的な並びが違います。ケーブル配線するときには注意してください。

Cisco2620XM（ルータ）のインタフェース名

図2-6はCisco2620XMというモデルのルータについてのインタフェース名の例です。この機種にはもとからファストイーサネット（100Mbps）のインタフェースが1つ備わっていて、そのインタフェース名は「FastEthernet0/0」です。モジュールを追加するスロットが2つ備わっていて、スロット番号0に2ポートのシリアルインタフェースのモジュールを挿入しています。シリアルインタフェースのインタフェース名は「Serial0/0」と「Serial0/1」です。そして、スロット番号1に1ポートのISDN BRIインタフェースのモジュールを挿入しているので、「BRI1/0」です。

また、設定する際に利用するコンソールポートとAUXポートはそれぞれ「con 0」「aux 0」という名前になります。

○図2-6：Cisco2620XMのインタフェース名の例

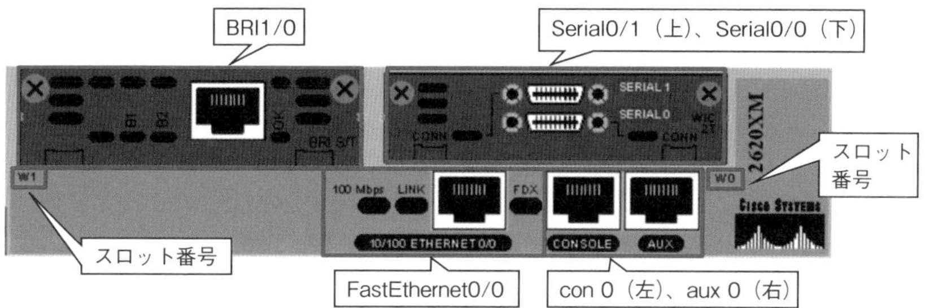

なお、機種によってはインタフェース名のフォーマットが若干異なるので注意してください。以前の古いモデルのルータでは<slot>がなく<port>のみです。たとえば、「Ethernet0」のようなインタフェース名です。

```
<interface-type> <port>
```

また、スタックに対応しているレイヤ2／レイヤ3スイッチでは、<stack-member>が追加されて「/」で3つの数字を区切ります。たとえば、「GigabitEthernet1/0/1」のようなインタフェース名です[注3]。

```
<interface-type> <stack-member> / <slot> / <port>
```

注3）上記のように、機種によってインタフェース名が統一されていないこともあるので、利用する機器のインタフェース名をきちんと確認してください。show ip interface briefコマンドで、搭載されているインタフェースのインタフェース名を一覧で確認できます

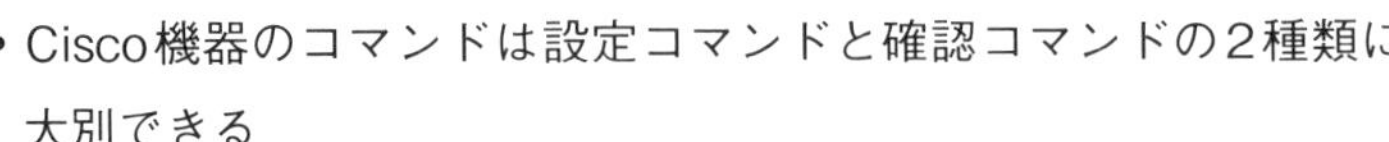

2-2 CLIの設定の基本

- Cisco機器のコマンドは設定コマンドと確認コマンドの2種類に大別できる
- コマンドを実行するには、適切なCLIモードに移行する必要がある
- 設定コマンドを削除するには、「no」を付けて削除したいコマンドを入力する
- テキストファイルにコマンドをまとめて、コンソールからコピー&ペーストすると一括設定できる
- 設定を保存するためには、copy running-config startup-configコマンドを実行する

コマンドの種類

Cisco機器のコマンドは、大きく次の2種類に分かれます。

- 設定コマンド
- 確認コマンド(EXECコマンド)注4

この2種類の違いは、読んで字のごとくです。**設定コマンド**は、Cisco機器のIPアドレスやホスト名などの設定を行うためのコマンドで、running-configに追加されるコマンドです。

確認コマンドはCisco機器の動作や状態を確認するためのコマンドです。pingコマンドやtracerouteコマンドで通信できるかどうかを確認したり、showコマンドでCisco機器の状態を確認します。また、debugコマンドでCisco機器の動作をリアルタイムで確認できます。debugコマンドはCisco機器の動作を詳細に確認できる一方、機器の負荷をかけてしまいます。debugコマンドを利用するときには注意が必要です。

注4) 確認コマンドのことをCiscoのマニュアルなどではEXECコマンド(実行コマンド)と呼んでいます。個人的に「確認コマンド」のほうがわかりやすいと考えていますので、本書では「確認コマンド」としています。

ずいぶんと当たり前のことですが、さまざまなコマンドはこの2種類に分類できるということが重要なポイントです。そして、2種類のコマンドを適切に使うためにCisco機器のCLIでのモードを理解しておく必要があります。

CLIモードの種類

Cisco機器のCLIでは実行できるコマンドに応じて、次のモードがあります。

- EXECモード
- コンフィグレーションモード

EXECモードは確認コマンド(EXECコマンド)を実行するためのモードです。実行するコマンドの権限に応じて、**ユーザEXECモード**と**特権EXECモード**があります。

ユーザEXECモードは、実行できる確認コマンドがpingなどの限られたコマンドだけです。ユーザEXECモードでは、running-configを表示するためのshow running-configコマンドは実行できません。特権EXECモードはいわゆる管理者権限で、すべてのEXECコマンドを実行できます。

コンフィグレーションモードは、設定コマンドを実行するためのモードです。コンフィグレーションモードは、Cisco機器のどのような設定コマンドを実行するかによって、さらに次のようなモードに細分化されます(**図2-7**)。

- グローバルコンフィグレーションモード
- インタフェースコンフィグレーションモード
- ルーティングプロトコルコンフィグレーションモード
- その他、さまざまなコンフィグレーションモード

グローバルコンフィグレーションモードは、Cisco機器全体に関わる設定コマンドを実行するモードです。たとえば、ホスト名や特権EXECモードのパスワードを設定するためのコマンドなどはグローバルコンフィグレーションモードで実行します。また、グローバルコンフィグレーションモードはすべてのコンフィグレーションモードの起点となるモードです。

インタフェースコンフィグレーションモードは、インタフェースにIPアドレ

スを設定するなどインタフェースに関する設定コマンドを実行するモードです。

ルーティングプロトコルコンフィグレーションモードは、RIPやOSPF、EIGRPといったルーティングプロトコルに関する設定コマンドを実行するモードです注5。

◯図2-7：CLIモードの種類

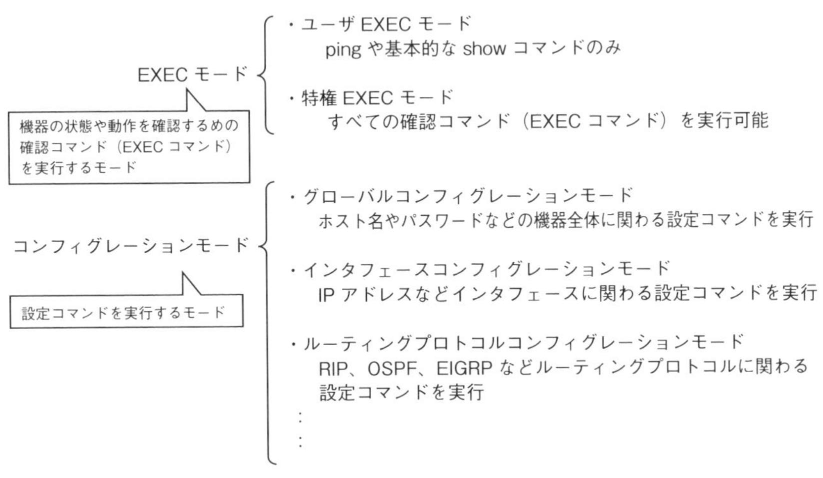

CLIモードの移行

Cisco機器にコンソール接続してターミナルソフトウェアを起動すると、最初に次のような表示になります。

```
Router con0 is now available


Press RETURN to get started.
```

Enterを押すとログインでき、最初はユーザEXECモードです。ユーザEXECモードでは、コマンドを待ち受けるプロンプトとして「>」が表示されます。

```
Router>
```

注5）ルーティングプロトコルに関する設定コマンドは、ルーティングプロトコルコンフィグレーションモードだけでなく、インタフェースコンフィグレーションモードでコマンドを入力することもあります。

ユーザEXECモードから特権EXECモードに移行するには、「enable」と入力します。

```
Router>enable ⏎
Router#
```

プロンプトとして「#」が表示され、特権EXECモードであることを意味しています。

そして、特権EXECモードからグローバルコンフィグレーションモードに移行するために「configure terminal」と入力します。

```
Router#configure terminal ⏎
Enter configuration commands, one per line.  End with CNTL/Z.
Router(config)#
```

プロンプトの表示が「(config)#」となり、グローバルコンフィグレーションモードに移行したことがわかります。また、「1行ずつ設定コマンドを入力する」というメッセージが表示されます。

グローバルコンフィグレーションモードからインタフェースコンフィグレーションモードに移行するには、「interface <interface-name>」と入力します。例として、FastEthernet0/0というインタフェースのインタフェースコンフィグレーションモードに移行する場合は、次のようになります。

```
Router(config)#interface FastEthernet0/0 ⏎
Router(config-if)#
```

「(config-if)#」というプロンプトからインタフェースコンフィグレーションモードに移行していることがわかります。

また、グローバルコンフィグレーションモードからルーティングプロトコルコンフィグレーションモードに移行するには、「router <routing-protocol>」と入力します注6。RIPのルーティングプロトコルコンフィグレーションモードに移行する場合は、次のようになります。

```
Router(config)#router rip ⏎
Router(config-router)#
```

注6）ルーティングプロトコルによっては、「router <routing-protocol>」のあとにさらに追加のパラメータが必要です。

「(config-router)#」というプロンプトでルーティングプロトコルコンフィグレーションモードに移行していることがわかります。

インタフェースコンフィグレーションモードやルーティングプロトコルコンフィグレーションモードから「exit」と入力すると、グローバルコンフィグレーションモードに戻ります。「exit」は、現在のモードの階層から1つ上の階層に戻ります。また、「end」と入力すると、特権EXECモードまで戻ります。

```
Router(config)#interface FastEthernet0/0 ⏎
Router(config-if)#exit ⏎
Router(config)#
```

```
Router(config)#router rip ⏎
Router(config-router)#exit ⏎
Router(config)#
```

図2-8はCLIモードの状態遷移についてまとめたものです。

○図2-8：CLIモードの状態遷移

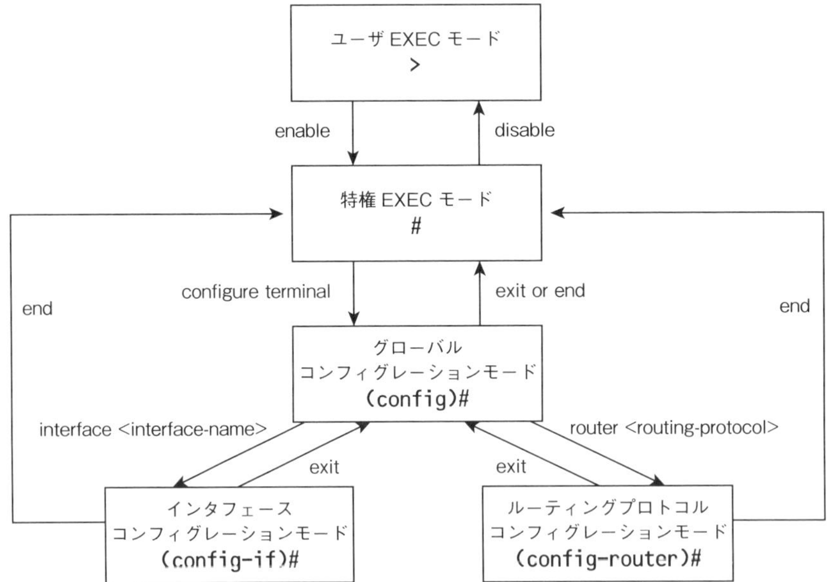

CLIモードについて、Cisco機器を扱ううえでの基本です。それぞれのCLIモードの意味と移行をしっかりと把握しておいてください。

なお、コンフィグレーションモードの移行は、いったんグローバルコンフィグレーションモードに戻る必要はありません。たとえば、以下のようにインタフェースコンフィグレーションモードから直接ルーティングプロトコルコンフィグレーションモードに移行することもできます。

```
R1(config)#interface FastEthernet0/0 ⏎
R1(config-if)#router rip ⏎
R1(config-router)#
```

設定コマンドの削除

グローバルコンフィグレーションモードなどのコンフィグレーションモードから入力した設定コマンドはrunning-configに追加されます。設定を間違えてしまった、または、これまでの設定が要らなくなったときなど、設定コマンドをrunning-configから削除します。

running-configから設定コマンドを削除するときには、先頭に「no」を付けてコマンドを入力すればよいだけです。次のrunning-configを抜粋した設定コマンドについて考えましょう（**図2-9**）。

○図2-9：running-configの例

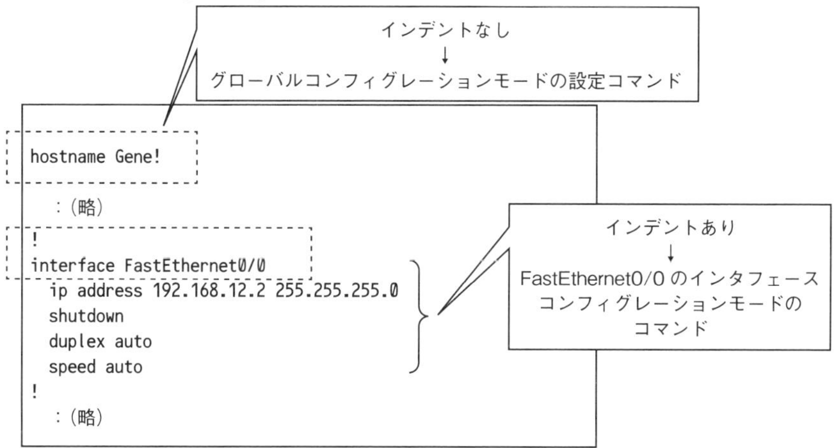
インデントなし
↓
グローバルコンフィグレーションモードの設定コマンド
hostname Gene!
：（略）
!
interface FastEthernet0/0
ip address 192.168.12.2 255.255.255.0
shutdown
duplex auto
speed auto
!
：（略）
インデントあり
↓
FastEthernet0/0のインタフェース
コンフィグレーションモードの
コマンド

running-configは1行1行が設定コマンドとなっているテキストファイルです。設定コマンドはグローバルコンフィグレーションモードを起点としたさまざまなコンフィグレーションモードから入力するコマンドです。設定コマンドを削除するときには、どのコンフィグレーションモードの設定コマンドであるかがわかっていないといけません。

running-config上でインデントされていない行の設定コマンドは、グローバルコンフィグレーションモードの設定コマンドです。**図2-9**の例では「hostname Gene」がグローバルコンフィグレーションモードの設定コマンドです。

インデントされている設定コマンドは、その直前のコンフィグレーションモードの設定コマンドです。**図2-9**の例で「ip address 192.168.1.2 255.255.255.0」、「shutdown」、「duplex auto」、「speed auto」は、インデントされています。これらの設定コマンドは、直前のインデントされていない行である「interface FastEthernet0/0」、つまりFastEthernet0/0のインタフェースコンフィグレーションモードでの設定コマンドです。

削除したい設定コマンドを入力すべきコンフィグレーションモードまで移行して、先頭に「no」を付けて設定コマンドを入力すれば、削除されます。

「hostname Gene」はグローバルコンフィグレーションモードの設定コマンドなので、グローバルコンフィグレーションモードで「no hostname Gene」と入力します。

```
Gene#configure terminal ⏎
Enter configuration commands, one per line.  End with CNTL/Z.
Gene(config)#no hostname Gene ⏎
Router(config)#
```

「no hostname」だけで設定コマンドの削除はできます。削除するときにどこまでの設定パラメータを入力する必要があるかは、設定コマンドごとに異なります。削除のときにどこまでのパラメータを入力するかを覚えておくのは大変です。noを付けて削除したい行をすべて入力するのが確実です。

「ip address 192.168.12.2 255.255.255.0」、「shutdown」はFastEthernet0/0のインタフェースコンフィグレーションモードの設定コマンドなので、FastEthernet0/0のインタフェースコンフィグレーションモードから、先頭にnoを付けてコマンド入力します。

```
Router(config)#interface FastEthernet 0/0 ⏎
Router(config-if)#no ip address 192.168.12.2 255.255.255.0 ⏎
Router(config-if)#no shutdown ⏎
Router(config-if)#
```

3つの設定コマンドを削除したあとのrunning-configは**図2-10**のようになります。

○**図2-10：running-configの例（設定コマンドの削除後）**

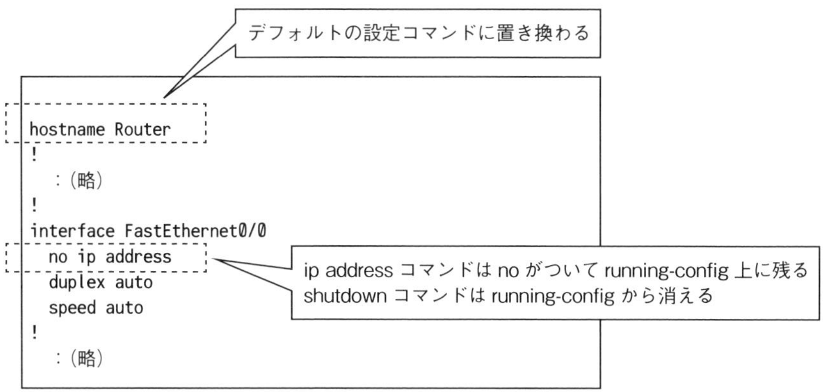
デフォルトの設定コマンドに置き換わる
hostname Router
!
:（略）
!
interface FastEthernet0/0
no ip address
duplex auto
speed auto
!
:（略）
ip address コマンドは no がついて running-config 上に残る
shutdown コマンドは running-config から消える

コマンドの一括入力

コマンドを入力する際、ターミナルソフトウェアから1つずつ入力するだけではなく一括で複数のコマンドを入力することもできます。コマンドを一括入力する手順は、次のとおりです。

①一括入力したいコマンドをあらかじめテキストファイルで作成する
②ターミナルソフトウェアからテキストファイルに作成したコマンドのテキストをコピー＆ペーストする

まず、一括入力したいコマンドをテキストファイルにまとめます。その際、コマンドは省略形でも構いません。また、コマンドの順番やshow running-configで表示したときのようなインデントも気にする必要はありません。

テキストファイルにまとめたコマンドをターミナルソフトウェア上でコピー＆ペーストすることで、コマンドが一括で入力されます。設定コマンドは、グローバルコンフィグレーションモードを起点としたモードで入力するので、グローバルコンフィグレーションモードに移行してからコピー＆ペーストします。または、テキストファイルにグローバルコンフィグレーションモードに移行するためのコマンドを記述していてもよいです（**図2-11**）。

◯図2-11：コマンドの一括入力

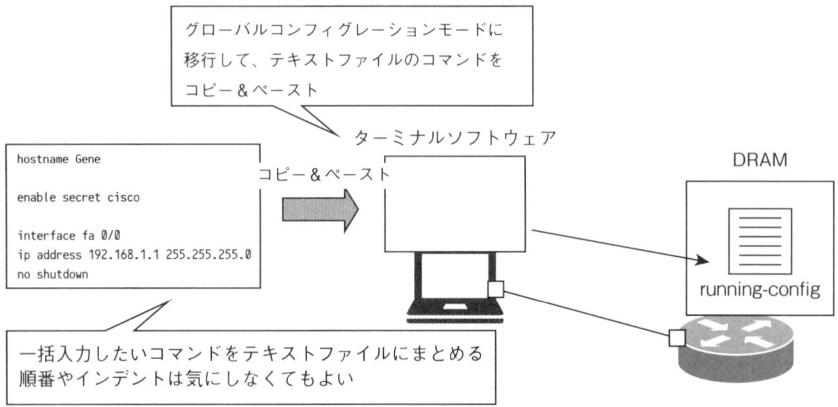
グローバルコンフィグレーションモードに
移行して、テキストファイルのコマンドを
コピー＆ペースト
ターミナルソフトウェア
hostname Gene
enable secret cisco
interface fa 0/0
ip address 192.168.1.1 255.255.255.0
no shutdown
コピー＆ペースト
DRAM
running-config
一括入力したいコマンドをテキストファイルにまとめる
順番やインデントは気にしなくてもよい

※コマンドによっては依存関係があります。依存関係があるコマンドを一括で入力するときは、順序に注意してください。

本書の演習では、設定する手順についてコピー＆ペーストで一括設定できる形でコマンドをまとめています。

設定の保存

ターミナルソフトウェアから入力した設定コマンドはrunning-configに追加されます。running-configの内容をstartup-configにコピーすることで、Cisco機器の設定を保存します。そのために、copyコマンドを利用します。copyコマンドのフォーマットと引数は次のようになります。

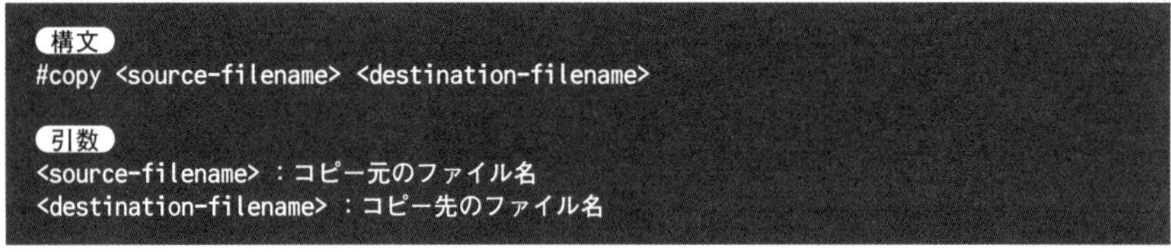

```
構文
#copy <source-filename> <destination-filename>

引数
<source-filename> ：コピー元のファイル名
<destination-filename> ：コピー先のファイル名
```

設定の保存、すなわち、running-configをstartup-configにコピーするには、次のように入力します[注7]。

注7） copyコマンドでネットワーク上のTFTP/FTP/HTTPサーバなどとの間でファイルのコピーを行うこともできます。

```
Router#copy running-config startup-config ⏎
Destination filename [startup-config]?
Building configuration...
[OK]
Router#
```

また、running-configおよびstartup-configの内容を確認するためには、次のコマンドを利用します。

```
#show running-config
#show startup-config
```

簡単な設定例

ここまで解説した内容を振り返るために、簡単な設定を行います。**図2-12**に示すルータについて、ホスト名とIPアドレスの設定を行います。設定したIPアドレスを確認したうえ、その設定を保存します。

- ホスト名：R1
- FastEthernet0/0のIPアドレス：192.168.1.1/24

◯図2-12：簡単な設定例

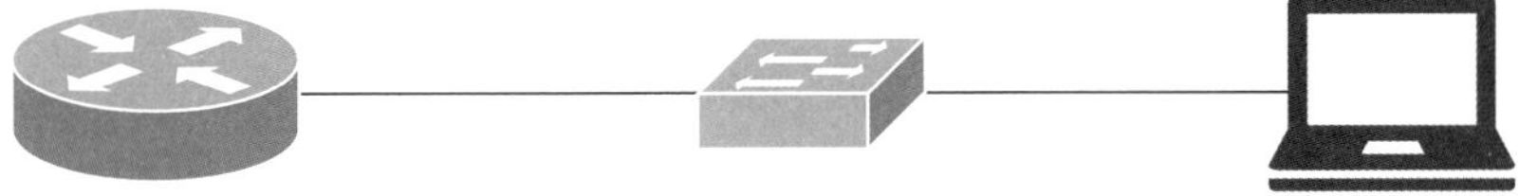

ホスト名の設定

ホスト名を設定するために、グローバルコンフィグレーションモードで次のコマンドを入力します。

```
構文
(config)#hostname <hostname>

引数
<hostname> ：ホスト名
```

ルータでの設定は次のようになります。

```
Router>enable ⏎
Router#configure terminal ⏎
Enter configuration commands, one per line.  End with CNTL/Z.
Router(config)#hostname R1 ⏎
R1(config)#
```

コマンドを入力すると、すぐにホスト名が「R1」となっています。また、running-configに「hostname R1」が反映されています。

IPアドレスの設定

続いて、R1のFastEthernet0/0のインタフェースにIPアドレスを設定します。IPアドレスを設定するためのコマンドは次のとおりです。

```
構文
(config)#interface <interface-name>
(config-if)#ip address <address> <subnetmask>
(config-if)#no shutdown

引数
<interface-name>：インタフェース名
<address> <subnetmask> ：IPアドレス サブネットマスク
```

ルータのインタフェースはデフォルトでshutdownコマンドによって、無効化(administratively down)されていることに気をつけてください。no shutdownコマンドでインタフェースを有効にしなければいけません。

R1 Fa0/0にIPアドレス192.168.1.1/24を設定する様子は次のようになります。

```
R1>enable ⏎
R1#configure terminal ⏎
Enter configuration commands, one per line.  End with CNTL/Z.
R1(config)#interface FastEthernet0/0 ⏎
R1(config-if)#ip address 192.168.1.1 255.255.255.0 ⏎
R1(config-if)#no shutdown ⏎
R1(config-if)#
*Mar 1 00:01:09.219: %LINK-3-UPDOWN: Interface FastEthernet0/0, changed state to up
*Mar 1 00:01:10.219: %LINEPROTO-5-UPDOWN: Line protocol on Interface FastEthernet0/0,
changed state to up
```

設定の確認

入力した設定コマンドがrunning-configに追加されていることを確認します。show running-configコマンドでrunning-configの内容を表示します。

```
R1#show running-config ⏎
Building configuration...

Current configuration : 915 bytes
!
    :（略）
!
hostname R1
!
    :（略）
!
interface FastEthernet0/0
  ip address 192.168.1.1 255.255.255.0
  duplex auto
  speed auto
!
    :（略）
```

また、FastEthernet0/0の状態とIPアドレスを確認するためにshow ip interface briefコマンドを入力します。

```
R1#show ip interface brief ⏎
Interface           IP-Address      OK?  Method  Status                  Protocol
FastEthernet0/0     192.168.1.1     YES  manual  up                      up
FastEthernet0/1     unassigned      YES  unset   administratively down   down
```

FastEthernet0/0の状態がup/upとなっていて、no shutdownコマンドによってインタフェースがきちんと有効化されていることも確認できます。

設定の保存

設定を保存するために、特権EXECモードからcopy running-config startup-configコマンドを入力します。

```
R1#copy running-config startup-config ⏎
Destination filename [startup-config]?
Building configuration...
[OK]
```

これにより、show running-configコマンドとshow startup-configコマンドの

内容が同じなり、再起動してもこれまで入力した設定コマンドが失われることがありません。

```
R1#show running-config ⏎
Building configuration...

Current configuration : 915 bytes
!
    :(略)
!
hostname R1
!
    :(略)
!
interface FastEthernet0/0
  ip address 192.168.1.1 255.255.255.0
  duplex auto
  speed auto
!
    :(略)
```

```
R1#show startup-config ⏎
Using 915 out of 57336 bytes!
    :(略)
!
hostname R1
!
    :(略)
!
interface FastEthernet0/0
  ip address 192.168.1.1 255.255.255.0
  duplex auto
  speed auto
!
    :(略)
```

※show running-configとshow startup-configの設定コマンドと関係ない冒頭部分だけ若干表示が異なります。

Chapter 3

イーサネットとレイヤ2スイッチ

データを物理的に転送する仕組み

前章まででネットワークの基本とCisco機器の基本的な操作を学びました。本章からは具体的なネットワーク構築の演習を踏まえて学習していきます。まずは、データを物理的に転送するための「イーサネット」とイーサネットのネットワークを構築するための「レイヤ2スイッチ」についてです。

3-1 イーサネット

- イーサネットとは、同じネットワーク内のイーサネットインタフェース間でデータを物理的に転送するためのプロトコル
- イーサネットには、伝送速度や利用するケーブルなどによってさらにさまざまな規格がある
- MACアドレスによって、イーサネットインタフェースを識別できるようにする
- 転送するデータにMACアドレスを指定したイーサネットヘッダを付加する

イーサネットとは

イーサネットは、データを「物理的に転送する」ためのプロトコルです。イーサネットによって、同じネットワーク内のイーサネットインタフェース間でデータを物理的に転送できます。

では、「物理的に転送する」とは、どういうことでしょうか？ PC／スマートフォン／サーバなどの内部では、データは「0」「1」のビットからなるデジタルデータです。「0」「1」のデジタルデータをそのままネットワークに送り出すことはできません。電気信号や光信号、電波といった物理的な信号に変換しなければいけません。「物理的に転送する」とは、「0」「1」のデジタルデータを物理的な信号に変換して送り届けることです。

図3-1は、イーサネットのデータ転送の概要を表したものです。

レイヤ2スイッチについては、改めて詳しく解説しますが、イーサネットによるネットワークを構築するためのネットワーク機器です。同じレイヤ2スイッチに接続されているPC1とPC2は同一ネットワークに接続されていることになります。イーサネットのデータの転送とは、PC1のイーサネットインタフェースからPC2のイーサネットインタフェースまで、データを電気信号などの物理的な信号に変換して伝えていくことです。このとき、間にあるレイヤ2スイッ

〇図3-1：イーサネットのデータ転送の概要

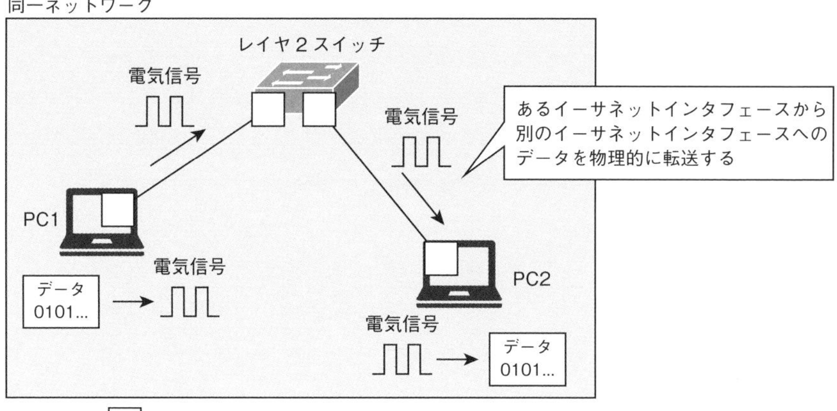

チのイーサネットインタフェースは特に意識する必要はありません。レイヤ2スイッチは転送の際にデータにいっさい変更を加えないからです。

イーサネットについての理解をさらに深めるために、「イーサネットの規格」「RJ-45インタフェースとUTPケーブル」「MACアドレス」「フレームフォーマット」のポイントを解説します。

イーサネットの規格

イーサネットの規格はIEEE802.3（アイトリプルイー）委員会で定められています。イーサネットの規格名称として「**IEEE802.3**」で始まるものと「**1000BASE-T**」など伝送速度と伝送媒体の特徴を組み合わせた規格名称があります。後者の「1000BASE-T」のような規格名称のほうを目にする機会が多いでしょう（**図3-2**）。

〇図3-2：イーサネットの規格名称のルール

最初の数字は伝送速度を表します。基本的にMbps単位です。「1000」とあると1000Mbsp、すなわち1Gpsの伝送速度のイーサネット規格ということになります。そして「BASE」はベースバンド方式という意味です。「0」「1」のデジタルデータを物理的な信号に変換するのですが、物理的な信号にはアナログ信号とデジタル信号があります。ベースバンド方式はデジタル信号を利用する方式です。現在では、ベースバンド方式以外は利用しません。

「-」のあとは、伝送媒体(ケーブル)や物理信号の変換の特徴を表しています。いろんな表記がされてくる部分ですが、「T」があると伝送媒体にUTPケーブルを利用しているということぐらい知っておけばよいでしょう。UTPケーブルは、いわゆるLANケーブルで、もっともよく利用される伝送媒体です。

表3-1は、おもなイーサネット規格をまとめたものです。2021年現在、もっともよく利用されているイーサネット規格は1000BASE-Tでしょう。たいていのPCのイーサネットインタフェースは1000BASE-Tの規格です。

○表3-1：おもなイーサネット規格

規格名称		伝送速度	伝送媒体
IEEE802.3	10BASE5	10Mbps	同軸ケーブル
IEEE802.3a	10BASE2	10Mbps	同軸ケーブル
IEEE802.3i	10BASE-T	10Mbps	UTPケーブル（CAT3）
IEEE802.3u	100BASE-TX	100Mbps	UTPケーブル（CAT5）
	100BASE-FX	100Mbps	光ファイバケーブル
IEEE802.3z	1000BASE-SX	1000Mbps	光ファイバケーブル
	1000BASE-LX	1000Mbps	光ファイバケーブル
IEEE802.3ab	1000BASE-T	1000Mbps	UTPケーブル（CAT5e）
IEEE802.3bz	2.5GBASE-T	2.5Gbps	UTPケーブル（CAT5e）
	5GBASE-T	5Gbps	UTPケーブル（CAT6）
IEEE802.3an	10GBASE-T	10Gbps	UTPケーブル（CAT6A）

※ここに挙げている以外にもイーサネット規格はたくさん存在します。

UTPケーブルとRJ-45インタフェース

1000BASE-Tのイーサネット規格で利用する伝送媒体はUTPケーブルです。いわゆる「LANケーブル」と呼ばれているケーブルです。そして、UTPケーブルで配線するイーサネットインタフェースはRJ-45です。いわゆる「LANポート」です。

UTPケーブル

UTPケーブルは、8本の絶縁体の皮膜で覆われている銅線を2本ずつより合わせて4対にしています。より合わせることによってノイズの影響を抑えています。UTPケーブルは品質によって、カテゴリに分けられています(**表3-2**)。UTPケーブルの「品質」とは対応できる電気信号の周波数です。周波数が高ければ高いほど、より伝送速度が高速な規格に対応できます。

○表3-2：おもなUTPケーブルのカテゴリ

カテゴリ	最大周波数	おもな用途
カテゴリ5	100MHz	100BASE-TX
カテゴリ5e	100MHz	1000BASE-T/2.5GBASE-T
カテゴリ6	250MHz	5GBASE-T
カテゴリ6A	500MHz	10GBASE-T

UTPケーブルには、**ストレートケーブル**と**クロスケーブル**の分類もあります。ただ、後述のAuto MDI/MDI-X機能によって、この分類は今では気にする必要はありません。ほとんどストレートケーブルを利用します。

RJ-45インタフェース

UTPケーブルを伝送媒体として利用しているもっとも一般的なイーサネット規格のインタフェースの形状が**RJ-45**です。UTPケーブルに合わせて、8本の金属端子(ピン)があり電気信号(電流)を流す回路を最大で4対形成できます。

RJ-45のイーサネットインタフェースは**MDI**と**MDI-X**の2種類に分かれます。PCやサーバなどのRJ-45イーサネットインタフェースはMDIです。そして、レイヤ2スイッチやレイヤ3スイッチのRJ-45イーサネットインタフェースはMDI-Xです。

10BASE-Tや100BASE-TXにおいて、MDIとMDI-Xでは、電気信号の送信／受信の役割を果たすピンの組み合わせが異なっています。MDIは、(1,2)のピンで送信、(3,6)のピンで受信を行います。MDI-Xは、MDIとは逆に(1,2)のピンで受信、(3,6)のピンで送信を行います(**図3-3**)。

○図3-3：MDI（左）とMDI-X（右）

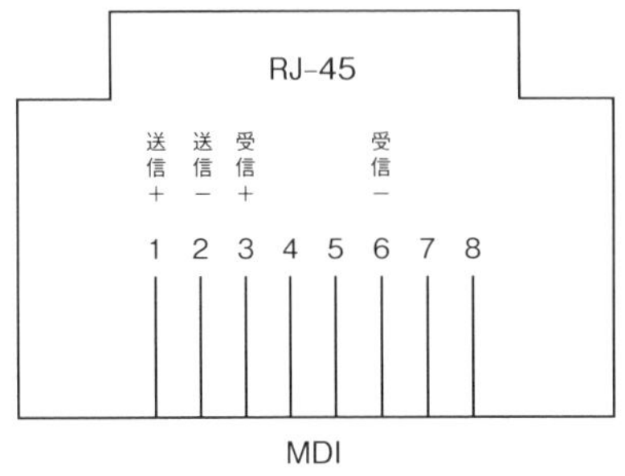

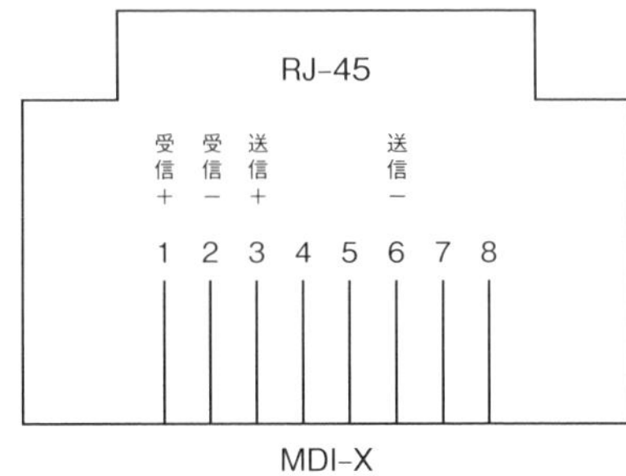

Auto MDI/MDI-X

以前は、配線するRJ-45インタフェースがMDIなのかMDI-Xなのかを判断して、UTPケーブルのストレートケーブル／クロスケーブルを使い分けなければいけませんでした。こうしたケーブルの使い分けはわかりづらく、イーサネットを利用するハードルを上げてしまいます。そこで、MDIとMDI-Xを判断して、ストレートケーブル／クロスケーブルの使い分けをする必要がないように、Auto MDI/MDI-X機能があります。

Auto MDI/MDI-Xとは、RJ-45インタフェースのMDIとMDI-Xを自動的に切り替える機能です。Auto MDI/MDI-Xに対応しているRJ-45インタフェース同士を配線するときには、ストレートケーブルかクロスケーブルを使い分ける必要がありません。今ではほとんどの機器のRJ-45インタフェースは、Auto MDI/MDI-X機能に対応しています。そのため、配線するときにはストレートケーブルを利用します。

MACアドレス

前述のように、イーサネットとは同じネットワーク内のイーサネットインタフェース間でデータを物理的に転送するプロトコルです。そのためには、イーサネットインタフェースを識別できなければいけません。イーサネットインタフェースを識別するための情報が**MACアドレス**です。

MACアドレスは48ビットです。MACアドレスの48ビットのうち、先頭24ビットはOUI(Organizationally Unique Identifier)、そのあとの24ビットがシリアル番号という構成です。OUIはイーサネットインタフェースを製造しているベンダ(メーカ)の識別コードです。シリアル番号は、各ベンダが割り当てています。MACアドレスはイーサネットインタフェースにあらかじめ割り当てられていて、基本的に変更できないアドレスで「物理アドレス」や「ハードウェアアドレス」と呼ぶこともあります。

MACアドレスの表記は、16進数です。16進数なので「0」〜「9」および「A」〜「F」の組み合わせです。「00-00-01-02-03-04」などのように1バイトの16進数を「-(ハイフン)」で区切って表記します[注1](**図3-4**)。

◯**図3-4：MACアドレス**

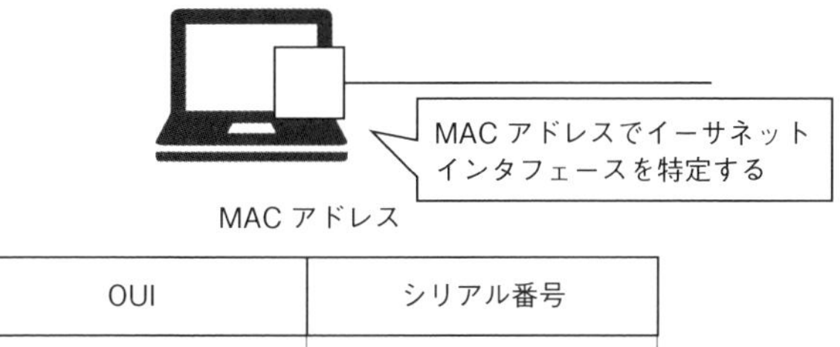

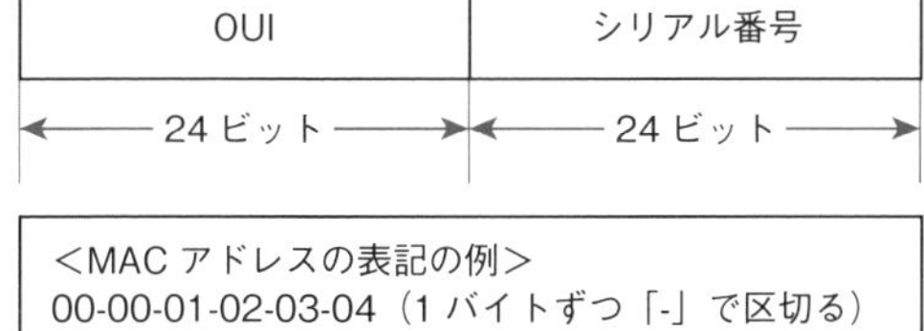

ブロードキャストMACアドレス

イーサネットインタフェースを識別するMACアドレスとは別に**ブロードキャストMACアドレス**もあります。ブロードキャストは、同じネットワーク上のすべてのイーサネットインタフェースにデータを転送するために利用します。

ブロードキャストMACアドレスは48ビットすべて「1」で、16進数表記では「FF-FF-FF-FF-FF-FF」です。ブロードキャストMACアドレスを宛先MACアドレスとすると、そのデータ(イーサネットフレーム)は同じネットワーク上のすべてのイーサネットインタフェースで受信されるようになります(**図3-5**)。

注1）MACアドレスの表記は「:」で区切ることもあります。また、2バイトの16進数を「.」で区切ることもあります。

◯図3-5：ブロードキャストMACアドレス

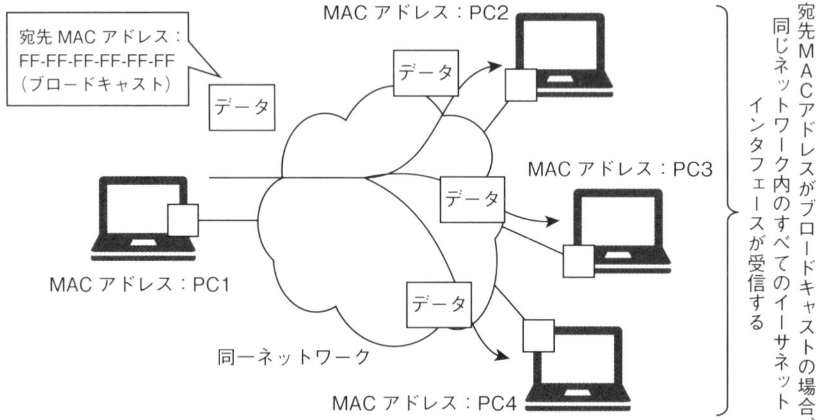

マルチキャストMACアドレス

マルチキャストMACアドレスは、同一ネットワーク内の特定のグループ宛にイーサネットフレームを送信したいときに利用するMACアドレスです。MACアドレスの最初の1バイト目の最下位ビットをI/G(Individual/Group)ビットと呼び、I/Gビット「1」のMACアドレスがマルチキャストのMACアドレスです(図3-6)。

◯図3-6：マルチキャストMACアドレス

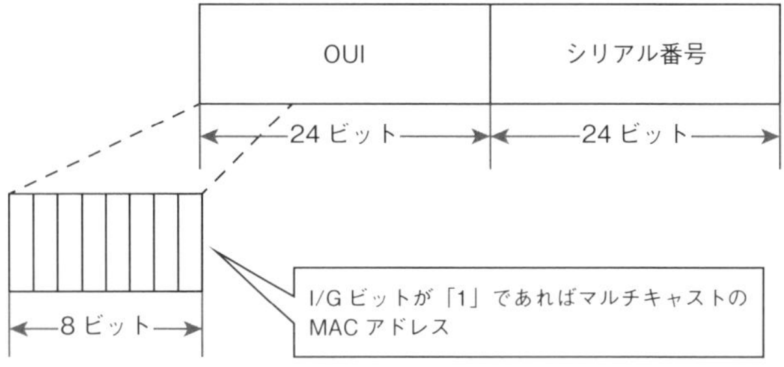

マルチキャストの特定のグループとは、いろいろなケースがあります。マルチキャストのグループの具体的な例として、次のものがあります。

- 同じアプリケーションが動作しているPCのグループ
- 同じルーティングプロトコルが動作しているルータのグループ

マルチキャストのMACアドレスが宛先MACアドレスに指定されたイーサネットフレームは、同じネットワーク内全体に転送されます。ただし、イーサネットフレームを受信するのは、マルチキャストのグループに所属しているイーサネットインタフェースだけです。マルチキャストグループに参加していないと、転送されてきたマルチキャストのイーサネットフレームを破棄して、上位のプロトコルの処理を行いません(**図3-7**)。

○図3-7：マルチキャストのデータ転送の概要

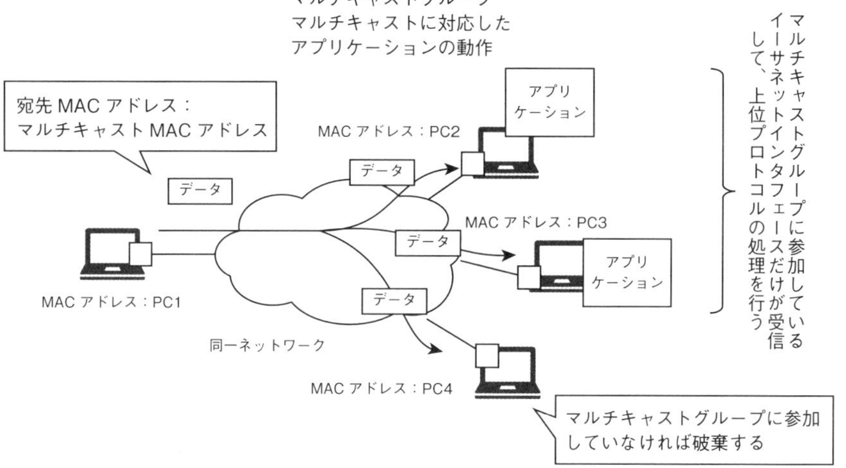

フレームフォーマット

イーサネットでデータを転送するためには、イーサネットヘッダを付加して**イーサネットフレーム**とします。そして、電気信号や光信号に変換してイーサネットインタフェースから送り出します。イーサネットフレームのフォーマットは**図3-8**のようになります。

イーサネットヘッダは、宛先MACアドレス、送信元MACアドレス、タイプコードから構成されます。イーサネットヘッダの宛先MACアドレスや送信元MACアドレスを参照して、レイヤ2スイッチはイーサネットフレームの転送処理を行っています。イーサネットフレームを送信しようとするとき、送信元MACアドレスは簡単にわかりますが、宛先MACアドレスはそうはいきません。宛先MACアドレスをいかにして決めるかは、イーサネットの通信を考えるう

○図3-8：イーサネットフレームのフォーマット

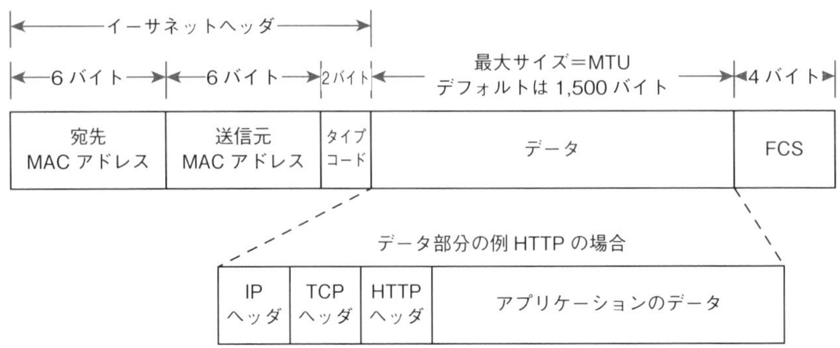

えで重要です。IPパケットをイーサネットフレームとするときには、宛先MACアドレスをARP(Address Resolution Protocol)によって解決します注2。

タイプコードは、イーサネットの上位プロトコルを表す数値で、おもなプロトコルのタイプコードの値は**表3-3**のようになります。

○表3-3：イーサネットヘッダのおもなタイプコード値

タイプコード	プロトコル
0x0800	IPv4
0x0806	ARP
0x86DD	IPv6

イーサネットにとってのデータは、たいていはIPパケットです。つまり、アプリケーションのデータにアプリケーションプロトコルのヘッダが付加され、TCPやUDPヘッダ、IPヘッダが付加されたものがイーサネットにとってのデータです。**図3-8**では、WebブラウザのHTTPの場合を例にしています。

そして、イーサネットフレームのデータ部分の最大サイズをMTU(Maximum Transmission Unit)と呼びます。イーサネットのMTUのデフォルトは1500バイトです。1つのイーサネットフレームでは1500バイト分のデータしか転送できないので、大きなサイズのデータは複数に分割しなければいけません。データの分割は、たいていの場合、イーサネットのMTUサイズ1500バイトに収まるようにTCPで行います。

注2) ARPで宛先MACアドレスを求めることについて、Chapter 5(125ページ)で解説しています。

なお、データ部分の最小サイズも決められています。データ部分の最小サイズは46バイトです。データ部分のサイズから、イーサネットフレーム全体としては64バイトから1518バイトの可変長のサイズとなります。

イーサネットのデータ転送のイメージ

イーサネットのデータ転送のイメージは、IPパケットなどのネットワーク層以上の階層のデータを箱に入れて運ぶようなものです。イーサネットのヘッダを付加するということは、ネットワーク層以上の階層のデータをイーサネットの箱に入れています。その箱には、宛先MACアドレスと送信元MACアドレスが書かれている送付伝票が付いています。

イーサネットフレームを転送するのは、レイヤ2スイッチです。レイヤ2スイッチは、イーサネットヘッダ、すなわち送付伝票を見て転送することになります。また、タイプコードは箱の内容物を示しているイメージです。**図3-9**の中で、イーサネットのネットワークをクラウドのアイコンで表現しています。このイーサネットのネットワークの実体はレイヤ2スイッチです。レイヤ2スイッチによって、1つのイーサネットネットワークを構築します。

○**図3-9：イーサネットのデータ転送のイメージ**

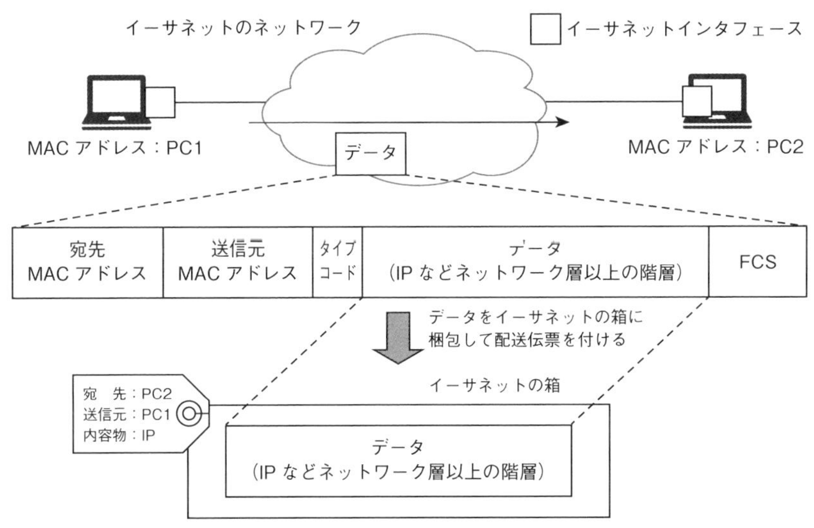

3-2 レイヤ2スイッチ

- レイヤ2スイッチは1つのイーサネットを利用したネットワークを構成するためのネットワーク機器
- レイヤ2スイッチはMACアドレスに基づいて適切なインタフェースにデータを転送する

レイヤ2スイッチとは

レイヤ2スイッチとは、1つのイーサネットを利用したネットワークを構成するためのネットワーク機器です。レイヤ2スイッチを複数台接続していても、全体として1つのイーサネットネットワークとなります。

レイヤ2スイッチには、「ネットワークの入り口」という面もあります。レイヤ2スイッチには、たくさんのイーサネットインタフェースが搭載されています。PCやサーバをネットワークに接続するときには、まず、レイヤ2スイッチと接続するからです。

レイヤ2スイッチが転送するデータは、イーサネットフレームです。イーサネットヘッダに指定されているMACアドレスに基づいて適切なインタフェースに転送します(図3-10)。

呼び方がさまざま

レイヤ2スイッチには呼び方がいろいろあります。レイヤ2スイッチのおもな呼び方は次のとおりです。

- レイヤ2スイッチ(L2スイッチ)
- スイッチ
- LANスイッチ
- スイッチングハブ
- ハブ

○図3-10：レイヤ2スイッチの概要

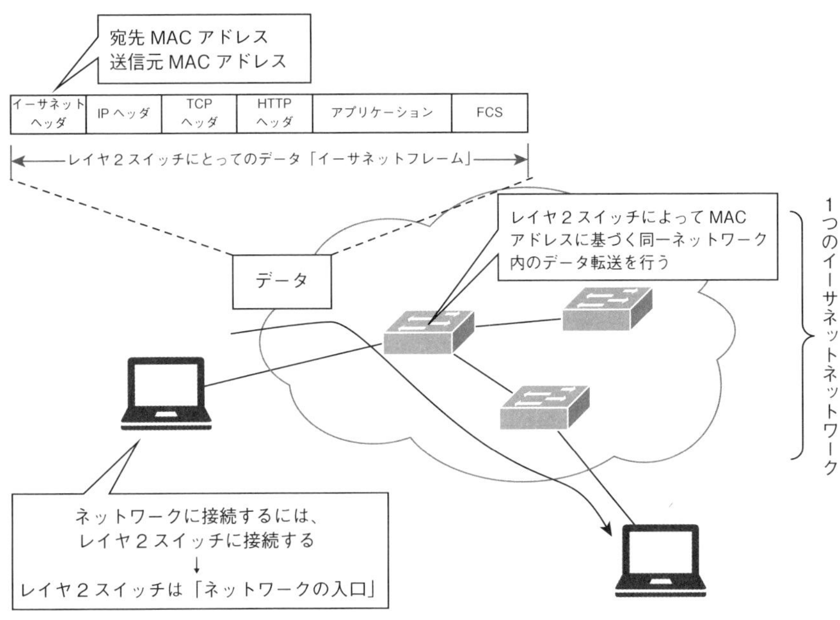

企業向けの製品は「レイヤ2スイッチ」や単に「スイッチ」「LANスイッチ」と呼ぶことが多いです。個人向けの製品は「スイッチングハブ」と呼ぶことが多くなっています。そして、「スイッチングハブ」を省略して単に「ハブ」と呼ぶこともしばしばです。ただし、筆者個人は単に「ハブ」という呼び方は使うべきではないと考えています。今ではほとんど使うことがありませんが、「ハブ(共有ハブ／リピータハブ)」というネットワーク機器も存在していたからです。

レイヤ2スイッチ(スイッチングハブ)とハブ(共有ハブ／リピータハブ)は、同じようにたくさんのイーサネットインタフェースを搭載しているのですが、仕組みがまったく違います。今どき、「ハブ」を使うことはないので「ハブ」という言葉で「レイヤ2スイッチ(スイッチングハブ)」を意味していると思われます。しかし、単なる「ハブ」という言葉では、「レイヤ2スイッチ(スイッチングハブ)」と「ハブ(共有ハブ／リピータハブ)」の区別がつかなくなるので、使わないほうがよいでしょう。

レイヤ2スイッチのデータ転送の仕組み

レイヤ2スイッチでのデータ(イーサネットフレーム)の転送の仕組みについて見ていきましょう。レイヤ2スイッチは特別な設定が必要なく動作するネットワーク機器です。電源を入れて、PCやサーバなどとレイヤ2スイッチのイーサネットインタフェース同士を接続していればよいだけです。レイヤ2スイッチのデータ転送の処理の流れは、次のようになります。

①送信元MACアドレスを覚える

受信したイーサネットフレームの送信元MACアドレスをMACアドレステーブルに登録します。

②宛先MACアドレスを見て転送する

宛先MACアドレスとMACアドレステーブルから転送先インタフェースを決定して、イーサネットフレームを転送します。MACアドレステーブルに登録されていない宛先MACアドレスの場合は、受信したインタフェース以外のすべてのインタフェースにイーサネットフレームを転送します(フラッディング)。

レイヤ2スイッチのデータ転送の例

図3-11の簡単なネットワーク構成で、レイヤ2スイッチのデータ転送の具体的な動作を考えます。SW1とSW2の2台のレイヤ2スイッチを相互接続していると、全体として1つのイーサネットネットワークです。

○図3-11：レイヤ2スイッチの動作

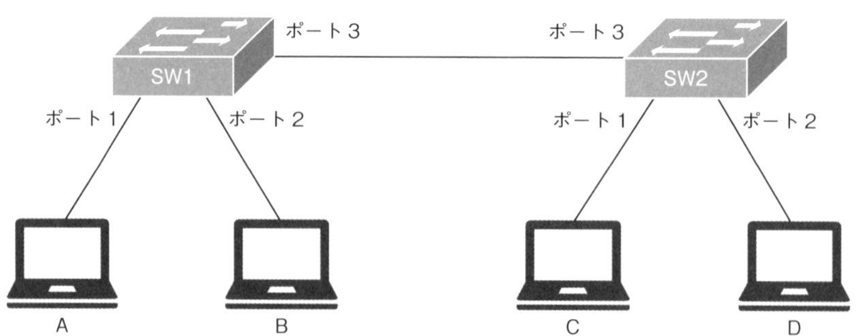

ホストAからホストDへのイーサネットフレームの転送 SW1

図3-11のホストAからホストDへイーサネットフレームを転送する場合を考えます(**図3-12**)。

○図3-12：ホストAからホストDへのイーサネットフレームの転送 SW1

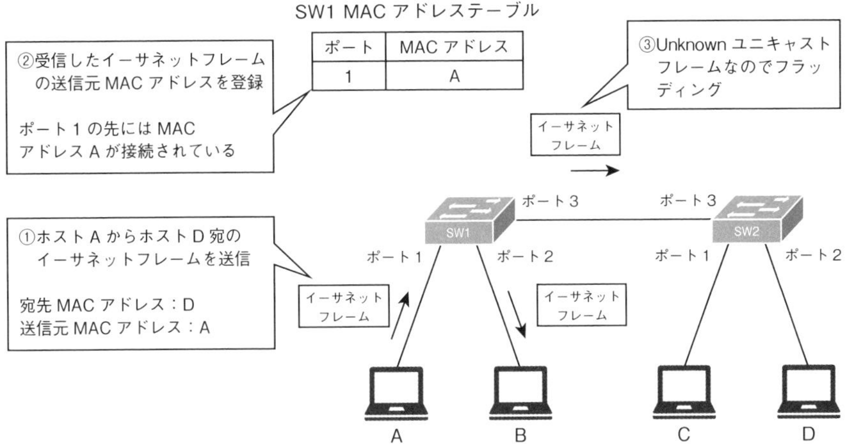

イーサネットフレームのMACアドレスは次のように指定します注3(①)。

- 宛先MACアドレス：D
- 送信元MACアドレス：A

SW1はポート1でイーサネットフレームを受信します。これは、流れてくる電気信号を「0」と「1」のビットに変換して、イーサネットフレームとして認識することになります。

そして、イーサネットフレームのイーサネットヘッダにある送信元MACアドレスAをMACアドレステーブルに登録します。SW1は、ポート1の先にはAというMACアドレスが接続されているということを認識していることになります(②)。

次に、SW1は宛先MACアドレスDを見て、MACアドレステーブルからどのポートに転送するべきかを判断します。MACアドレスDはMACアドレステー

注3) 宛先MACアドレスを求めるためにARPのアドレス解決が行われますが、ここでは省略しています。また、ARPの過程でMACアドレステーブルにMACアドレスが登録されますが、ここではMACアドレステーブルには何も登録されていないものとして考えます。

ブルに登録されていません。MACアドレステーブルに登録されていないMACアドレスが宛先になっているイーサネットフレームをUnknownユニキャストフレームと呼びます。Unknownユニキャストフレームは、受信したポート以外のすべてのポートへ転送します。この動作を「**フラッディング**」と呼びます。

レイヤ2スイッチのイーサネットフレームの転送は、「わからなかったらとりあえず転送しておく」という少しいい加減な動作をしているわけです。ポート1で受信しているので、ポート2とポート3から受信したイーサネットフレームを転送します。受信したイーサネットフレームは1つだけですが、SW1がフラッディングするためにコピーします。コピーしているだけなので、受信したイーサネットフレームはいっさい変更されていません(③)。

ポート2から転送されたイーサネットフレームは、ホストBに届きます。ホストBは、宛先MACアドレスが自身のMACアドレスではないので、イーサネットフレームを破棄します。そして、ポート3から転送されたイーサネットフレームは、SW2で処理されることになります。

ホストAからホストDへのイーサネットフレームの転送 SW2

SW1でフラッディングされたホストAからホストDへのイーサネットフレームは、SW2のポート3で受信します(**図3-13**)。動作はSW1と同じです。

○**図3-13：ホストAからホストDへのイーサネットフレームの転送 SW2**

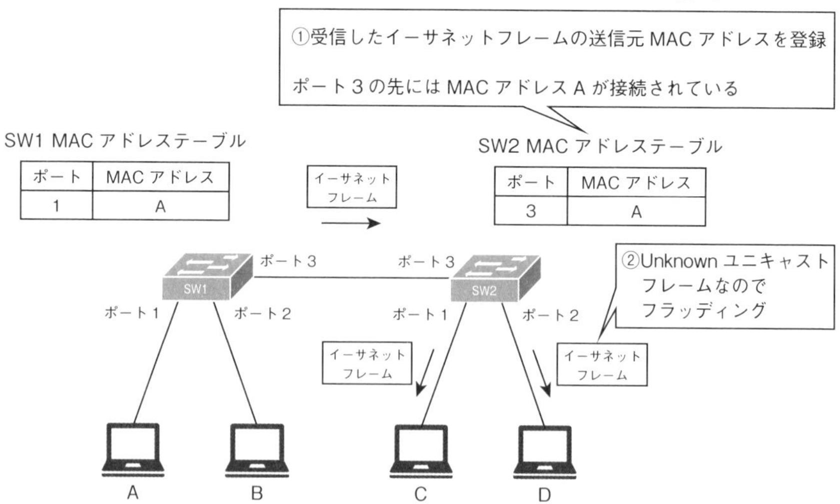

まず、送信元MACアドレスAをSW2のMACアドレステーブルに登録します(①)。そして、宛先MACアドレスDはMACアドレステーブルに登録されていません。そのため、フラッディングされることになり受信したポート3以外のポート1、ポート2へ転送されます(②)。

ホストCは宛先MACアドレスが自分宛ではないので、イーサネットフレームを破棄します。ホストDは宛先MACアドレスが自分宛なので、イーサネットフレームを受信してIPなど上位プロトコルでの処理を行っていきます。

ホストDからホストAへのイーサネットフレームの転送 SW2

通信は原則として双方向で行われます。ホストAからホストDへイーサネットフレームを送信したら、たいていはホストDからホストAへ返事を返します。そこで、今度はホストDからホストAへのイーサネットフレームの転送を考えます(**図3-14**)。

○図3-14：ホストDからホストAへのイーサネットフレームの転送 SW2

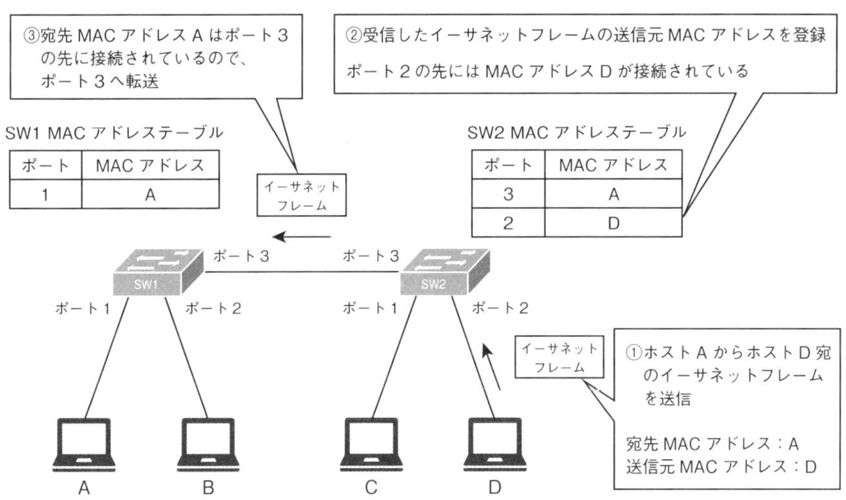

ホストDからホストAへのイーサネットフレームは、次のMACアドレスを指定します。

- 宛先MACアドレス：A
- 送信元MACアドレス：D

ホストDからホストA宛のイーサネットフレームを送信すると、SW2のポート2で受信します(①)。これまで解説した動作と同じように、まず、送信元MACアドレスをMACアドレステーブルに登録します。SW2のMACアドレステーブルにあらたにMACアドレスDが登録されるようになります。SW2はポート2の先にMACアドレスDが接続されていると認識します(②)。

そして、宛先MACアドレスAとMACアドレステーブルを照合します。MACアドレステーブルからMACアドレスAはポート3の先に接続されていることがわかるので、ポート3へイーサネットフレームを転送します(③)。

ホストDからホストAへのイーサネットフレームの転送 SW1

SW1がホストDからホストAへのイーサネットフレームを受信すると、やはり動作は同じです(**図3-15**)。

◯図3-15：ホストDからホストAへのイーサネットフレームの転送 SW1

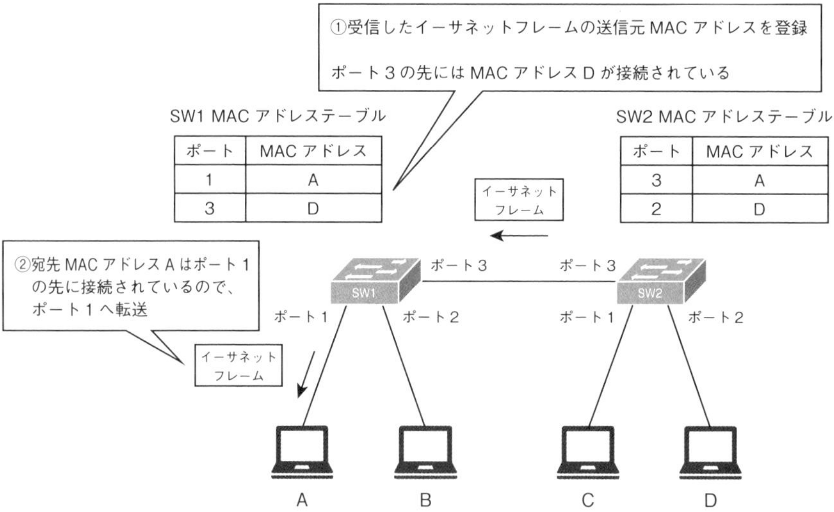

まず、送信元MACアドレスをMACアドレステーブルに登録します。SW1は、MACアドレスDはポート3の先に接続されていると認識することになります(①)。そして、宛先MACアドレスAはMACアドレステーブルからポート1の先に接続さていると認識しているので、ポート1へ転送します(②)。

ホストAは、SW1から転送されたイーサネットフレームを受信してIPなど上位プロトコルの処理を行います。

最終的なMACアドレステーブル

以上のように、レイヤ2スイッチは受信したイーサネットフレームの送信元MACアドレスをMACアドレステーブルにどんどん登録していきます。MACアドレスを学習できていないうちは、フラッディングが発生して余計なイーサネットフレームの転送が発生します。しかし、MACアドレステーブルができあがってくると、必要なポートにのみイーサネットフレームの転送を行うようになります。今回解説したネットワーク構成において、SW1とSW2の最終的なMACアドレステーブルは**表3-4**と**表3-5**のようになります。

◯表3-4：SW1 MACアドレステーブル

ポート	MACアドレス
1	A
2	B
3	C
3	D

◯表3-5：SW2 MACアドレステーブル

ポート	MACアドレス
1	C
2	D
3	A
3	B

1つのポートにMACアドレスが1つだけ登録されるとは限らないことに注意してください。この例のように、レイヤ2スイッチ同士を接続しているポートでは、1つのポートに複数のMACアドレスが登録されます。

なお、MACアドレステーブルに登録されるMACアドレスの情報は、接続するポートが変わったりすることもあるので、永続的なものではありません。MAC

アドレステーブルに登録するMACアドレスの情報には制限時間が設けられていて、制限時間が切れるとMACアドレスの情報は削除されます。登録されたMACアドレスが送信元となっているイーサネットフレームを受信すると、制限時間がリセットされます。ケーブルを抜いてリンクがダウンすると、そのポートのMACアドレスは削除されます。また、企業向けのレイヤ2スイッチでは、あらかじめMACアドレステーブルに特定のMACアドレスを登録しておくような設定も可能です。

ブロードキャストフレームの転送

宛先MACアドレスがブロードキャストとなっているブロードキャストフレームの転送についても考えます。ここまで解説しているように、レイヤ2スイッチは宛先MACアドレスとMACアドレステーブルから転送先を判断します。ブロードキャストMACアドレス「FF-FF-FF-FF-FF-FF」はMACアドレステーブルに登録されることはありません。MACアドレステーブルは、送信元MACアドレスを登録していて、ブロードキャストMACアドレスは送信元MACアドレスになることはありえないからです。そのため、ブロードキャストフレームは必ずフラッディングされることになります(図3-16)。

○図3-16：ブロードキャスト／マルチキャストフレームはフラッディングされる

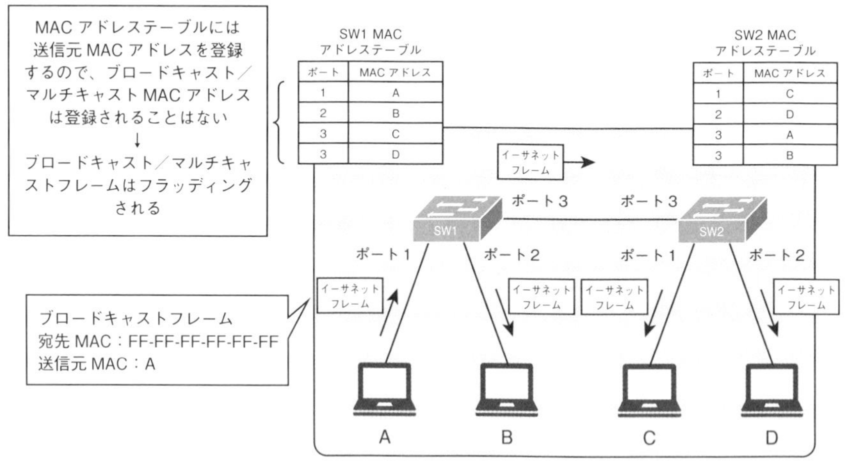

たとえば、ホストAからブロードキャストフレームを送信すると、宛先MACアドレスはMACアドレステーブルに登録されていないので、SW1はフラッディングします。つまり、ポート2およびポート3にコピーして転送します。ポート2から転送されたブロードキャストフレームは、ホストBが受信して上位プロトコルの処理をします。また、ポート3から転送されたブロードキャストフレームはSW2が受信して、SW1と同様にフラッディングします。そして、ホストCとホストDがフラッディングされたブロードキャストフレームを受信して上位プロトコルの処理をします。このように、ブロードキャストフレームはレイヤ2スイッチで構成する1つのイーサネットネットワーク全体に転送されることになります。ブロードキャストフレームが1つのネットワーク全体に転送されることから、1つのイーサネットネットワークを「ブロードキャストドメイン」と表現することもあります。

なお、ブロードキャストフレームだけでなく、宛先MACアドレスがマルチキャストとなっているマルチキャストフレームも同様です。マルチキャストMACアドレスも送信元MACアドレスになることがありえないので、MACアドレステーブルに登録されません。マルチキャストフレームもブロードキャストフレーム同様に1つのイーサネットネットワーク全体にフラッディングされます。

演習 レイヤ2スイッチの動作

概要

演習環境のフォルダ：「02_VLAN_Basic」

この演習では、本文で解説したレイヤ2スイッチのMACアドレスの学習について確認します。受信したイーサネットフレームの送信元MACアドレスをMACアドレステーブルに登録することで、レイヤ2スイッチは接続されているデバイスを認識します。

ネットワーク構成は**図3-A**のようになります。

○図3-A：レイヤ2スイッチの動作 ネットワーク構成

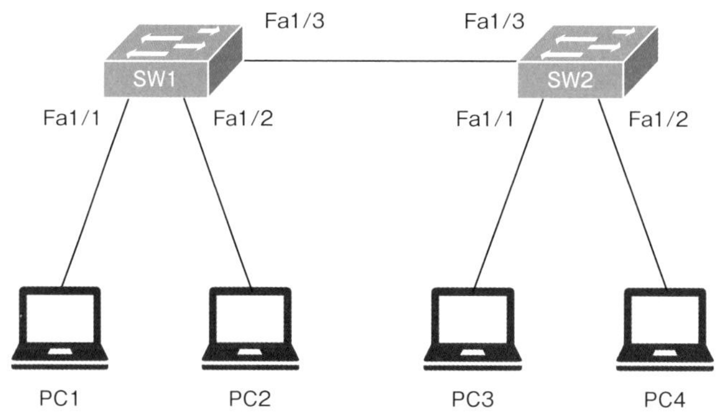

初期設定

SW1/SW2はホスト名のみを設定しています。そして、PC1～PC4には、**表3-A**のIPアドレスを設定している状態から開始します。

○表3-A：PC1～PC4のIPアドレス

機器名	IPアドレス
PC1	192.168.1.1/24
PC2	192.168.1.2/24
PC3	192.168.1.3/24
PC4	192.168.1.4/24

演習で利用するコマンド

- `#show mac-address-table dynamic`

  レイヤ2スイッチのMACアドレステーブルのうち、受信したイーサネットフレームから動的に学習したMACアドレスを表示します。

- `> show ip`

  (VPCS)VPCSのIPアドレスやMACアドレスを確認します。

- `> ping <ip-address>`

  (VPCS)VPCSでPingを実行します。

Step1 PC1～PC4のMACアドレスの確認

SW1/SW2のMACアドレステーブルに登録されることになるPC1からPC4のMACアドレスを確認します。GNS3のVPCSのMACアドレスはshow ipコマンドで確認できます。PC1のshow ip コマンドの出力は次のようになります。

```
PC1
PC1> show ip ⏎

NAME        : PC1[1]
IP/MASK     : 192.168.1.1/24
GATEWAY     : 255.255.255.0
DNS         :
MAC         : 00:50:79:66:68:00
LPORT       : 10022
RHOST:PORT  : 127.0.0.1:10023
MTU:        : 1500
```

ダウンロードしたGNS3プロジェクトでは、PC1～PC4のMACアドレスは表3-Bのようになっています[注4]。

注4) GNS3のVPCSのMACアドレスはプロジェクトに配置した順番で自動的に割り当てられます。VPCSを配置する順番が異なると、表3-BのとおりのMACアドレスになるとは限りません。

○表3-B：PC1～PC4のMACアドレス

機器名	MACアドレス
PC1	00:50:79:66:68:00
PC2	00:50:79:66:68:01
PC3	00:50:79:66:68:02
PC4	00:50:79:66:68:03

Step2 PC間でPingを実行

レイヤ2スイッチは受信したイーサネットフレームの送信元MACアドレスをMACアドレステーブルに登録します。そこで、レイヤ2スイッチがイーサネットフレームを受信するように、PC間でPingを実行します。PC1からPC4の組み合わせとPC2からPC3の組み合わせでPingを実行します。「-t」で継続的にPingを実行するようにします。

```
PC1
PC1> ping 192.168.1.4 -t ⏎
84 bytes from 192.168.1.4 icmp_seq=1 ttl=64 time=1.019 ms
84 bytes from 192.168.1.4 icmp_seq=2 ttl=64 time=0.759 ms
84 bytes from 192.168.1.4 icmp_seq=3 ttl=64 time=1.165 ms
84 bytes from 192.168.1.4 icmp_seq=4 ttl=64 time=0.813 ms
84 bytes from 192.168.1.4 icmp_seq=5 ttl=64 time=1.064 ms
   :(略)

PC2
PC2> ping 192.168.1.3 -t ⏎
84 bytes from 192.168.1.3 icmp_seq=1 ttl=64 time=1.019 ms
84 bytes from 192.168.1.3 icmp_seq=2 ttl=64 time=0.759 ms
84 bytes from 192.168.1.3 icmp_seq=3 ttl=64 time=1.165 ms
84 bytes from 192.168.1.3 icmp_seq=4 ttl=64 time=0.813 ms
84 bytes from 192.168.1.3 icmp_seq=5 ttl=64 time=1.064 ms
   :(略)
```

Pingの通信は双方向なので、これでPC1からPC4のMACアドレスがL2SW1/L2SW2のMACアドレステーブルに登録されるようになるはずです。たとえば、**図3-B**のようにPC1からPC4へPingを実行すると、SW1/SW2のMACアドレステーブルにはPC1とPC4のMACアドレスが登録されます。

○図3-B：PC1からPC4へPingしたときのMACアドレスの登録

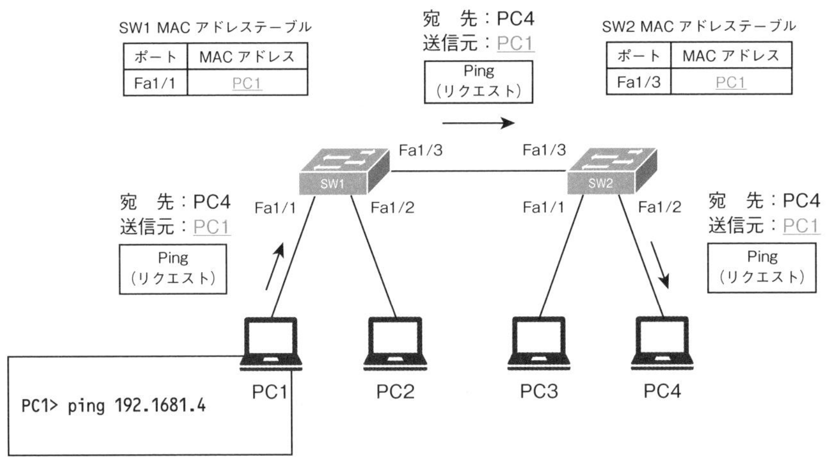

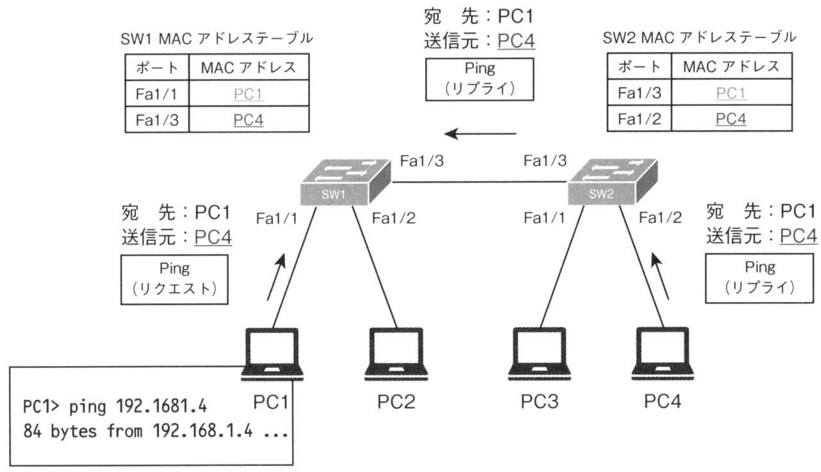

Step3 L2SW1/L2SW2の MACアドレステーブルを確認

SW1/SW2のMACアドレステーブルにPC1からPC4のMACアドレスが登録されていることを確認します。「show mac-address-table dynamic」コマンドでMACアドレステーブルのうち、受信したイーサネットフレームの送信元MACアドレスから登録したMACアドレスのみを表示します。

SW1でのコマンド出力は次のとおりです注5。

```
SW1
L2SW1#show mac-address-table dynamic ⏎
Non-static Address Table:
Destination Address  Address Type  VLAN  Destination Port
-------------------  ------------  ----  --------------------
0050.7966.6800          Dynamic       1     FastEthernet1/1
0050.7966.6801          Dynamic       1     FastEthernet1/2
0050.7966.6803          Dynamic       1     FastEthernet1/3
0050.7966.6802          Dynamic       1     FastEthernet1/3
```

この出力のように、SW1にはPC1からPC4のMACアドレスが登録されていることがわかります。SW2でも同様です。そして、こうして学習したMACアドレスに基づいて適切なインタフェースにのみイーサネットフレームを転送できるようにしています。

注5) 実機と違ってGNS3上ではMACアドレスの情報はすぐに消えてしまいます。MACアドレスの情報が登録されていなかったら、再度【Step2】のPC間のPingを実行してください。

Chapter 4

VLAN

レイヤ2スイッチでネットワークを分割する技術

VLAN（Virtual LAN）により、ネットワーク構成を設定次第で柔軟に決められるようになります。企業の社内ネットワークは、VLANを利用して部署ごとなどに複数のネットワークに分割します。

VLANの仕組みを学び、VLANの設定を行ってみましょう。

4-1 VLANの概要

- VLANとは、レイヤ2スイッチでネットワークを分割する技術
- VLANによってネットワーク構成を柔軟に決められることが大きな特徴

VLANとは

VLAN(Virtual LAN)とは、1つのイーサネットネットワークを構築するためのネットワーク機器であるレイヤ2スイッチで、ネットワークを分割する技術です。レイヤ2スイッチでVLANを設定することで、複数のイーサネットネットワークとすることができます(図4-1、図4-2)。

○図4-1：VLANを利用しない通常のレイヤ2スイッチ

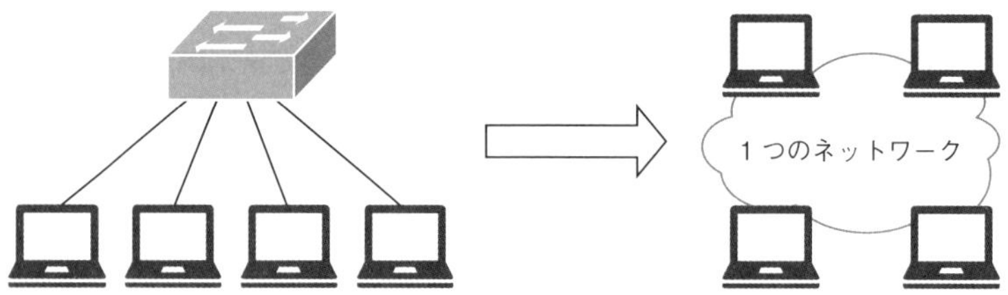

○図4-2：VLANを利用しているレイヤ2スイッチ

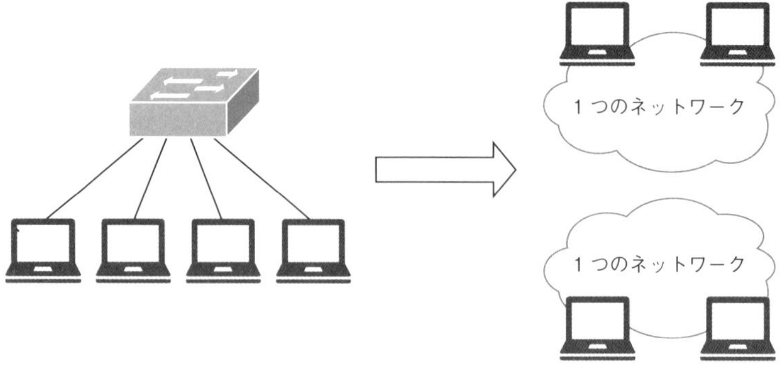

VLANの特徴

VLANの特徴をまとめると次の点が挙げられます。

- ネットワーク構成を柔軟に決めることができる
- データが転送される範囲を限定することでセキュリティが向上する
- VLANによって分割したネットワークはルータ／レイヤ3スイッチで相互接続する
- ネットワーク構成が見た目どおりではなくなってしまう

ネットワーク構成を柔軟に決めることができる

VLANを利用するとレイヤ2スイッチの設定だけで、ネットワーク構成を柔軟に決められます。

- いくつのネットワークに分割するか
- それぞれのネットワークのポートをどうするか

こうしたことをレイヤ2スイッチの設定だけで決められます。設定次第でどんな風にでもネットワークを分割できるので、ネットワーク構成の柔軟性や拡張性が向上します。

データが転送される範囲を限定することでセキュリティが向上する

VLANでネットワークを分割すると、異なるVLAN間では直接データの転送ができなくなります。この意味で、VLANによってセキュリティが向上します。万が一、不正な通信があったとしても、特定のVLAN内だけにその影響を限定することができます。

VLANによって分割したネットワークはルータ／レイヤ3スイッチで相互接続する

ただし、VLAN間でまったく通信ができなくなってしまうのは困ります。企業ネットワークは部署ごとにVLANでネットワークを分割していることが多いでしょう。そうすると、VLAN間で通信できない、つまり、部署間で通信ができなくなってしまっては仕事になりません。

そこで、VLANによって分割したネットワークはルータ／レイヤ3スイッチで相互接続します。ほとんどの場合、レイヤ3スイッチを利用します。レイヤ3スイッチについてはChapter 6で解説します。

ネットワーク構成が見た目どおりではなくなってしまう

1点目の特徴の裏返しになってしまいますが、VLANを利用するとネットワーク構成が見た目どおりでなくなってしまうことに注意が必要です。1台の同じスイッチにつながっているPCが同じネットワークとは限らなくなってしまいます。VLANを利用しているときには、見た目のネットワーク構成(物理構成)だけではなく、VLANの設定を踏まえた実質的なネットワーク構成(論理構成)をきちんと把握しましょう。

4-2 VLANの仕組み

- 同じVLANのポート間でのみイーサネットフレームを転送することでネットワークを分割する
- ポートとVLANの割り当てによって、スイッチのポートは次の2つのポートに分かれる
  - アクセスポート：1つのVLANのみ割り当てるポート
  - トランク(タグVLAN)ポート：複数のVLANに割り当てるポート

VLANの仕組みはとてもシンプル

VLANの仕組みはとてもシンプルです。VLANの仕組みとして、次のことを頭に入れておきましょう。

「同じVLANのポート間でのみイーサネットフレームを転送する」

VLANを設定するということは、レイヤ2スイッチの内部に仮想的なスイッチを作成することです。そして、内部に作成した仮想的なスイッチにポートを割り当てる設定をします。これは内部の仮想的なスイッチにポートを持たせていることになります。

レイヤ2スイッチは、イーサネットフレームを受信すると受信ポートと同じVLANのポートの中から転送先を判断します。これまで解説しているように、レイヤ2スイッチは転送先の判断にMACアドレスを利用しています。受信したイーサネットフレームの送信元MACアドレスをMACアドレステーブルに登録するときに、MACアドレスと受信ポートとそのポートのVLANの情報を含めます。そして、宛先MACアドレスを検索するのは、同じVLANのポートに登録されているMACアドレスだけにします。宛先MACアドレスが不明でフラッディングするときにも、転送先は同じVLANのポートだけに限定します。

図4-3は簡単な例です。L2SW1にVLAN10とVLAN20を作成しています。そして、ポート1とポート2がVLAN10に割り当てられているポートで、ポート3とポート4がVLAN20に割り当てられているポートです。L2SW1にVLANを

◯図4-3：同じVLANのポート間でのみイーサネットフレームを転送する

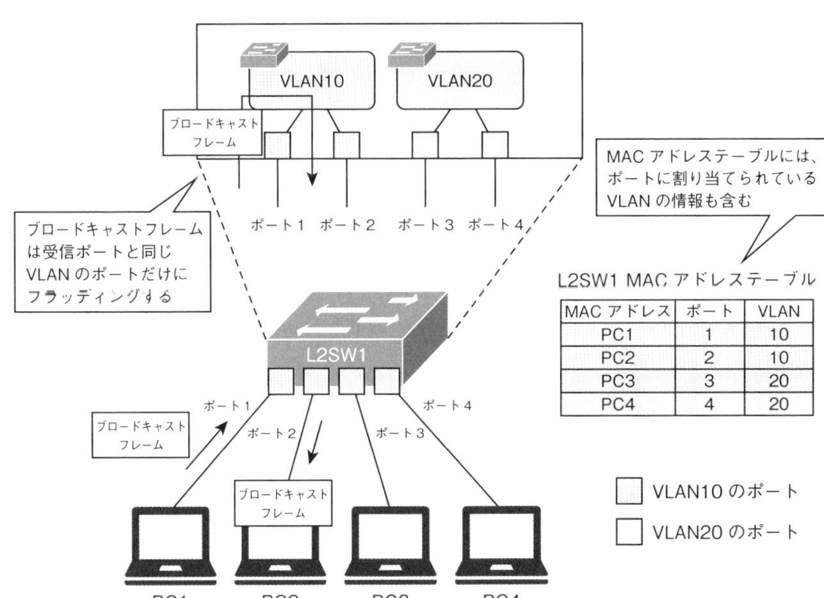

L2SW1 MACアドレステーブル

MACアドレス	ポート	VLAN
PC1	1	10
PC2	2	10
PC3	3	20
PC4	4	20

設定することは、L2SW1内部に仮想的なスイッチを作成することです。VLAN10の仮想的なスイッチはポート1とポート2を持っていて、VLAN20の仮想的なスイッチはポート3とポート4を持っています。

1つのネットワークはブロードキャストフレームが届く範囲、すなわち、ブロードキャストドメインと言い換えることができます。そこで、PC1からブロードキャストフレームを送信した場合を考えます。PC1から送信されたブロードキャストフレームは、L2SW1のポート1で受信します。ポート1はVLAN10のポートです。L2SW1は、MACアドレステーブルのVLAN10のポートに登録されているMACアドレスから転送先のポートを判断します。宛先MACアドレスがブロードキャストの場合、一致するMACアドレスはありません。フラッディングされます。フラッディングするポートは、同じVLAN10のポートのみです。すなわち、ポート2に転送します。

こうしてブロードキャストフレームが届く範囲、つまり、ネットワークを分割します。

例として、ブロードキャストフレームの転送の様子を取り上げていますが、ユニキャストフレームでもマルチキャストフレームでも同様です。先にも述べたように、「同じVLANのポート間でのみイーサネットフレームを転送する」ことがVLANの仕組みです。

VLANを設定することはスイッチを分割すること

VLANについて直感的に考えると、1台のレイヤ2スイッチを仮想的に分割することです。1台のレイヤ2スイッチでVLAN10とVLAN20を作成することは、1台のスイッチを仮想的に2つに分割して扱えるようにすることです。

図4-4では2つに分割していますが設定次第です。各VLANの仮想的なスイッチに割り当てるポートも設定次第で自由に決められます。また、分割した仮想的なスイッチはお互いにつながっていません。そのため、VLAN間の通信はできません。通信できる範囲を同じVLAN内だけに限定します。

○図4-4：VLANを作成するとスイッチを分割する

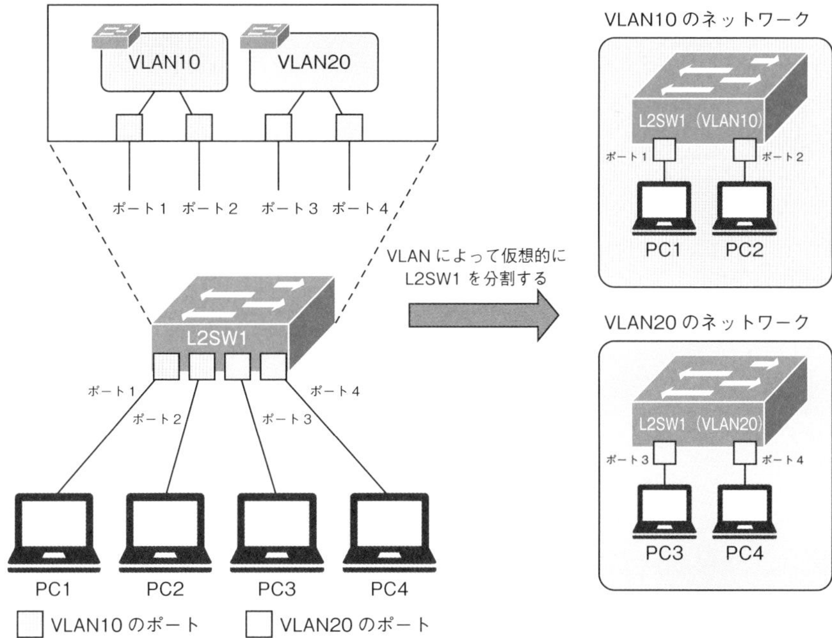

アクセスポート

VLAN、すなわち、スイッチ内部の仮想的なスイッチにはポートを割り当てなければいけません。ポートを持っていないスイッチなんて何の意味もありません。1つのVLANのみに割り当てるポートを**アクセスポート**と呼びます。アクセスポートは、割り当てられているVLANのイーサネットフレームのみを転送します。

アクセスポートで大事なことは「どのVLANに割り当てるか」ということです。アクセスポートを割り当てるVLANのことをVLANメンバーシップと呼びます。アクセスポートを割り当てるVLAN、すなわちVLANメンバーシップの設定方法は次の2つです。

- スタティックVLAN（ポートベースVLAN）
- ダイナミックVLAN

スタティックVLAN(ポートベースVLAN)

スタティックVLANは、ポートに割り当てるVLANをあらかじめ固定しておく設定方法です。設定を変更しないかぎりポートに割り当てられているVLANは変わりません。「ポート1とポート2はVLAN10」、「ポート3とポート4はVLAN20」というようにポート単位で設定することから**ポートベースVLAN**とも呼びます(**図4-5**)。

○図4-5：スタティックVLAN(ポートベースVLAN)

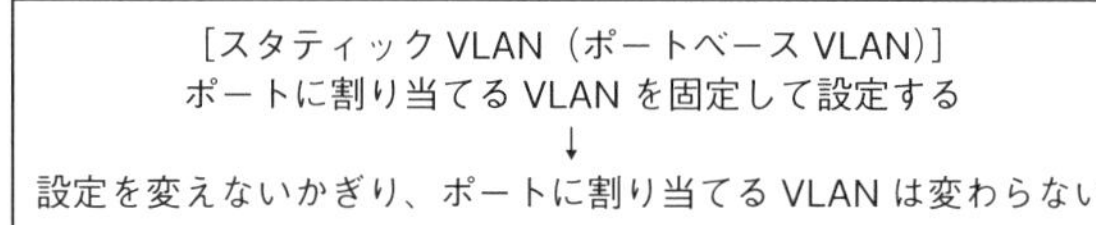

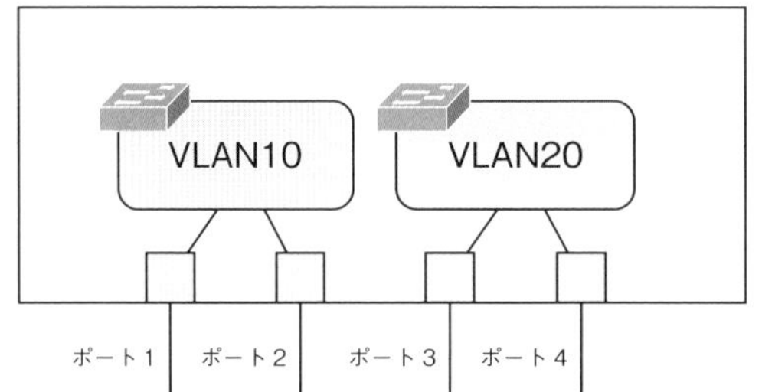

ポート	VLAN
1	10
2	10
3	20
4	20

一般的なオフィスのネットワークは、ホストの接続配線をそうそう頻繁に変更することはありません。そのため、たいていはスタティックVLANでアクセスポートに割り当てるVLANを設定します。

ダイナミックVLAN

ダイナミックVLANは、ポートの先につながる機器やユーザによって割り当てるVLANを決める設定方法です。ダイナミックVLANとして、ユーザベースのダイナミックVLANを利用することが多いでしょう。ユーザベースのダイナミックVLANでは、ポートの先に接続しているPCを利用するユーザに応じて、そのポートを割り当てるVLANが決まります。PCの配線を変更したり、ログインするPCを変更したとしても、あるユーザが利用するPCの接続先ポートを決まったVLANに割り当てることができます。

たとえば、**図4-6**のようにポート1に接続されているPCにユーザ名「gene」でログインすると、自動的にポート1はVLAN10に割り当てられています。PCの接続をポート3に変更してもユーザ名「gene」でログインすると、ポート3は自動的にVLAN10に割り当てられます。

○**図4-6：ユーザベースのダイナミックVLAN**

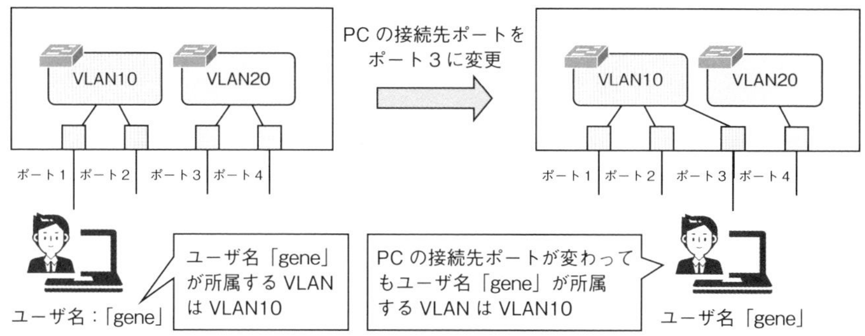

ただ、レイヤ2スイッチ単体ではユーザベースのダイナミックVLANを実現できません。別途、ユーザと割り当てるVLANの情報をまとめている認証サーバが必要です。

トランク（タグVLAN）ポート

トランクポートとは、複数のVLANに割り当てていて複数のVLANのイーサネットフレームを転送できるポートです。そして、トランクポートからイーサネットフレームを転送するときには、イーサネットフレームにVLANタグが追加されます。「**トランク**」という用語は、おもにCiscoで利用している用語です。Cisco以外では「**タグVLAN**」という用語を利用することが多いです。

1つのポートで複数のVLANのイーサネットフレームを転送したいときに、ポートをトランクポートとして設定します。たとえば、複数のスイッチをまたがった複数のVLANを作成したいときに、スイッチ間のポートをトランクポートとします。

例として、**図4-7**のようなネットワーク構成を考えます。SW1とSW2をまたがってVLAN10とVLAN20を作成します。SW1とSW2を接続しているポート8は、VLAN10とVLAN20のイーサネットフレームを転送しなければいけません。そのため、ポート8をトランクポートとして設定します。

○図4-7：トランクポートは複数のVLANのイーサネットフレームを転送するためのポート

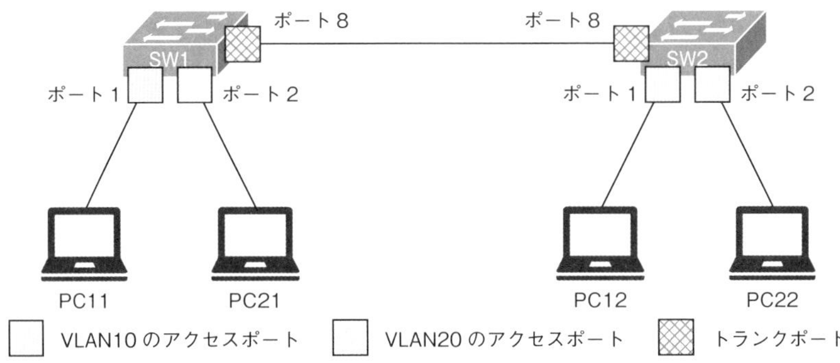

トランクポート上のイーサネットフレームの転送

トランクポート上のイーサネットフレームの転送について考えます。トランクポートは、複数のVLANに割り当てられているポートです。SW1とSW2のポート8はVLAN10にもVLAN20にも割り当てられています。SW1とSW2の内部でVLANとポートの割り当ては**図4-8**のようになります。

○図4-8：VLANとポートの対応の詳細

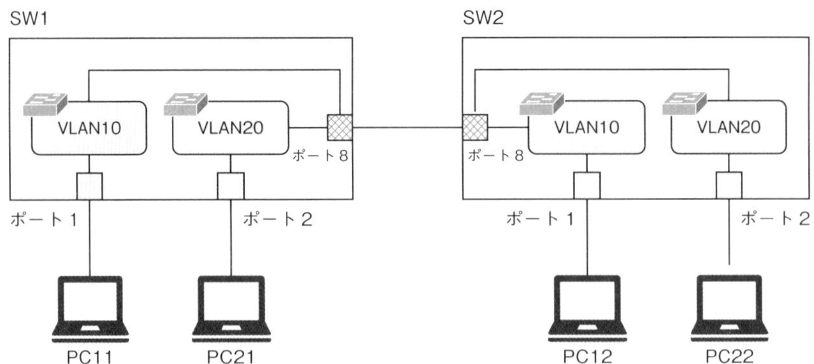

VLAN10のPC11からPC12へデータ(イーサネットフレーム)を送信すると、SW1のポート1で受信します。SW1ポート1はVLAN10のポートなので、VLAN10のポートから転送できます。トランクポートであるポート8はVLAN10のポートです。そのため、ポート8からPC12宛のイーサネットフレームを転送します。このとき、イーサネットフレームにVLANタグを付加します。VLANタグによってVLAN10のイーサネットフレームであることを示しています。VLANの仕組みを改めて思い出しましょう。「同じVLANのポート間でのみイーサネットフレームを転送する」です。VLANタグを付けることで、トランクポートをどのVLANのポートとして考えているかがわかるようにしています(**図4-9**)。

◯図4-9：PC11からPC12宛のイーサネットフレームの転送－SW1

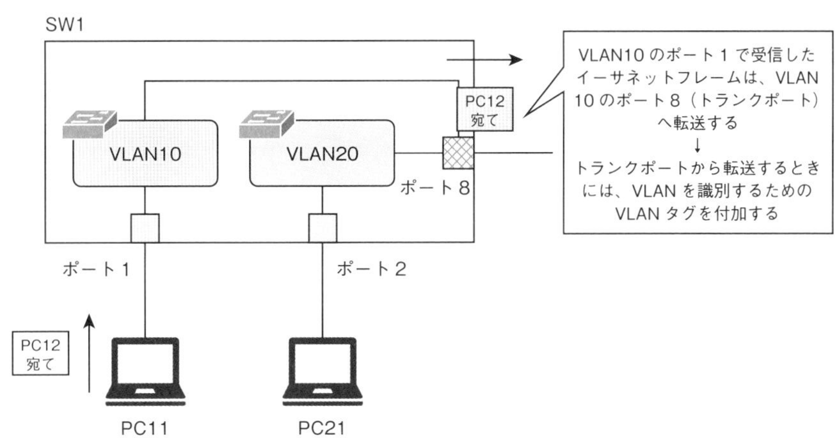

※ここでの解説では、イーサネットフレームを転送するときのMACアドレステーブルの検索する様子は省略しています。転送先のポートの判断には、宛先MACアドレスとMACアドレステーブルを利用しています。
※VLANタグを付加していることを図では、イーサネットフレームの色で表現しています。

SW1から転送されたPC12宛のイーサネットフレームは、SW2ポート8で受信します。VLANタグからVLAN10のイーサネットフレームであることがわかります。ポート8はVLAN10のポートとして扱うことになり、同じVLAN10のポート1へ転送します。ポート1はアクセスポートなので、VLANタグは外してもとのイーサネットフレームとします(**図4-10**)。

◯図4-10：PC11からPC12宛のイーサネットフレームの転送ーSW2

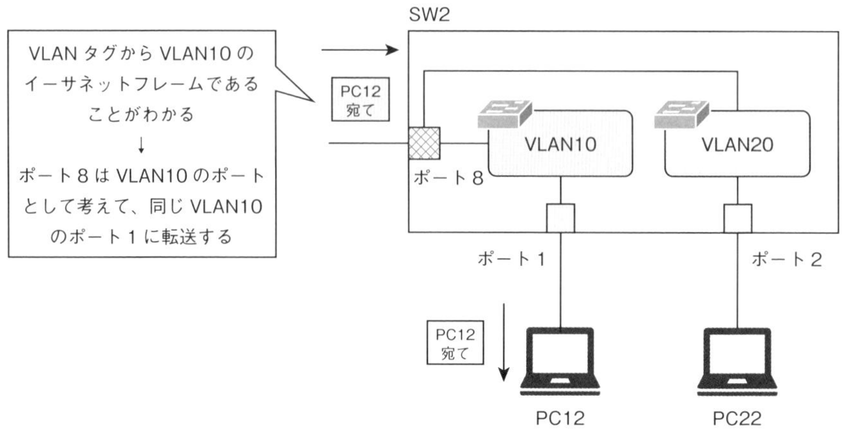

トランクポートは「ポートを分割する」

複数のVLANに割り当てるトランクポートは「VLANごとにポートを分割する」ことになります。先ほどのSW1とSW2をまたがったVLAN10とVLAN20のネットワーク構成の図を少し書き換えます(**図4-11**)。

◯図4-11：トランクポート

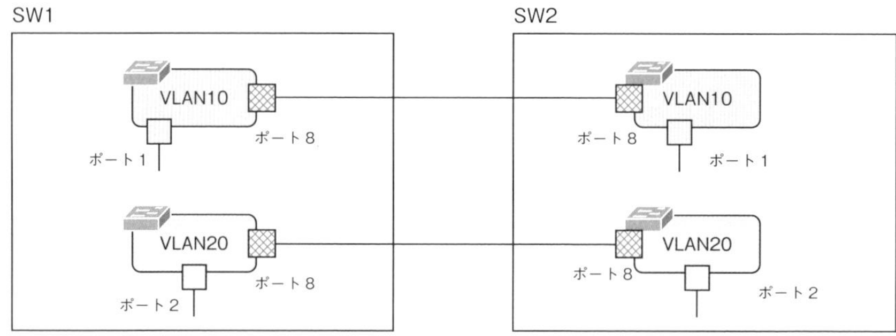

トランクポートにしているポート8は、VLAN10のポートでもあり、VLAN20のポートでもあります。すると、**図4-11**のように、ポート8はVLANごとに分割されていることになります。そして、SW1-SW2間は、物理的には1本のリンクで接続されているのですが、論理的にはVLANごとに2本のリンクで接続されているものと考えることができます。

IEEE802.1Q

トランクポートからイーサネットフレームを転送するときにVLANがわかるように、VLANタグを付加します。VLANタグを付加するプロトコルを**トランクプロトコル**と呼びます。トランクプロトコルとして、おもに利用されるのがIEEE802.1Q（アイトリプルイーハチマルニテンイチキュー）です[注1]。

IEEE802.1QのVLANタグは4バイトで、**図4-12**のようにイーサネットヘッダの送信元MACアドレスの後ろに付加されます。また、エラーチェックのためのFCSは再計算されることになります。

◯図4-12：IEEE802.1Q VLANタグ

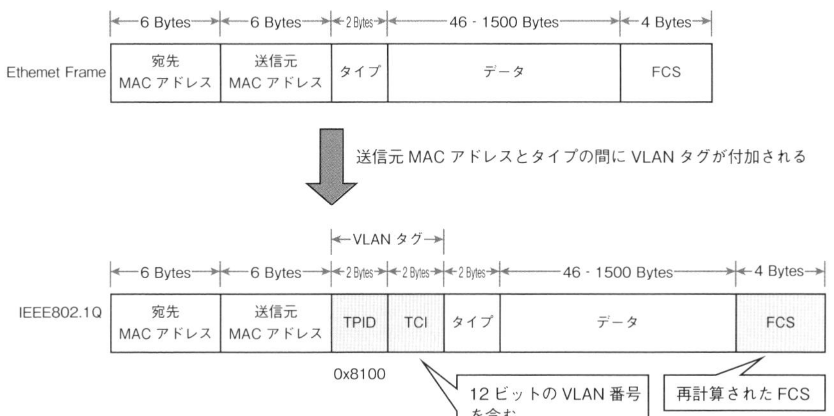

スイッチポート

アクセスポートとトランクポートをまとめて、Ciscoでは「**スイッチポート**」と表現することがよくあります。「レイヤ2スイッチとしてのポート」ということを強調した表現です。

レイヤ3スイッチのポートを考えるときに、スイッチポート、すなわち、レイヤ2スイッチとしてのポートとレイヤ3スイッチとしてのポートの違いを意識しておきましょう。レイヤ3スイッチとしてのポートについて、詳細はChapter 6で解説します。

注1） IEEE802.1Q以外にCisco独自のISL（Inter Switch Link）というトランクプロトコルもあります。本書ではISLは扱いません

4-3 Cisco機器におけるVLANの設定と確認コマンド

- VLANの設定の流れは次のとおり
  - VLANを作成する
  - VLANにポートを割り当てる
    アクセスポートまたはトランクポートとして設定する
- VLANの作成コマンド
  - (config)#vlan <vlan-id>
- アクセスポートのVLANの割り当て(スタティックVLAN)のコマンド
  - (config-if)#switchport access vlan <vlan-id>
- トランクポートの設定コマンド
  - (config-if)#switchport mode trunk

VLANの設定の流れ

Cisco Catalystスイッチでは、デフォルトでVLAN1があります。そして、すべてのポートはVLAN1に割り当てられている状態です。すべてのポートが同じVLAN1のポートなので、1台のスイッチで1つのネットワークとなりすべてのポート間でイーサネットフレームを転送することができます。デフォルトの状態からVLANを設定することで、レイヤ2スイッチでネットワークを分割します。VLAN設定の流れは次のとおりです。

①VLANを作成する

VLAN、つまり仮想的なスイッチを新たに作成します。

②VLANにポートを割り当てる

VLANにポートを割り当てます。1つのVLANに割り当てるポートがアクセスポートで、複数のVLANに割り当てるポートがトランクポートです。

VLANの設定

VLANの作成コマンド

VLANを作成するためには、グローバルコンフィグレーションモードで次のコマンドを入力します。

```
構文
(config)#vlan <vlan-id>
(config-vlan)#name <vlan-name>

引数
<vlan-id>：VLAN番号。2から1001
<vlan-name>：VLAN名
```

VLAN番号として、Ciscoでは2～1001を利用します注2。VLANにはわかりやすいVLAN名を設定することもできます。VLAN名はあくまでもわかりやすくするためのものです。VLAN名の設定を省略すると、「VLANxxxx」(xxxx：4桁のVLAN番号)という名前になります。たとえば、VLAN10では「VLAN0010」という名前が自動的に付けられます。

アクセスポートの設定コマンド

アクセスポートの設定は、インタフェースコンフィグレーションモードで次のコマンドを入力します。

```
構文
(config)#interface <interface-name>
(config-if)#switchport mode access
(config-if)#switchport access vlan <vlan-id>

引数
<interface-name>：インタフェース名
<vlan-id>：アクセスポートに割り当てるVLAN番号
```

switchport access vlanコマンドでスイッチに存在しないVLAN番号を指定すると、自動的にそのVLANを作成します。つまり、VLANの作成を省略することもできます。

注2) デフォルトでVLAN1だけではなくVLAN1002からVLAN1005も存在しています。現在では、VLAN1002からVLAN1005は利用することはありません。また、VLAN番号として1006から4094も利用できます。ただし、CiscoではこのIDの範囲のVLAN番号を利用するためにはさらにVTP(VLAN Trunking Protocol)というプロトコルの設定も必要です。本書では、この範囲のVLAN番号の設定は対象外とします。

トランクポートの設定コマンド

トランクポートの設定は、インタフェースコンフィグレーションモードで次のコマンドを入力します。

```
構文
(config)#interface <interface-name>
(config-if)#switchport trunk encapsulation { dot1q | isl }
(config-if)#switchport mode trunk

引数
<interface-name>：インタフェース名
```

IEEE802.1QとISLの両方のトランクプロトコルをサポートしている機種のみ「switchport trunk encapsulation」コマンドを入力する必要があります。このコマンドでトランクポートとして設定すると、そのポートはスイッチ内のすべてのVLANに割り当てられることになります注3。

VLANの確認

作成したVLANやアクセスポート／トランクポートの状態を確認するためにおもに利用するコマンドを次のとおりです。

- `#show vlan [brief]`
  VLANと割り当てられているアクセスポートを表示します。
- `#show vlan-switch [brief]`
  上記のコマンドと同様です。これはルータでのコマンドです。
- `#show interface trunk`
  複数のトランクポートの状態を一覧で表示します。

show vlan／show vlan-swtich

show vlanコマンドでスイッチ内のVLANとそのアクセスポートがわかります。show vlan-switchコマンドは、ルータでのコマンドでshow vlanと同じ内容を表示します。briefを付けると、基本的なVLANの情報のみです。ほとんどの場合、briefを付けた基本のVLANのみで十分です。show vlanコマンドのサン

注3）トランクポートに割り当てるVLANを制限することもできますが、本書では扱いません。

プルは次のとおりです。

```
SW1#show vlan brief ⏎

VLAN Name                             Status    Ports
---- -------------------------------- --------- -------------------------------
1    default                          active    Fa0/3, Fa0/4, Fa0/5, Fa0/6
                                                Fa0/7, Fa0/8, Fa0/9, Fa0/10
                                                Fa0/11, Fa0/12, Fa0/13, Fa0/14
                                                Fa0/15, Fa0/16, Fa0/17, Fa0/18
                                                Fa0/19, Fa0/20, Fa0/21, Fa0/22
                                                Fa0/23, Fa0/24, Gig0/1, Gig0/2
10   VLAN0010                         active    Fa0/1
20   VLAN0020                         active    Fa0/2
1002 fddi-default                     active
1003 token-ring-default               active
1004 fddinet-default                  active
1005 trnet-default                    active
```


show interface trunk

show interface trunkでスイッチ上のトランクポートの情報を一覧で確認できます。トランクポートが割り当てられているVLANやトランクポートからどのVLANのイーサネットフレームを転送しているかがわかります。show interface trunkコマンドのサンプルは次のとおりです。

```
SW1#show interfaces trunk ⏎
Port        Mode         Encapsulation  Status        Native vlan
Fa0/24      on           802.1q         trunking      1

Port        Vlans allowed on trunk
Fa0/24      1-1005

Port        Vlans allowed and active in management domain
Fa0/24      1,10,20

Port        Vlans in spanning tree forwarding state and not pruned
Fa0/24      1,10,20
```

演習 VLAN

概要

演習環境のフォルダ：「02_VLAN_Basic」

SW1/SW2/SW3の3台のスイッチでVLANを利用して、2つの独立したネットワークを構成します。そのために、VLANの作成とアクセスポート／トランクポート（タグVLAN）の設定を行います。VLANを設定するときには、スイッチ内部でVLANとポートがどのように関連付けられるかをきちんとイメージしてください。

ネットワーク構成は**図4-A**のようになり、PC11〜PC22には**表4-A**のIPアドレスを設定しています。

図4-A：ネットワーク構成

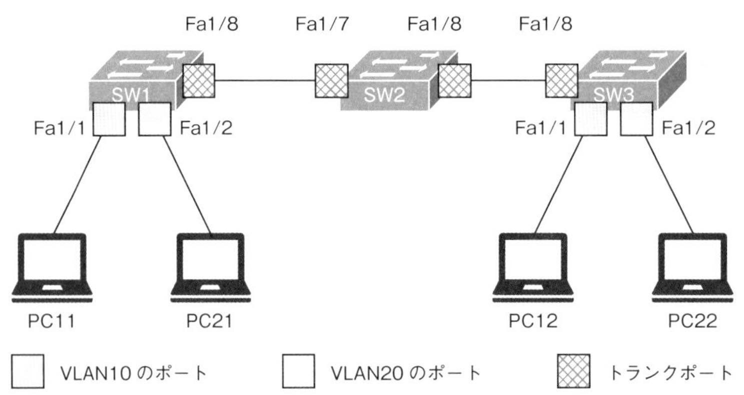

図4-A：PC11〜PC22のIPアドレス

PC	IPアドレス
PC11	192.168.10.11/24
PC12	192.168.10.12/24
PC21	192.168.20.21/24
PC22	192.168.20.22/24

設定条件

- SW1/SW2/SW3でVLAN10とVLAN20を作成する
- PCが接続されているポートを適切なVLANのアクセスポートとして設定する
- スイッチ間のリンクのポートをトランクポートとして設定する
- VLAN10のPC11-PC12間およびVLAN20のPC21-PC22間で通信ができることを確認する

初期設定

SW1/SW2/SW3

- ホスト名

PC11/PC12/PC21/PC22

- ホスト名
- IPアドレス／サブネットマスク

演習で利用するコマンド

- `(config)#vlan <vlan-id>`
  VLANを作成します。
- `(config-if)#switchport mode access`
- `(config-if)#switchport access vlan <vlan-id>`
  アクセスポートに割り当てるVLANを設定します。
- `(config-if)#switchport mode trunk`
  ポートをトランクポートとして設定します。
- `#show vlan-switch brief`
  VLANとそのアクセスポートの情報を確認します。
- `#show interface trunk`
  トランクポートの情報を確認します。
- `> ping <ip-address>`
  (VPCS)VPCSでPingを実行します。

Step1 VLANの作成

SW1/SW2/SW3でVLAN10およびVLAN20を作成します。SW1とSW3だけではなくSW2にもVLAN10、VLAN20が必要です注4。

```
SW1/SW2/SW3
vlan 10,20
```

VLANを作成しただけでは、スイッチの内部にポートを持っていない仮想的なスイッチを作っているだけです。SW1でVLAN10とVLAN20を作成すると**図4-B**のようになっています。

○図4-B：SW1に作成したVLAN10とVLAN20

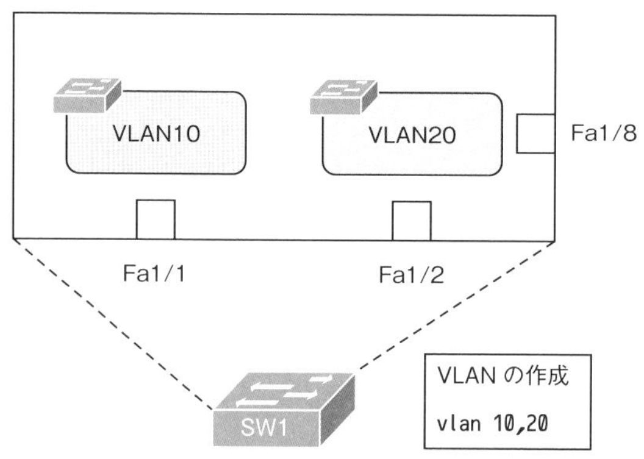

Step2 アクセスポートの設定

【Step1】で作成したVLANにポートを割り当てます。SW1とSW3でVLAN10およびVLAN20のアクセスポートを設定します(**表4-B**)。アクセスポートの設定とは、スイッチ内部のVLANごとの仮想的なスイッチにポートを持たせることです。

注4) 機種によってはVLANの一括作成に対応していません。Cisco Packet Tracerでも、VLANの一括作成に対応していません。一括作成できない場合は、VLANを1つずつ作成してください。

○表4-B：SW1とSW3のアクセスポートの設定

スイッチ	ポート	VLAN	接続先
SW1	Fa1/1	10	PC11
	Fa1/2	20	PC21
SW3	Fa1/1	10	PC12
	Fa1/2	20	PC22

今回のネットワーク構成では、アクセスポートの設定についてSW1もSW3もコマンドは共通です。

```
SW1/SW3
interface FastEthernet1/1
  switchport mode access
  switchport access vlan 10
!
interface FastEthernet1/2
  switchport mode access
  switchport access vlan 20
```

Step3 VLANとアクセスポートの確認

SW1とSW3でshow vlan-switch briefコマンドによって、VLANとアクセスポートの割り当てが正しく設定されていることを確認します。SW1では、次のような出力になります。

```
SW1
SW1#show vlan-switch brief ⏎

VLAN Name                             Status    Ports
---- -------------------------------- --------- -------------------------------
1    default                          active    Fa1/0, Fa1/3, Fa1/4, Fa1/5
                                                Fa1/6, Fa1/7, Fa1/8, Fa1/9
                                                Fa1/10, Fa1/11, Fa1/12, Fa1/13
                                                Fa1/14, Fa1/15
10   VLAN0010                         active    Fa1/1
20   VLAN0020                         active    Fa1/2
    :（略）
```

アクセスポートの設定をすることで、VLANによるスイッチ内部の仮想的なスイッチがポートを持てるようになります。SW1での内部のVLANとポートの割り当ては**図4-C**のようになっています。

○図4-C：アクセスポートの設定

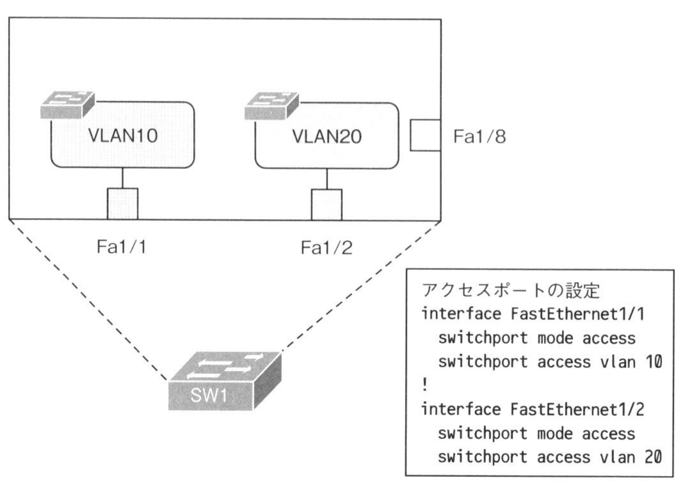
VLAN10
VLAN20
Fa1/8
Fa1/1
Fa1/2
SW1
アクセスポートの設定
interface FastEthernet1/1
switchport mode access
switchport access vlan 10
!
interface FastEthernet1/2
switchport mode access
switchport access vlan 20

Step4 トランクポートの設定

各スイッチ間は、1つのリンクでVLAN10とVLAN20のイーサネットフレームを転送しなければいけません。1つのリンクで複数のVLANのイーサネットフレームを転送するために、トランク(タグVLAN)ポートを設定します。

```
SW1/SW3
interface FastEthernet1/8
  switchport mode trunk
```

```
SW2
interface FastEthernet1/7
  switchport mode trunk
!
interface FastEthernet1/8
  switchport mode trunk
```

Step5 トランクポートの確認

各スイッチ間がきちんとトランクポートとして動作していることを確認します。show interface trunkコマンドを利用するのがわかりやすいです。

SW1

SW1では、show interface trunkコマンドの表示は次のようになります。

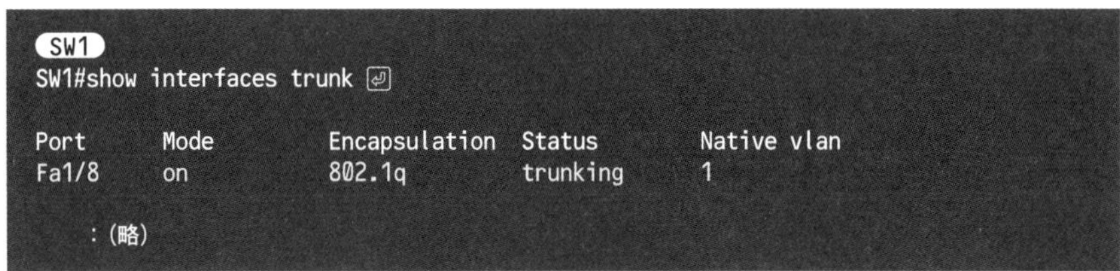

```
SW1
SW1#show interfaces trunk ⏎

Port      Mode         Encapsulation  Status        Native vlan
Fa1/8     on           802.1q         trunking      1

    :（略）
```

トランクポートは複数のVLANに割り当てているポートなので、SW1 Fa1/8はVLAN10とVLAN20の両方のVLANに割り当てられています（**図4-D**）。

○図4-D：トランクポートの設定（SW1）

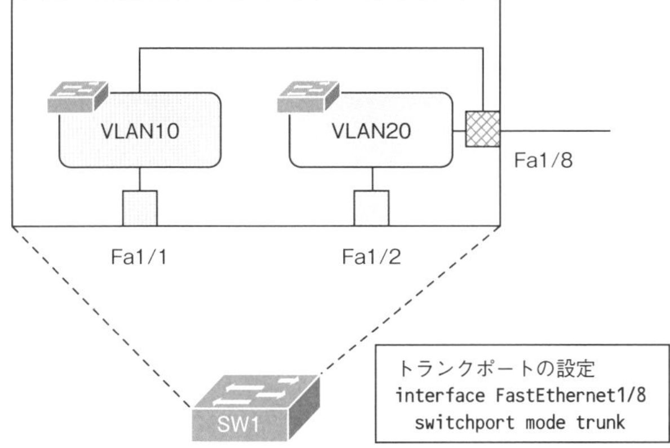

SW2

SW2でのshow interface trunkコマンドの表示は次のようになります。

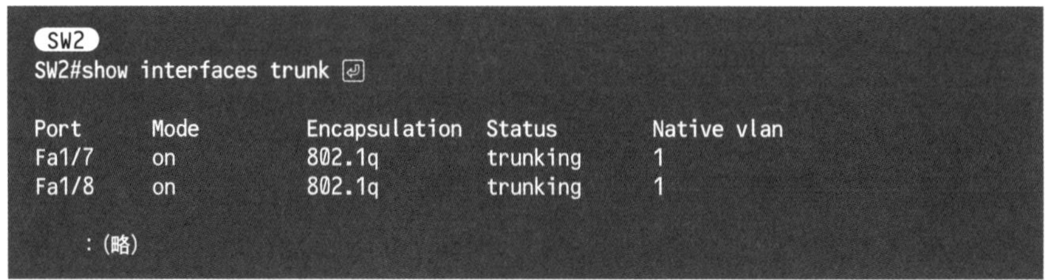

```
SW2
SW2#show interfaces trunk ⏎

Port      Mode          Encapsulation  Status        Native vlan
Fa1/7     on            802.1q         trunking      1
Fa1/8     on            802.1q         trunking      1

    :（略）
```

SW2の内部のVLANとポートの割り当ては**図4-E**のようになります。

◯図4-E：トランクポートの設定（SW2）

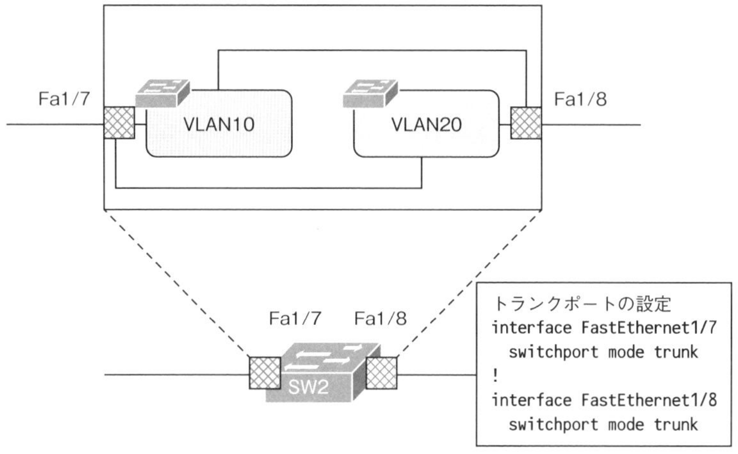
Fa1/7
VLAN10
VLAN20
Fa1/8
Fa1/7
Fa1/8
SW2
トランクポートの設定
interface FastEthernet1/7
switchport mode trunk
!
interface FastEthernet1/8
switchport mode trunk

SW3

SW3でのshow interface trunkコマンドの表示は次のようになります。

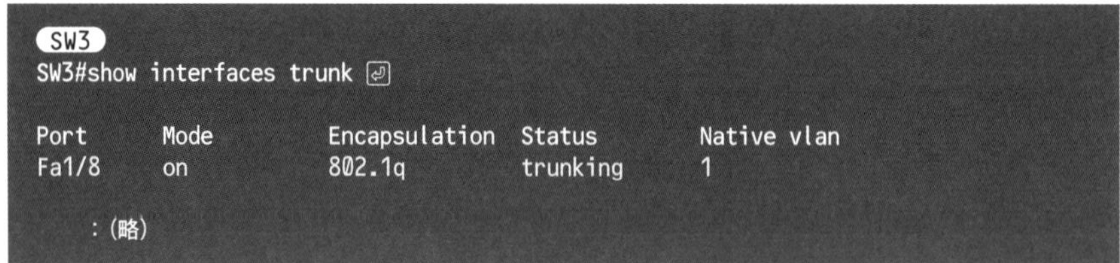

```
SW3
SW3#show interfaces trunk ⏎

Port      Mode          Encapsulation  Status        Native vlan
Fa1/8     on            802.1q         trunking      1

    :（略）
```

そして、SW3の内部ではVLANとポートの対応は**図4-F**のようになっています。

○図4-F：トランクポートの設定（SW3）

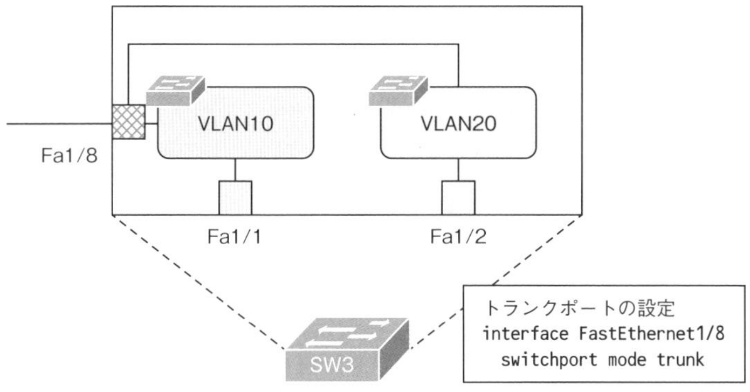

ここまでの設定で、SW1/SW2/SW3をまたがったVLAN10とVLAN20の設定はすべて完了です。

Step6 通信確認

SW1/SW2/SW3をまたがって、VLAN10内とVLAN20内の通信が正常にできることを確認します。VLAN10のPC11からPC12にPingを実行すると、正常に応答が返ってきます。

```
PC11
PC11> ping 192.168.10.12 ⏎
84 bytes from 192.168.10.12 icmp_seq=1 ttl=64 time=3.550 ms
84 bytes from 192.168.10.12 icmp_seq=2 ttl=64 time=1.114 ms
84 bytes from 192.168.10.12 icmp_seq=3 ttl=64 time=1.784 ms
84 bytes from 192.168.10.12 icmp_seq=4 ttl=64 time=1.591 ms
84 bytes from 192.168.10.12 icmp_seq=5 ttl=64 time=1.589 ms
```

同様にVLAN20のPC21からPC22へPingを実行すると、正常に応答が返ってきます。

```
PC21
PC21> ping 192.168.20.22 ⏎
84 bytes from 192.168.20.22 icmp_seq=1 ttl=64 time=1.233 ms
84 bytes from 192.168.20.22 icmp_seq=2 ttl=64 time=1.849 ms
84 bytes from 192.168.20.22 icmp_seq=3 ttl=64 time=1.649 ms
84 bytes from 192.168.20.22 icmp_seq=4 ttl=64 time=1.563 ms
84 bytes from 192.168.20.22 icmp_seq=5 ttl=64 time=1.559 ms
```

Step7 論理構成を考える

ここまで設定したネットワークの論理構成を考えます。論理構成は、物理的な配置や配線などを抽象化しています。ネットワークがいくつで、それぞれのネットワークがどのように相互接続されているかを表すのが論理構成です。

SW1からSW3の内部のVLANとポートの割り当てを改めてまとめると**図4-G**のようになります。

◯図4-G：VLANとポートの割り当て（SW1～S3）

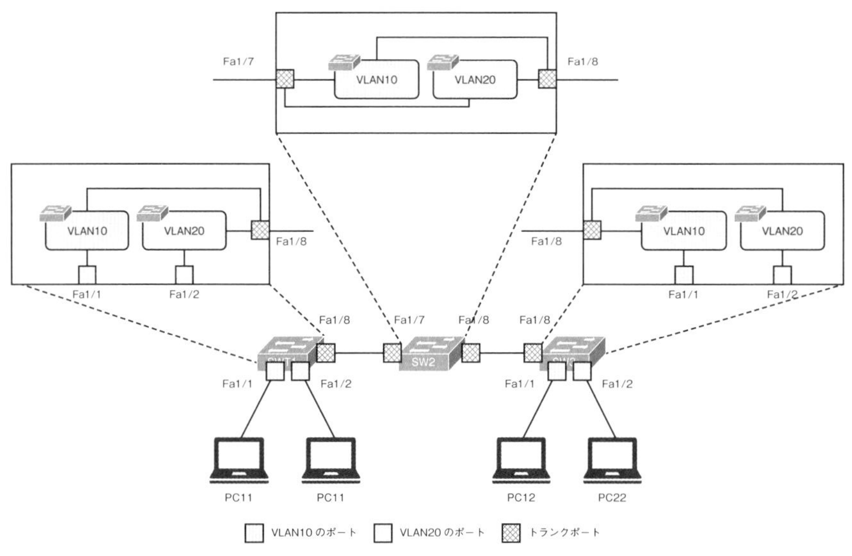

各スイッチ内のVLANの設定によって作成したVLAN10とVLAN20の仮想的なスイッチがそれぞれどんな風につながっているかに注目して、図を少し書き換えます（**図4-H**）。

そして、ここから抽象化します。各スイッチの枠をとっぱらいましょう。また、物理的な配線やポートはもう気にしません。各スイッチに分散しているVLAN10とVLAN20を1つにまとめてしまいます。すると、2つの独立したVLAN10のネットワークとVLAN20のネットワークができあがります。そして、VLAN10のネットワークにはPC11とPC12がつながっていて、VLAN20のネットワークにはPC21とPC22がつながっています(**図4-I**)。

○図4-H：VLANとポートの割り当て(SW1～S3)を書き換え

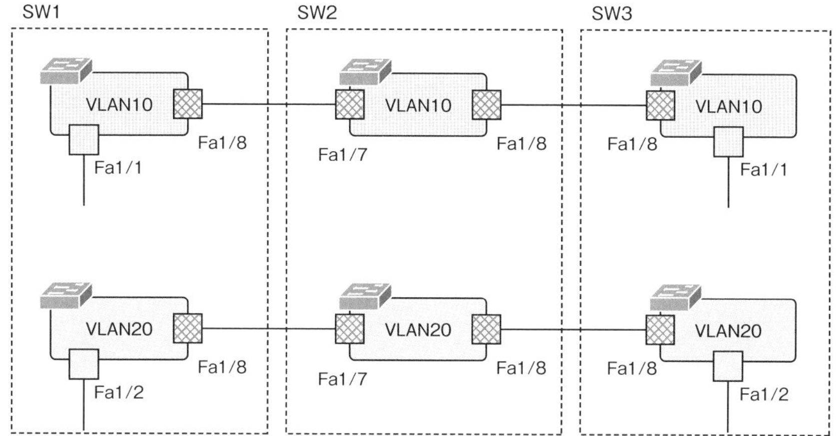

○図4-I：PC11/PC12、PC21/22の設定

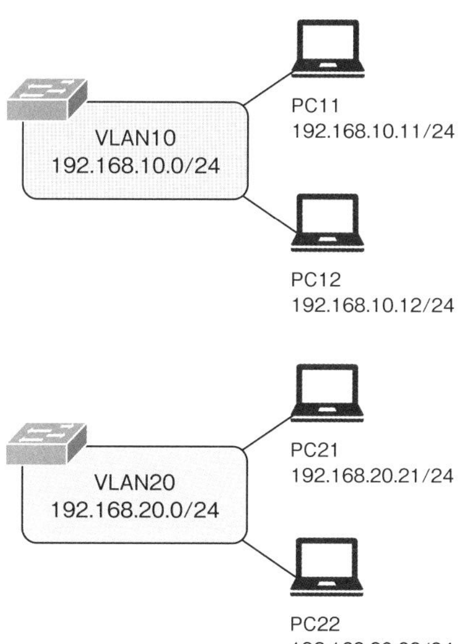

VLANは1つのネットワークで、TCP/IPではネットワークアドレスでネットワークを識別します。

今回のネットワーク構成では、VLAN10は192.168.10.0/24に対応づけるようにしています。そのため、VLAN10につながるPC11とPC12には、192.168.10.0/24内のIPアドレスを設定しています。VLAN20は192.168.20.0/24に対応付けるようにしています。VLAN20につながるPC21とPC22には192.168.20.0/24内のIPアドレスを設定しています。

なお、VLAN10とVLAN20は独立しているので、VLAN間の通信はできません。VLAN10とVLAN20間で通信する必要があれば、レイヤ3スイッチなどでVLAN同士を相互接続するVLAN間ルーティングを行います。

Chapter 5

IPアドレスの基礎

通信相手を特定するための情報

IPアドレスは、TCP/IPの通信相手を識別するための識別情報です。IPアドレスを知ることは、ネットワークの仕組みをするためにとても重要です。

5-1 IPアドレスとは

- IPアドレスによってTCP/IPで通信するホスト(のインタフェース)を識別する
- IPアドレスには通信の用途によって、「ユニキャスト」「ブロードキャスト」「マルチキャスト」に分類できる(ホストに設定するのは「ユニキャストIPアドレス」)

IPアドレスの概要

IPアドレスとは、TCP/IPにおいて通信相手となるホストを識別するための識別情報です。TCP/IPの通信を行うときのデータには、IPヘッダを付加してIPパケットとします。IPヘッダには、宛先IPアドレスと送信元IPアドレスを指定しなければいけません。IPアドレスによって、「**どこからどこ宛のデータなのか**」がわかるようにしているわけです。

IPアドレスは、ホストの識別のための情報ですが、設定するときにはイーサネットなどのインタフェースに対して設定します。IPのプロトコルはホストのOSで動作しています。そして、ホスト内部でインタフェースとIPのプロトコル部分を関連付けて、IPアドレスを設定しているようなイメージです。

PCには複数のネットワークインタフェースを搭載することもできます。ノートPCには有線イーサネットインタフェースと無線LAN(Wi-Fi)のインタフェースが搭載されていることが多く、インタフェースごとにIPアドレスを設定できます。そのため、IPアドレスはホストそのものではなく、ホストのインタフェースを識別するというのが正確なところです(**図5-1**)。

IPアドレスの表記

IPアドレスは32ビットなので「0」と「1」が32個並ぶことになります。ビットの羅列は人間にとってわかりづらいので、8ビットずつ10進数に変換して「.」で

○図5-1：IPアドレスの概要

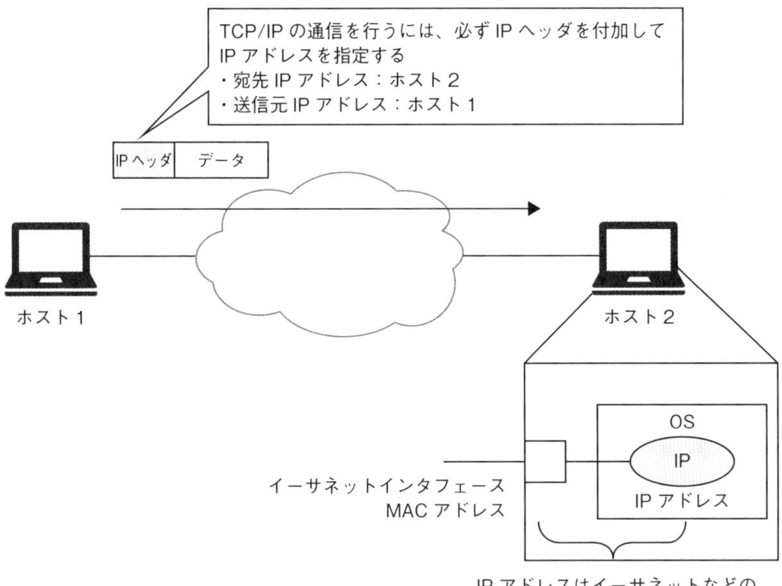

区切る表記をします。8ビットの10進数は0〜255なので、0〜255の数字を「.」で区切って4つ並べたものがIPアドレスの一般的な表記です(**図5-2**)。この表記は「ドット付き10進数表記」と呼びます。

○図5-2：IPアドレスの表記

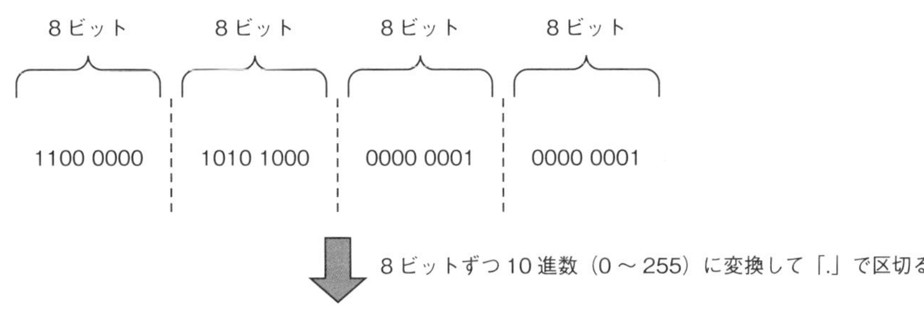

IPパケットの宛先によるIPアドレスの分類

IPアドレスはさまざまな観点から分類できます。IPはデータを転送するためのプロトコルです。IPで転送するデータの宛先による分類として次の3つがあります。

- ユニキャスト
- ブロードキャスト
- マルチキャスト

ユニキャストは1対1の通信です。**ブロードキャスト**は、同一ネットワーク上のすべてのホストへ一括してデータを送信する通信です。そして、**マルチキャスト**は特定のグループに含まれる複数のホストへ一括してデータを送信する通信です。特定のグループの具体的な例として、同じアプリケーションを動作させているホストなどがあります。

ユニキャストの通信をするときには、ユニキャストのIPアドレスを宛先IPアドレスに指定します。PCやサーバ、ルータなどTCP/IPの通信を行う機器に設定するIPアドレスはすべてユニキャストのIPアドレスです(**図5-3**)。そして、ブロードキャストのIPアドレスを宛先IPアドレスにするとブロードキャストの通信を行います(**図5-4**)。同様にマルチキャストのIPアドレスを宛先IP

○図5-3：ユニキャストIPアドレス

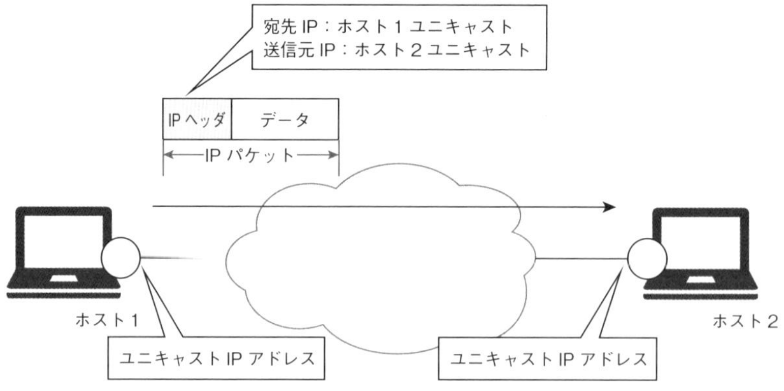

アドレスにするとマルチキャストの通信を行います(**図5-5**)。なお、送信元IPアドレスは必ずユニキャストIPアドレスです。送信元IPアドレスがブロードキャストIPアドレスやマルチキャストIPアドレスになることはありません。

◯図5-4：ブロードキャストIPアドレス

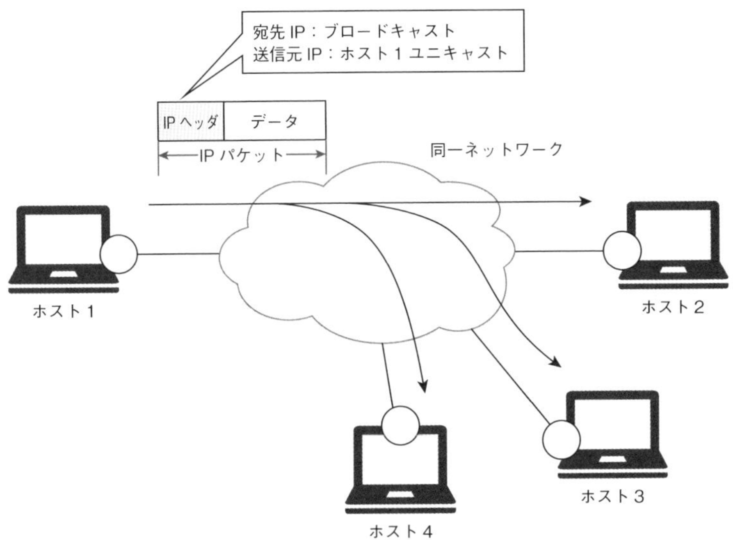

◯図5-5：マルチキャストIPアドレス

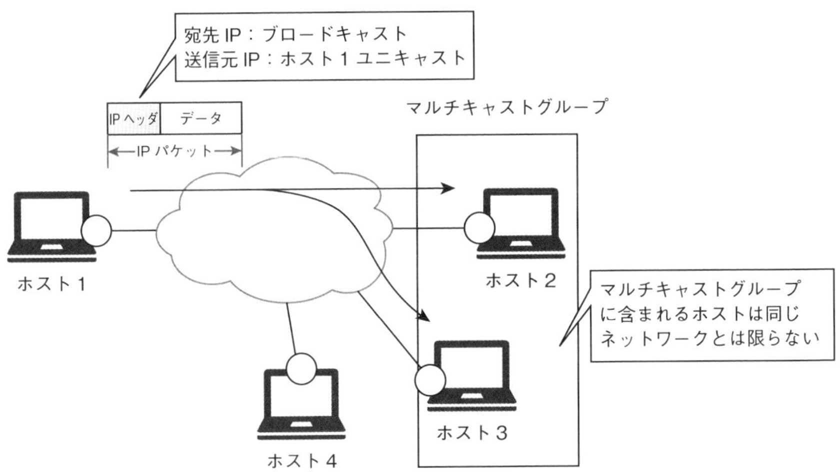

レイヤ2アドレスとの対応付け

IPはデータを転送するためのプロトコルですが、「0」「1」のデータを物理的な信号に変換して送り届ける機能はありません。IPだけでは、物理的にデータを転送できないのです。Chapter 3で解説したイーサネットのような物理的にデータを転送するためのプロトコルと組み合わせて使います。イーサネットを利用するときには、IPパケットにさらにイーサネットヘッダを付加して物理的な信号に変換して、ケーブル上に送り出します。

TCP/IPの通信を行うには宛先になるIPアドレスを与えます。与えられた宛先IPアドレスからイーサネットヘッダの宛先MACアドレスを対応付けます。ユニキャスト通信の場合、与えられたユニキャストの宛先IPアドレスからARPによって宛先MACアドレスを解決します(**図5-6**)。

ブロードキャスト通信では、宛先IPアドレスはブロードキャストIPアドレスでMACアドレスは自動的にブロードキャストMACアドレスの「FF-FF-FF-FF-FF-FF」に対応付けられます(**図5-7**)。

◯図5-6：ユニキャストのMACアドレスとの対応付け

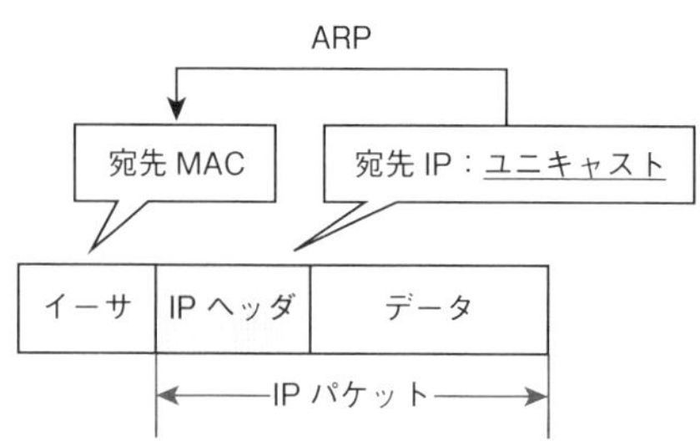

◯図5-7：ブロードキャストのMACアドレスとの対応付け

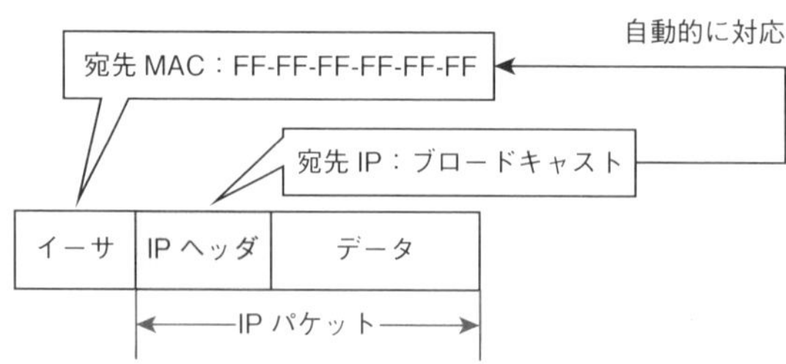

マルチキャスト通信は、宛先のマルチキャストIPアドレスから自動的に宛先MACアドレスが対応付けられます(**図5-8**)。マルチキャストIPアドレスに対応するMACアドレスは01-00-5E-00-00-00～01-00-5E-7F-FF-FFの範囲です。マルチキャストIPアドレスの下位23ビットをMACアドレスの中に組み込んでいます。

○図5-8：マルチキャストのMACアドレスとの対応付け

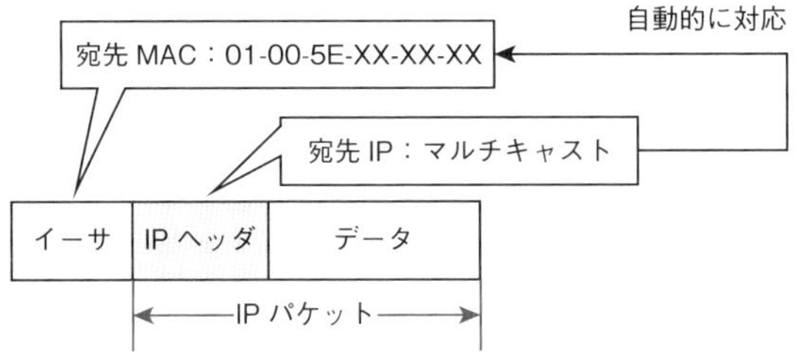

ARP

ARP(アープ)(Address Resolution Protocol)とはIPアドレスとMACアドレスを対応付けるためのプロトコルです。そして、IPアドレスとMACアドレスを対応付けることを**アドレス解決**と呼び、ARPというプロトコルの名前の由来です。ARPはイーサネットでIPパケットを転送するときに必要不可欠な大事なプロトコルです。

ARPのアドレス解決の対象は同じネットワーク内のIPアドレスです。イーサネットインタフェースで接続されているPCなどの機器がIPパケットを送信するために宛先IPアドレスを指定したときに、自動的にARPの処理が行われます。ユーザはARPの動作について特に意識する必要はありませんが、ARPによってアドレス解決を行っているということはネットワークの仕組みを知るうえでとても重要です。

ARPの動作の流れは、次のようになります。

①ARPリクエストをブロードキャスト

ARPリクエストでIPアドレスに対応するMACアドレスを問い合わせる

②ARPリプライを返す

問い合わされたIPアドレスを持つホストがARPリプライでMACアドレスを教える

③ARPキャッシュを更新

アドレス解決したIPアドレスとMACアドレスの対応をARPキャッシュに保存する

図5-9はARPのアドレス解決の例です。PC1から同じネットワーク上のPC3(IPアドレス：192.168.1.3)へデータを送信するときに、PC3のMACアドレスを解決する様子を表しています。

◯図5-9：ARPの動作

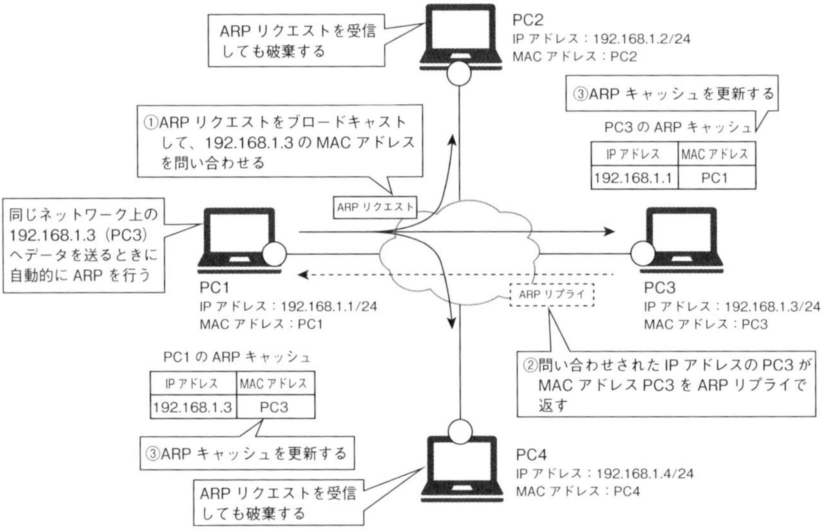

PC3のMACアドレスを解決できたら、イーサネットヘッダの宛先MACアドレスを指定して、イーサネットインタフェースをからPC3宛てのデータを送り出すことができます(**図5-10**)。

◯図5-10：アドレス解決後のデータの送信

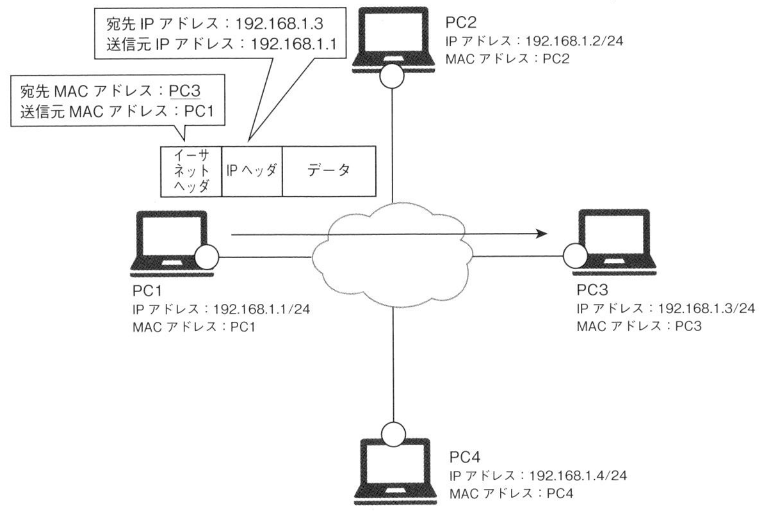

5-2 ユニキャストIPアドレス

- ホストのインタフェースに設定するIPアドレスはユニキャストIPアドレス
- ユニキャストIPアドレスは、ネットワークを識別するネットワーク部とホストを識別するホスト部から構成されている
- ネットワーク部とホスト部の区切りを明示するためにサブネットマスクが導入されている

ユニキャストIPアドレスの構成

PCやサーバ、ルータなどTCP/IPの通信を行うホストのインタフェースに設定するIPアドレスは**ユニキャストIPアドレス**です。TCP/IPの通信の大部分はユニキャスト通信です。そのため、ユニキャストIPアドレスをしっかりと理

解することが重要です。以降では、単に「IPアドレス」と表記しているときは、ユニキャストIPアドレスだと考えてください。

IPアドレスは、ネットワーク部とホスト部という2つの部分から構成されています。社内ネットワークやインターネットなどは、複数のネットワークがルータまたはレイヤ3スイッチで相互接続されています。IPアドレスのネットワーク部でネットワークを識別し、ホスト部でネットワーク内のホスト(のインタフェース)を識別します(**図5-11**)。

○図5-11：ユニキャストIPアドレスの構成

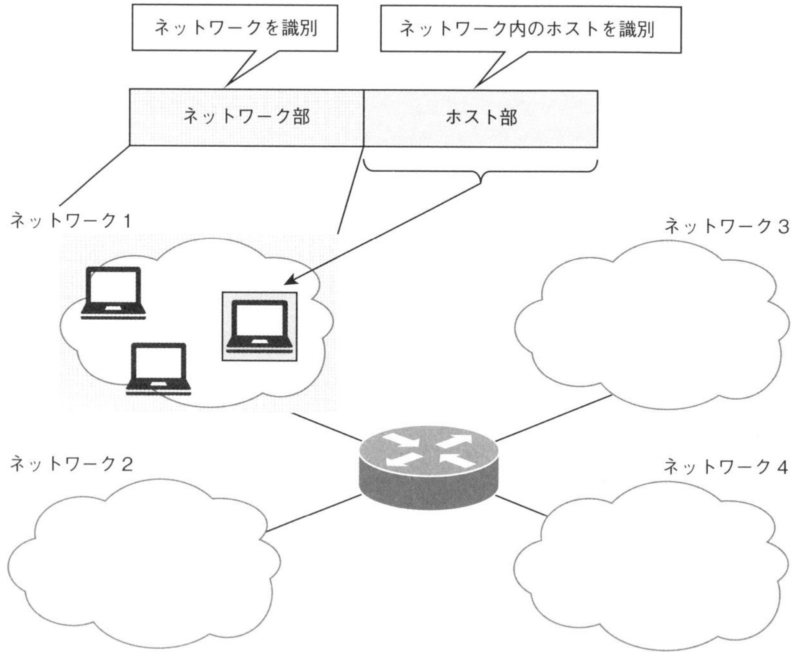

ネットワークアドレスとブロードキャストアドレス

ネットワークそのものを表すIPアドレスを**ネットワークアドレス**と呼びます。そして、あるネットワーク内のすべてのホスト宛にデータ(IPパケット)を送信したいときに利用するIPアドレスが**ブロードキャストアドレス**です。ネットワークアドレスとブロードキャストアドレスは、IPアドレスのホスト部に注目します。

- ネットワークアドレス：ホスト部のビットすべて「0」
- ブロードキャストアドレス：ホスト部のビットすべて「1」

たとえば、「192.168.1.0」というIPアドレスはネットワークアドレスです。このあとネットワーク部とホスト部の区切りについて詳しく解説しますが、「192.168.1.」までがネットワーク部で「0」がホスト部です。ホスト部のビットがすべて0になっているので、「192.168.1.0」はネットワークそのものを表すネットワークアドレスです。ネットワークアドレス「192.168.1.0」のネットワークに接続するPCは「192.168.1.」まで共通したIPアドレスを設定することになります。

そして、「192.168.1.255」はブロードキャストアドレスです。ホスト部が「255」ということはホスト部のビットすべて1です。ネットワーク「192.168.1.0」上のすべてのPCにデータを送りたいときに宛先IPアドレスとして「192.168.1.255」のブロードキャストアドレスを指定します(**図5-12**)。

◯図5-12：ネットワークアドレスとブロードキャストアドレス

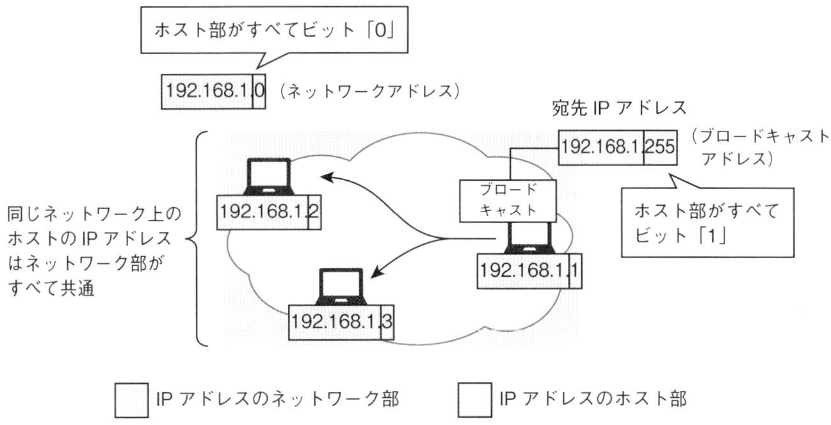

なお、ブロードキャストアドレスとして32ビットすべて1とした「255.255.255.255」を利用することもできます。すべてビット「1」のブロードキャストアドレスは、**リミテッドブロードキャスト**と呼びます。ホスト部のビットすべて「1」のブロードキャストアドレスは**ディレクテッドブロードキャスト**と呼

びます。ただ、このような違いを特に意識する必要はありません。

ネットワークアドレスもブロードキャストアドレスは、ユニキャストアドレスではないのでPCやサーバ、ルータなどのインタフェースに設定できません。ホスト部のビットがすべて「0」または「1」のIPアドレスはユニキャストアドレスから除外されることになります。そして、ホスト部だけでなくネットワーク部として利用できるビットがすべて「0」または「1」となるアドレスもユニキャストアドレスから除外するようにしています。

クラスフルアドレス

IPアドレスでわかりづらく感じてしまうのは、ネットワーク部とホスト部の区切りが一定ではないことです。32ビットのうち、どこまでがネットワーク部でどこからがホスト部であるかが可変でアドレスによって異なります。

当初、IPアドレスはアドレスクラスによってネットワーク部とホスト部の区切りを考えています。アドレスクラスとして、次のものがあります[注1]。

- クラスA
- クラスB
- クラスC

これらのアドレスクラスでは、ネットワーク部とホスト部の区切りをわかりやすく8ビット単位で考えます。IPアドレスの表記は8ビット単位の10進数で表記するので、8ビット単位でのネットワーク部とホスト部をわかりやすく区切っています。アドレスクラスのポイントとして、次の2つあります。

- クラスを判断するための先頭のビットパターン
- ネットワーク部とホスト部の区切り

以降では、クラスA～Cについて、この2つのポイントを考えます。

注1） クラスDおよびEもあります。クラスDはマルチキャストアドレスです。クラスEは実験用途のために予約されていた範囲で現在は利用しません。

クラスA

クラスAのポイントをまとめると次のようになります。

- 先頭のビットパターン：「0」
  - 先頭8ビットの10進数表記：1～126
- ネットワーク部とホスト部の区切り：8ビット目
  - ネットワークアドレスの数：126個
  - ホストアドレスの数：約1,600万個

クラスAのIPアドレスは必ず先頭1ビットが「0」です。わかりやすく先頭8ビット分を10進数で考えると1～126の範囲です。つまり、1～126の範囲ではじまるIPアドレスはクラスAのIPアドレスです。そして、ネットワークアドレスとホストアドレスの区切りは8ビット目です(**図5-13**)。

○**図5-13：クラスA**

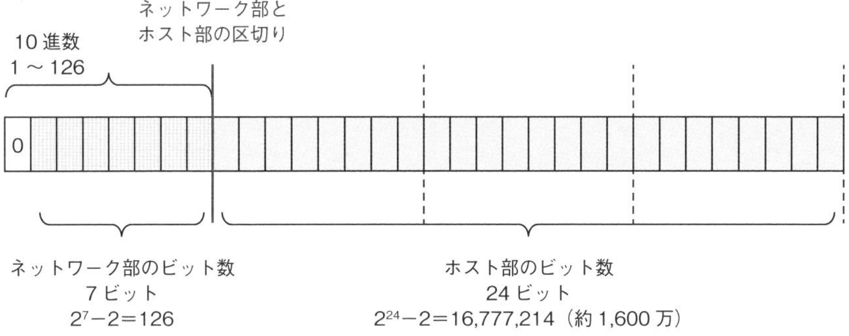

固定されている先頭の1ビット以外ネットワーク部として7ビット分使えるので、クラスAのネットワークの数は$2^7-2=126$個です。

この126個のクラスAのネットワークそれぞれで、$2^{24}-2=$ 1,677万7,214個のホストアドレスを利用することができます。1つのネットワーク内で約1,600万以上という非常に多くのアドレスを利用できるのがクラスAのネットワークの特徴です。

なお、ネットワークの数とホストアドレスの数の計算で－2をしているのは、

ネットワーク部として利用できるビットがすべて「0」または「1」の場合を除外しているからです。同様に、ホスト部で利用できるビットすべて「0」または「1」の場合を除外しているからです。

クラスB

クラスBのポイントをまとめると次のようになります。

- 先頭のビットパターン：「10」
  - 先頭8ビットの10進数表記：128〜191
- ネットワーク部とホスト部の区切り：16ビット目
  - ネットワークアドレスの数：1万6,382個
  - ホストアドレスの数：6万5,534個

クラスBのIPアドレスは先頭2ビットが「10」ではじまります。先頭8ビットを10進数で考えれば128〜191です(**図5-14**)。

ネットワーク部とホスト部の区切りは16ビット目にあります。したがって、

◯図5-14：クラスB

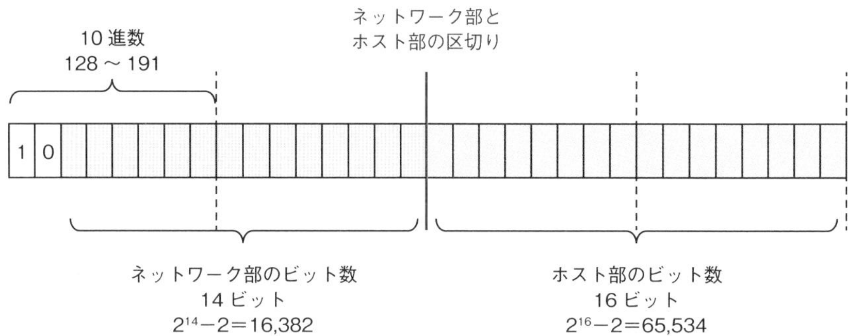

ネットワーク部として14ビット、ホスト部として16ビット利用できます。ネットワーク部が14ビットなので、$2^{14}-2=$ 1万6,382個のクラスBのネットワークがあります。各クラスBのネットワークでは、$2^{16}-2=$ 6万5,534個のアドレスを利用することができます。

クラスC

クラスCのポイントをまとめると次のようになります。

- 先頭のビットパターン：「110」
  - 先頭8ビットの10進数表記：192〜223
- ネットワーク部とホスト部の区切り：24ビット目
  - ネットワークアドレスの数：209万7,150個
  - ホストアドレスの数：254個

クラスCのIPアドレスは先頭3ビットが「110」ではじまります。先頭の8ビット分を10進数で考えると192〜223です。また、ネットワーク部とホスト部の区切りは24ビット目の所にあります。ネットワーク部として21ビット、ホスト部として8ビット利用できます(**図5-15**)。

◯**図5-15：クラスC**

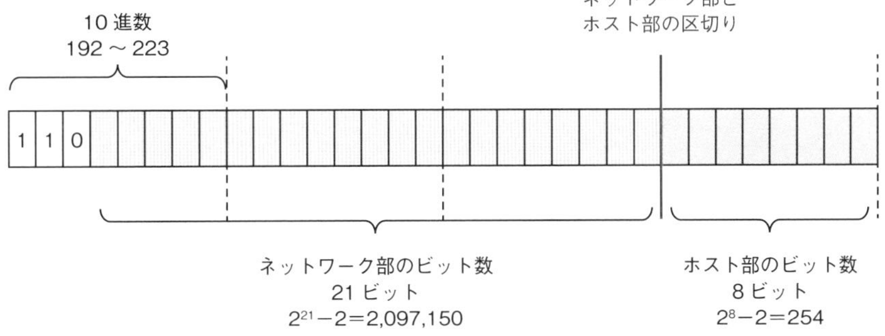

クラスCのネットワークの数は、$2^{21}-2=$ 209万7,150個あります。このクラスCのネットワークそれぞれで、$2^{8}-2=254$ 個のアドレスを利用することができます。

クラスフルアドレスでのネットワーク部の判断

このようなアドレスクラスに基づいて考えたアドレスをクラスフルアドレスと呼びます。クラスフルアドレスでのネットワーク部とホスト部の区切りは、クラスごとに決まり、基本的に8ビット、16ビット、24ビットと8ビット単位です。また、クラス単位で考えたネットワークアドレスをメジャーネットワー

クと呼びます。クラスフルアドレスで、ネットワーク部とホスト部の区切りを考える手順をまとめると、次のようになります。

①IPアドレスの先頭の10進数からクラスA、クラスB、クラスCかを判断
②クラスAなら8ビット、クラスBなら16ビット、クラスCなら24ビットでネットワーク部とホスト部の区切りとしてメジャーネットワークを判断

たとえば、IPアドレス「10.1.1.1」のメジャーネットワークは「10.0.0.0」です。10で始まるIPアドレスなのでクラスAです。クラスAはネットワークアドレスとホストアドレスの区切りが8ビット目に位置します。そして、ネットワークアドレスはホスト部のビットすべて0とするので「10.0.0.0」となります。同様に、IPアドレス「172.31.100.100」のメジャーネットワークは「172.31.0.0」です。172で始まっているので、クラスBとなるからです。

IPアドレスの表記は、8ビットずつ10進数で表記します。そのため、こうしたクラスフルアドレスは、8ビット単位でネットワークアドレスとホストアドレスの区切りを考えているのでわかりやすくなります。

クラスレスアドレス

8ビット単位でネットワーク部とホスト部の区切りを考えるクラスフルアドレスはわかりやすいのですが、IPアドレスのムダが多くなってしまいます。IPアドレスの枯渇が心配されるようになって、無駄を少なくしてより効率よくIPアドレスを利用できるようにする必要が出てきました。

今では、クラスフルアドレスからクラスレスアドレスに移行しています。クラスレスアドレスは、クラスによる8ビット単位のネットワークアドレスとホストアドレスの区切りにこだわらないようにします。柔軟にネットワークアドレスとホストアドレスの区切りを考えるようにして、アドレスの無駄を少なくする考え方です。

クラスレスアドレスでは、ネットワーク部とホスト部の区切りが必ずしも8ビット単位にはなりません。区切りが12ビットになったり、20ビットになったりと、必要に応じて柔軟にネットワーク部とホスト部の区切りを決めることができます。クラスレスアドレスはクラスフルアドレスをベースにして、次の2

つの方法で考えます。

- サブネッティング
- 集約

サブネッティングは1つのネットワークアドレスを複数に分割します。**集約**は複数のネットワークアドレスを1つにまとめます。

前述のように、IPアドレスでわかりづらい点が、ネットワーク部とホスト部の区切りが一定ではないことです。32ビットのうちどこまでがネットワーク部でどこからがホスト部であるかがいつも同じではありません。さらにクラスレスアドレスとなり、区切りが8ビット単位とは限らずわかりづらくなっています。そこで、IPアドレスのうち、どこまでがネットワーク部でどこからがホスト部であるかを表すためにサブネットマスクを利用します。

サブネットマスク

サブネットマスクとは、IPアドレスのネットワーク部とホスト部の区切りを明示するための情報です。IPアドレスと同じく32ビットで「0」と「1」が32個並びます。「1」はネットワーク部を表し、「0」はホスト部を表します。サブネットマスクは、必ず連続した「1」と連続した「0」です。やはり、ビットの並びではわかりづらいのでIPアドレスと同じようにサブネットマスクも8ビットずつ10進数に変換して「.」で区切って表記します。または、/のあとに連続した「1」の数で表記することもあります(**図5-16**)。この表記はプレフィックス表記またはCIDR（サイダー）表記と呼びます。

○図5-16：サブネットマスクの例

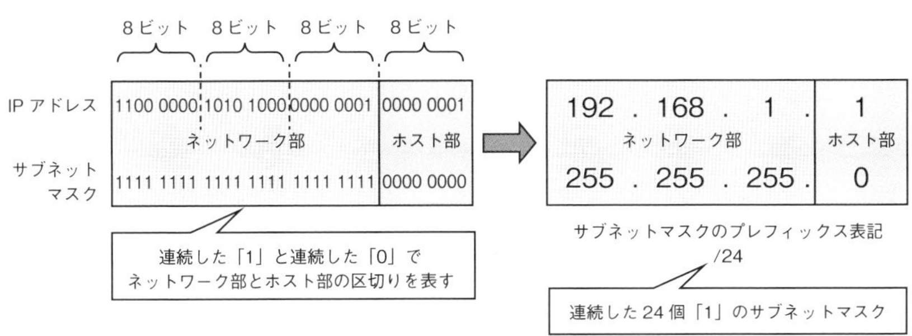

原則として、IPアドレスにはサブネットマスクも併記して、ネットワーク部とホスト部の区切りを明確にするようにします。

クラスレスアドレスは、クラスフルアドレスをベースにしています。クラスフルアドレスでのネットワークアドレスとホストアドレスの区切りを示すサブネットマスクを**ナチュラルマスク**と呼びます(**表5-1**)。

○**表5-1：ナチュラルマスク**

クラス	サブネットマスク（10進表記）	サブネットマスク（プレフィクス表記）
A	255.0.0.0	/8
B	255.255.0.0	/16
C	255.255.255.0	/24

クラスのナチュラルマスクをずらすことによって、サブネッティングや集約などのクラスレスアドレスを決めることができます。サブネッティングは、クラスのナチュラルマスクを右にずらす操作を行います。一方、集約はサブネットマスクを左にずらす操作を行います(**図5-17**)。

○**図5-17：サブネッティングと集約の概要**

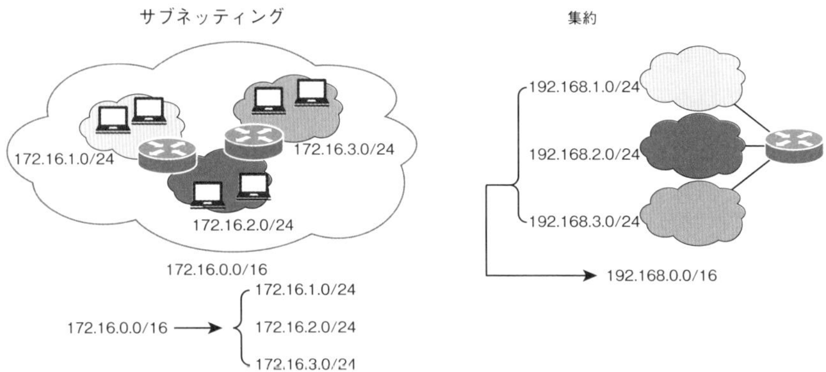

グローバルアドレスとプラベートアドレス

IPアドレスの分類として、グローバルアドレスとプライベートアドレスもあります[注2](図5-18)。

○図5-18：グローバルアドレスとプラベートアドレス

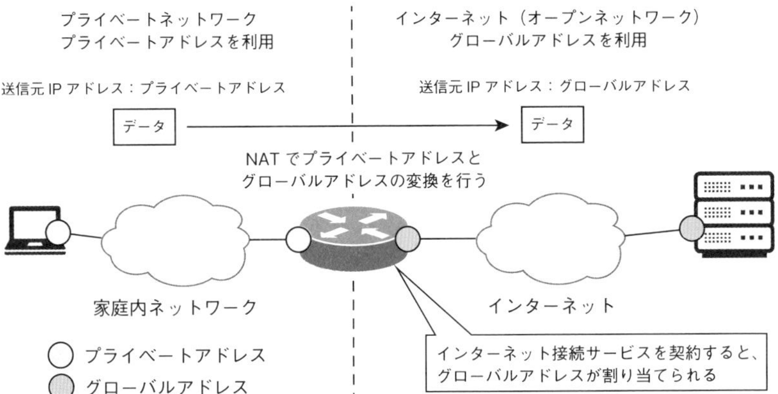

グローバルアドレス

グローバルアドレスは、インターネット(オープンネットワーク)で利用するIPアドレスです。インターネットでの通信を行うためには、必ずグローバルアドレスが必要です。グローバルアドレスは、勝手に使うことはできずインターネット全体で重複しないように管理されています。インターネットに接続するためにインターネット接続サービスを契約すると、ISP(Internet Service Provider)からグローバルアドレスが割り当てられるようになります[注3]。

プライベートアドレス

プライベートアドレスは企業の社内ネットワークや家庭内ネットワークなどのプライベートネットワークで利用するIPアドレスです。プライベートアドレスの範囲は次のとおりです。

注2) グローバルアドレスはパブリックアドレス、プライベートアドレスはローカルアドレスと表現することもあります。

注3) 現在の個人向けのインターネット接続サービスは、グローバルアドレスの割り当てがされないことが多くなっています。

- 10.0.0.0～10.255.255.255（10.0.0.0/8）
- 172.16.0.0～172.31.255.255（172.16.0.0/12）
- 192.168.0.0～192.168.255.255（192.168.0.0/16）

プライベートアドレスの範囲のIPアドレスは、プライベートネットワークの中で自由にどの範囲を利用するかを決めることができます。大規模な企業の社内ネットワークでは、10.0.0.0/8の範囲を利用していることが多いでしょう。この範囲は2バイト目、3バイト目を自由に利用できるので、IPアドレスの割り当てのルールを決めやすくなります。個人ユーザの家庭内ネットワークでは、たいてい「192.168.0.0～192.168.255.255」の範囲を利用しているでしょう。家庭向けのブロードバンドルータは初期設定でこの範囲のIPアドレスが設定されていることがほとんどです。

ただし、プライベートアドレスを設定しているホストからインターネットへは直接通信できません。プライベートアドレスはあくまでもプライベートネットワークの中だけで使うIPアドレスだからです。

プライベートアドレスを設定しているホストからインターネットへ通信するためには、プライベートアドレスとグローバルアドレスの相互変換を行うNAT（Network Address Translation）が必要です。NATは主にルータなどのネットワーク機器で行う機能です。NATについて、Chapter 9で改めて解説します。

5-3 IPアドレスの設定と確認コマンド

- インタフェースにIPアドレスを設定することで、ホストをネットワークに論理的に接続することになる
- IPアドレスの設定コマンド
  - (config-if)#ip address <ip-address> <subnetmask>

IPアドレスを設定することで「ネットワークに接続する」

IPアドレスの設定コマンドの前に、「ネットワークに接続する」ということについて、詳しく考えておきましょう。ネットワークに接続するときには、次のような2つの段階があります。

①物理的な接続
②論理的な接続

TCP/IPの階層でいうと、物理的な接続はネットワークインタフェース層で、論理的な接続はインターネット層です。

物理的な接続とは、物理的な信号をやり取りできるようにすることです。イーサネットのインタフェースにLANケーブルを挿したり、無線LANアクセスポイントへ接続したり、携帯電話基地局の電波を捕捉するなどして、物理的な信号をやり取りできるようにしなければいけません。ただ、それだけではなく論理的な接続としてIPアドレスの設定も必要です。

TCP/IPではIPアドレスを指定して通信を行います。そのため、IPアドレスがなければ通信できません。たとえば、ホストにIPアドレス192.168.1.1/24を設定することで、そのホストは192.168.1.0/24のネットワークに接続して、IPパケットを送受信できるようになります(**図5-19**)。

そして、ルータはネットワークを相互接続するネットワーク機器です。「ネットワークを相互接続する」とは、ルータのインタフェースにIPアドレスを設定することです。PCなどはネットワークに接続するのですが、ルータはネットワークを接続することになります(図5-20)。

○図5-19:「ネットワークに接続する」ということ

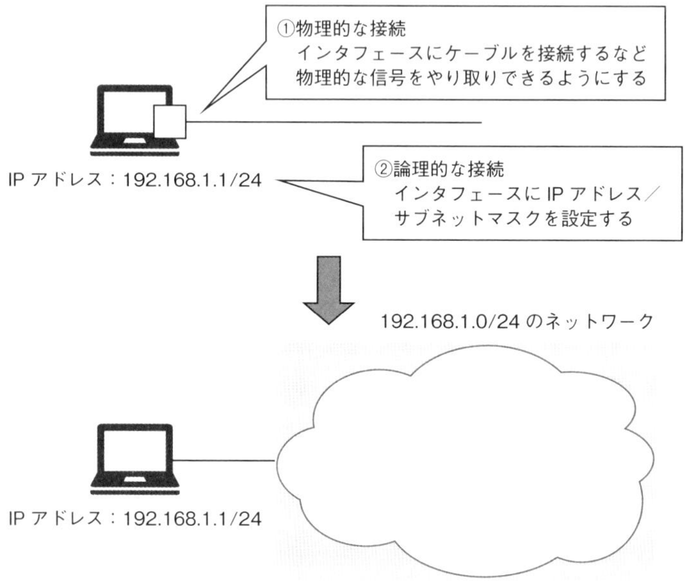

○図5-20:ネットワークの相互接続

PCとルータでは、少し“てにをは”が違っていますが、インタフェースのIPアドレスを設定してはじめてTCP/IPの通信ができるということを明確にしておきましょう。

IPアドレスの設定コマンド

ルータのインタフェースにIPアドレスを設定するには、インタフェースコンフィグレーションモードで次のコマンドを入力します。

```
構文
(config-if)#ip address <ip-address> <subnetmask>
(config-if)#no shutdown

引数
<ip-address>：IPアドレス
<subnetmask>：サブネットマスク
```

なお、ルータのインタフェースはデフォルトでshutdownされているので、no shutdownも忘れないようにしてください。

IPアドレスの確認コマンド

インタフェースに設定したIPアドレスとインタフェースの状態を確認するためにおもに利用するコマンドは次のとおりです。

- `#show ip interface [brief]`

  インタフェースのIPについての状態を表示します。

- `#show interface`

  インタフェースの物理層／データリンク層についての状態を表示します。

show ip interface

show ip interfaceコマンドでインタフェースのIPについての詳細な情報を表示します。IPアドレス／サブネットマスク以外にもICMPやNATについての情報もわかります。briefを付けると、インタフェースごとのIPアドレスと状態を一覧表示します。

```
R1#show ip interface brief ⏎
Interface              IP-Address      OK? Method Status                Protocol
FastEthernet0/0        192.168.1.1     YES manual up                    up
FastEthernet1/0        unassigned      YES NVRAM  administratively down down
R1#show ip interface FastEthernet 0/0
FastEthernet0/0 is up, line protocol is up
  Internet address is 192.168.1.1/24
  Broadcast address is 255.255.255.255
  Address determined by setup command
  MTU is 1500 bytes
  Helper address is not set
  Directed broadcast forwarding is disabled
  Outgoing access list is not set
  Inbound  access list is not set
  :(略)
```

show interface

show interfaceコマンドはインタフェースの物理層、データリンク層についての情報を中心に表示します。IPアドレス／サブネットマスクについてもわかります。

```
R1#show interfaces FastEthernet 0/0 ⏎
FastEthernet0/0 is up, line protocol is up
  Hardware is AmdFE, address is cc01.5290.0000 (bia cc01.5290.0000)
  Internet address is 192.168.1.1/24
  MTU 1500 bytes, BW 100000 Kbit/sec, DLY 100 usec,
     reliability 255/255, txload 1/255, rxload 1/255
  Encapsulation ARPA, loopback not set
  Keepalive set (10 sec)
  Full-duplex, 100Mb/s, 100BaseTX/FX
  ARP type: ARPA, ARP Timeout 04:00:00
  :(略)
```

Chapter 6

レイヤ3スイッチ

レイヤ2スイッチにルーティング機能が追加されたネットワーク機器

本章では企業の社内ネットワークで利用されるレイヤ3スイッチについて説明します。レイヤ3スイッチでネットワークを接続するには、どのようにレイヤ3スイッチのIPアドレスを設定するかがポイントです。

6-1 レイヤ3スイッチの概要

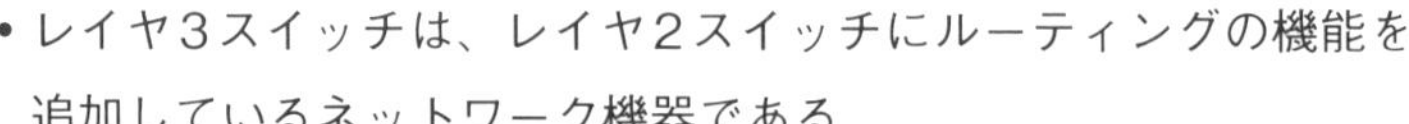

- レイヤ3スイッチは、レイヤ2スイッチにルーティングの機能を追加しているネットワーク機器である
- ルータもレイヤ3スイッチも基本的なネットワークを相互接続して、ネットワーク間を通信するという機能は同じ
- 企業の社内ネットワークはおもにレイヤ2スイッチとレイヤ3スイッチ、ルータで構築する

レイヤ3スイッチとは

レイヤ3スイッチは、レイヤ2スイッチにルーティングの機能を追加しているネットワーク機器です。レイヤ3スイッチの外観はレイヤ2スイッチと同じです。たくさんのイーサネットインタフェースを備えています(**写真6-1**)。

◯写真6-1：Cisco Catalyst3850

※出典元：Cisco Systems, Inc.

レイヤ2スイッチに比べると、レイヤ3スイッチはかなり高価です。そのため、レイヤ2スイッチとして利用するだけなら、レイヤ2スイッチを使ったほうがコストを抑えられます。

外観はレイヤ2スイッチと同じなのですが、レイヤ3スイッチは基本的な機能としてルータと同等です。すなわち、レイヤ3スイッチによってネットワークを相互接続して、ネットワーク間のデータを転送します。レイヤ3スイッチを利用すれば、1台でVLANによりネットワークを論理的に分割して、分割したVLANを相互接続できます。そして、相互接続したVLAN間でデータを転送します。**図6-1**は、レイヤ3スイッチでVLANを相互接続している概要を表しています。

レイヤ3スイッチでVLAN10のネットワークとVLAN20のネットワークの2つのネットワークに分割しています。そして、レイヤ3スイッチでVLAN10とVLAN20が相互接続されているので、VLAN間の通信も可能です。そして、レイヤ3スイッチのデータの転送は、レイヤ2スイッチとしての転送を行うこともあればルータとしての転送を行うこともあります。

◯図6-1：レイヤ3スイッチでVLANを相互接続

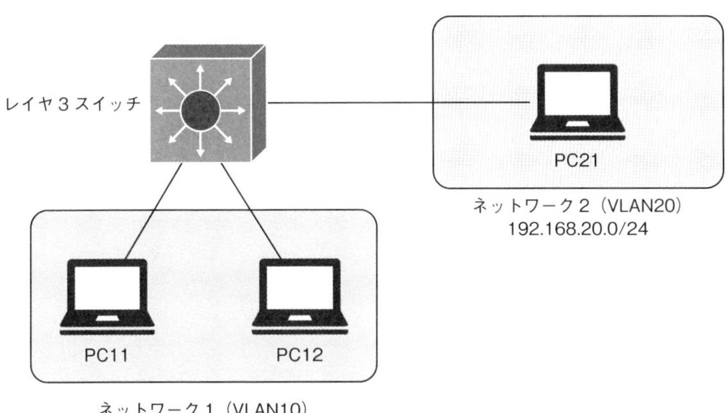

- 同じネットワーク内のデータ：レイヤ2スイッチとして転送
- 異なるネットワーク間のデータ：ルータとして転送

PC11からPC12宛のデータは、同じネットワーク(VLAN)のデータです。その場合、レイヤ2スイッチとしてMACアドレスに基づいて転送先を判断します。一方、PC11からPC21宛のデータは、異なるネットワーク(VLAN)間のデータです。すると、レイヤ3スイッチはIPアドレスに基づいて転送先を判断します(**図6-2**)。

○図6-2：レイヤ3スイッチのデータの転送

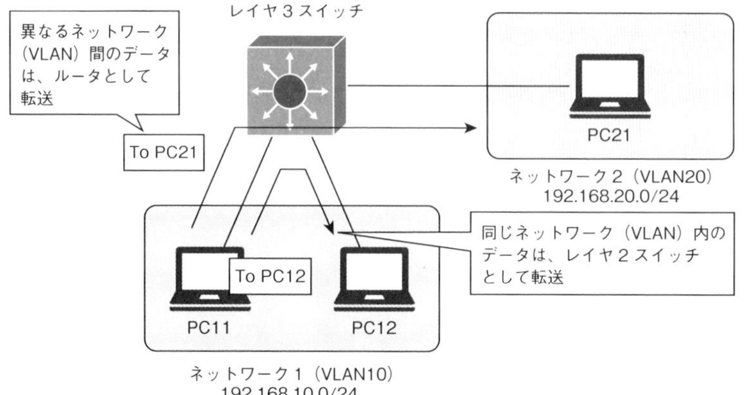

レイヤ3スイッチとルータ

前述のように、レイヤ3スイッチとルータは基本的な機能は同等ですが、異なる点もあります。ただし、**表6-1**にまとめたルータとレイヤ3スイッチの違いの大部分はほとんどなくなっています。

○表6-1：レイヤ3スイッチとルータの違い

特徴	ルータ	レイヤ3スイッチ
インタフェースの種類	イーサネット以外にもいろんな種類のインタフェースを利用可能	基本的にイーサネットのみ
インタフェースの数	それほど多くの数のインタフェースを備えていない	多数のインタフェースを備えている
データの転送性能	あまり高くない	理論上の最大の転送性能を発揮できる
サポートする追加機能	VPN／ファイアウォールなどの追加の機能をサポートしている製品が多い	基本的にデータを転送する機能に特化している

レイヤ3スイッチにも製品によって、イーサネット以外のインタフェースを搭載できるものも増えています。それにイーサネットインタフェースだけで用が足りることがほとんどなので、対応するインタフェースの種類はあまり問題になりません。たくさんのイーサネットインタフェースを備えたルータも増え

ています。また、ルータのデータの転送性能も高くなってきていて、理論的な最大の転送性能を発揮できる製品も多くあります。

ルータとレイヤ3スイッチの大きな違いは、サポートする追加機能です。ルータは単にネットワーク間のデータを転送する以外にVPNゲートウェイ、ファイアウォール機能などのさまざまな機能をサポートしている製品が多くあります。一方、レイヤ3スイッチは製品によってはルータと同じようにVPNゲートウェイ／ファイアウォールなどのいろんな機能を使えるものもあります。しかし、基本的にはネットワーク間のデータを転送する機能に特化しています。

社内ネットワークの構成

企業の社内ネットワークは、レイヤ2スイッチとレイヤ3スイッチ、そしてルータで構成します。それぞれをどのように利用しているかをまとめておきましょう。

- レイヤ2スイッチ／レイヤ3スイッチ……社内ネットワークを構築する
- ルータ……社内ネットワークをWANやインターネットなどの外部ネットワークへ接続する

オフィスのフロアのクライアントPCはまず、レイヤ2スイッチに接続します。ネットワークの入り口に相当するレイヤ2スイッチは「**アクセススイッチ**」と呼ばれます。PCなどに社内ネットワークへのアクセスを提供するのでアクセススイッチです。アクセススイッチでVLANによって、ネットワークを分割します。

そして、フロアのレイヤ2スイッチを集約するためにレイヤ3スイッチを利用します。レイヤ3スイッチでは、アクセススイッチで作成しているVLANを相互接続して、VLAN間の通信ができるようにします。フロアのアクセススイッチを集約するレイヤ3スイッチは「**ディストリビューションスイッチ**」と呼ばれます。ディストリビューションは英単語の「distribution」をカタカナ表記しているだけです。「distribution」は「配布する」とか「分配する」という意味です。ネットワーク間のデータを配布（分配）する、つまり、ネットワーク間の通信を実現するためのスイッチという意味です。

アクセススイッチとディストリビューションスイッチで1つの建物のネットワークを構成します。大規模な社内ネットワークであれば、1つの拠点の敷地内に複数の建物が存在します。当然ながら、建物のネットワーク同士も相互接続しなければいけません。建物のネットワークの相互接続にもレイヤ3スイッチを利用します。こうした建物のネットワーク間の相互接続のためのレイヤ3スイッチは「**コアスイッチ**」または「**バックボーンスイッチ**」と呼ばれます。建物

○図6-3：複数拠点間の接続

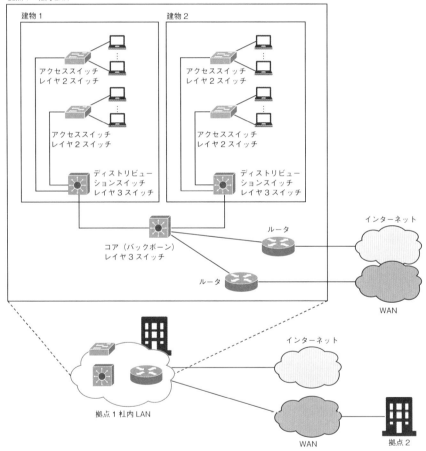

※あくまでも一般的な構成例です。WANやインターネットへの接続のためにレイヤ3スイッチを使っても問題ありません。

間のデータやWAN／インターネット宛のデータが通る中心となるスイッチなので「コア」または「バックボーン（背骨）」という呼び方がされています。

このように、ある拠点の社内ネットワーク、すなわち、LANはレイヤ2スイッチとレイヤ3スイッチを組み合わせて構築します。

そして、拠点が複数箇所ある場合は各拠点のLANは、WANによって相互接続します。WANに接続するためには、一般的にルータを利用します。今ではWANへの接続にもイーサネットインタフェースを利用できるようになっていますが、以前はWANに接続するためにはシリアルインタフェースやATM（エーティーエム）インタフェースといったイーサネット以外のインタフェースを利用することがほとんどだったからです。

また、多くの場合、拠点のLANをインターネットにも接続することでしょう。インターネットへの接続もルータを利用することが一般的です。ルータの追加のファイアウォール機能やVPNゲートウェイ機能などを利用するためです（図6-3）。

6-2 レイヤ3スイッチのIPアドレス設定

- レイヤ3スイッチにIPアドレスを設定することでVLAN（ネットワーク）を相互接続する
- IPアドレスを設定するレイヤ3スイッチのインタフェースは次の2つがある
  - SVI（Switched Virtual Interface）
  - ルーテッドポート

IPアドレスを設定するインタフェース

レイヤ3スイッチでVLAN（ネットワーク）を相互接続するのは、具体的にはIPアドレスを設定することです。レイヤ3スイッチの内部には仮想的なルータがあり、その仮想ルータのインタフェースにIPアドレスを設定します。レイヤ

3スイッチ内部の仮想ルータのインタフェースとして、次の2つあります。

- SVI（Switched Virtual Interface）
- ルーテッドポート

これらのレイヤ3スイッチのインタフェースを理解するポイントは、レイヤ3スイッチ内部で仮想ルータ、VLAN、ポートがどのようにつながっているかをイメージすることです。

SVI

SVIとはVLANと仮想ルータを接続するためのインタフェースです。SVIは設定によって作成する仮想的なインタフェースです。VLANは設定によって作成する仮想的なスイッチです。VLAN、つまり仮想スイッチと仮想ルータを接続するのがSVIです。Ciscoでは、いろんなインタフェースはインタフェース名で識別できるようにしています。SVIのインタフェース名は「Vlan<vlan-id>」です。たとえば、VLAN10と仮想ルータを接続するSVIのインタフェース名は「Vlan10」です。

そして、SVIには、VLANに対応付けているネットワークアドレスから適切なIPアドレスを設定します。

ルーテッドポート

ルーテッドポートとは、レイヤ3スイッチ内部の仮想ルータと直結しているポートです。ルータと直結しているポートなのでIPアドレスを設定することができます。ルーテッドポートで接続したいネットワークのネットワークアドレスから適切なIPアドレスを設定します。

レイヤ3スイッチにIPアドレスを設定してネットワーク（VLAN）を接続するインタフェースとして、SVI／ルーテッドポートの2つあります。このうち、どちらかが優れているというわけではありません。選択肢が2つあると考えてください。

1つのネットワークに2台しか接続しないような場合にルーテッドポートを、1つのネットワーク（VLAN）上に2台以上接続する場合はSVIを利用することが多いです。

レイヤ3スイッチのIPアドレス設定の例

図6-4では、レイヤ3スイッチのSVIとルーテッドポートでネットワークを相互接続している様子を表しています。前述のように、レイヤ3スイッチ内部で仮想ルータ、VLAN、ポートがどのようにつながっているかをしっかりとイメージしましょう。

○図6-4：SVIとルーテッドポート

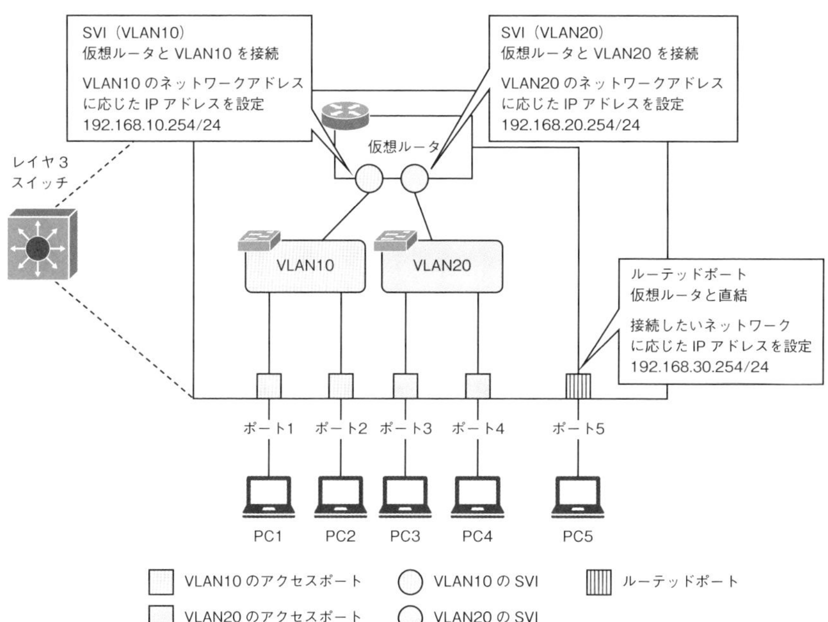

※SVIのインタフェース名は前述のようにVlan<vlan-id>ですが、図中ではSVI（VLAN10）のように表記しています。VLANとSVIの区別がつきやすいようにするためです。以降の図も同様です。

図6-4では、レイヤ3スイッチにVLAN10とVLAN20を作成して、VLAN10のポートとしてポート1、ポート2を割り当て、VLAN20のポートとしてポート3、ポート4を割り当てています。また、VLAN10のネットワークアドレスは192.168.10.0/24としています。VLAN20のネットワークアドレスは192.168.20.0/24としています。

VLAN10とVLAN20間の通信を行うために、内部の仮想ルータを介して2つのVLANを相互接続します。そのために、SVIを作成します。VLAN10と仮想ルータを接続するためのVLAN10のSVIを作成して、VLAN10に対応する192.168.10.254/24というIPアドレスを設定しています。そして、VLAN20と仮想ルータをVLAN20のSVIで接続して、VLAN20に対応するIPアドレス192.168.20.254/24を設定しています。

そして、ポート5は内部ルータと直結してルーテッドポートとし、IPアドレス192.168.30.254/24を設定して、192.168.30.0/24のネットワークを接続しています。

こうして設定したレイヤ3スイッチのIPアドレスは、クライアントPCにとってのデフォルトゲートウェイのIPアドレスです。

図6-4の各PC間で通信するためには、**表6-2**のような適切なIPアドレス／サブネットマスクとデフォルトゲートウェイの設定が必要です。

表6-2のようなIPアドレス／サブネットマスク、デフォルトゲートウェイの設定を正しく行っていれば、レイヤ3スイッチを介してPC1～PC5間の通信ができるようになります。

◯表6-2：IPアドレス／サブネットマスクとデフォルトゲートウェイの設定

PC	IPアドレス／サブネットマスク	デフォルトゲートウェイ	所属するネットワーク（VLAN）
PC1	192.168.10.1/24	192.168.10.254	192.168.10.0/24（VLAN10）
PC2	192.168.10.2/24	192.168.10.254	192.168.10.0/24（VLAN10）
PC3	192.168.20.3/24	192.168.20.254	192.168.20.0/24（VLAN20）
PC4	192.168.20.4/24	192.168.20.254	192.168.20.0/24（VLAN20）
PC5	192.168.30.5/24	192.168.30.254	192.168.30.0/24

他のスイッチで作成したVLANの接続

レイヤ3スイッチ内部のVLANだけではなく、他のスイッチで作成したVLANを接続することもできます。例として、**図6-5**のネットワーク構成を考えます。

レイヤ2スイッチでVLAN10とVLAN20を作成して、PC1とPC2がVLAN10に、PC3とPC4がVLAN20に所属しています。VLAN10とVLAN20間で通信できるようにレイヤ3スイッチによって、この2つのVLANを相互接続している様子です。

◯図6-5：他のスイッチで作成したVLANの接続

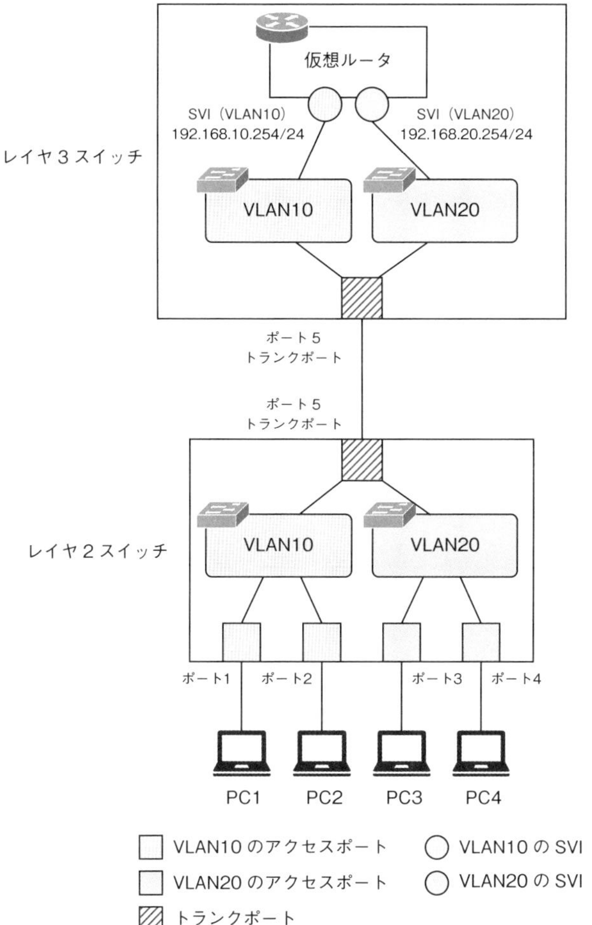

レイヤ2スイッチとレイヤ3スイッチ間は、VLAN10とVLAN20のイーサネットフレームを転送しなければいけないので、ポート5をトランクポートにしています。そして、レイヤ3スイッチ側にもVLAN10とVLAN20を作成して、レイヤ3スイッチの内部ルータで2つのVLANを相互接続するためのSVIを作成します。SVIには、それぞれのVLANに対応づけているネットワークアドレスのIPアドレスを設定します。VLAN10のSVIには192.168.10.254/24、VLAN20のSVIには192.168.20.254/24のIPアドレスを設定している例です。

そして、論理構成を考えます。レイヤ3スイッチやレイヤ2スイッチの枠をとってしまいます。また、レイヤ3スイッチ／レイヤ2スイッチ内部に分散しているVLAN10とVLAN20をまとめます。VLAN10とVLAN20は、レイヤ3スイッチ内部の仮想ルータのSVIで接続しています。また、論理構成では、PCがつながっている物理的なポートは特に意識する必要はありません。すると、論理構成は**図6-6**のようになります。

◯図6-6：論理構成

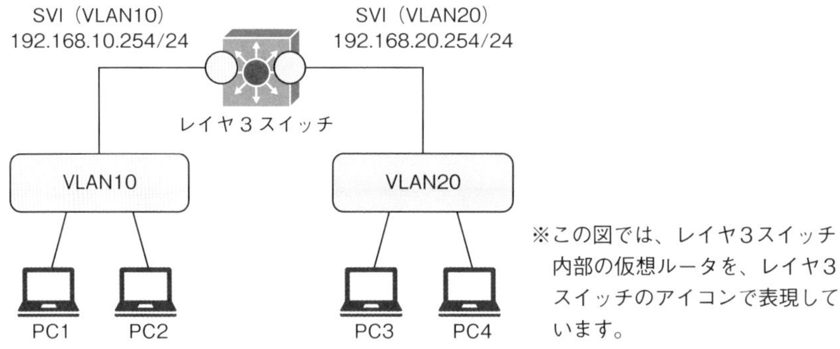

6-3 SVI／ルーテッドポートの設定と確認コマンド

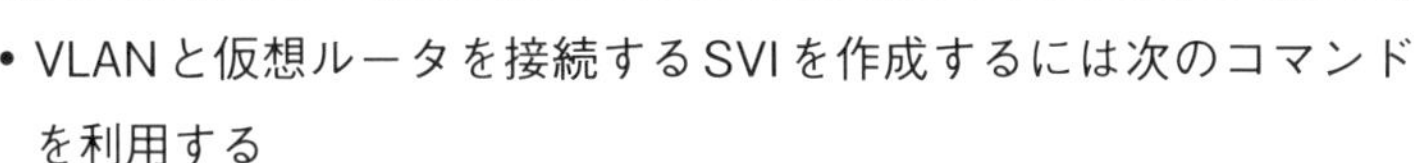

- VLANと仮想ルータを接続するSVIを作成するには次のコマンドを利用する
  - `(config)#interface vlan <vlan-id>`
- 仮想ルータとポートを直結するルーテッドポートとするには次のコマンドを利用する
  - `(config-if)#no switchport`

※「VLANを作成する」コマンドと「SVIを作成する」コマンドは似ているが、その意味はまったく異なるので要注意

ルーティングの有効化

まず、レイヤ3スイッチでルーティングを有効化します。グローバルコンフィグレーションモードで次のコマンドを入力します。

```
(config)#ip routing
```

なお、機種によってはデフォルトでルーティングが有効化されているので、このコマンドが不要な場合もあります。

SVI

レイヤ3スイッチ内部の仮想ルータとVLANを接続するためのSVIを作成するには、次のコマンドを入力します。

```
構文
(config)#interface vlan <vlan-id>
(config-if)#ip address <ip-address> <subnetmask>
(config-if)#no shutdown

引数
<vlan-id>：VLAN番号
<ip-address> <subnetmask>：SVIに設定するIPアドレス／サブネットマスク
```

ルーテッドポート

レイヤ3スイッチ内部の仮想ルータとポートを直結するルーテッドポートとするには、次のコマンドを入力します。

```
構文
(config)#interface <interface-name>
(config-if)#no switchport
(config-if)#ip address <ip-address> <subnetmask>

引数
<interface-name>：ルーテッドポートとするインタフェース名
<ip-address> <subnetmask>：ルーテッドポートに設定するIPアドレス／サブネットマスク
```

SVI／ルーテッドポートの確認コマンド

- #show ip interface [brief]
  インタフェースのIPに関連する情報を表示します。SVI／ルーテッドポートの状態と設定されているIPアドレス／サブネットマスクを確認します。
- #show ip route
  ルーティングテーブルを表示します。ルーティングテーブルに設定したIPアドレスに応じた直接接続のルート情報が登録されていることを確認します。

show ip interface brief

```
L3SW1#show ip interface brief ⏎
Interface              IP-Address      OK? Method Status          Protocol
   :(略)
FastEthernet1/5        192.168.30.254  YES manual up              up
   :(略)
Vlan10                 192.168.10.254  YES manual up              up
Vlan20                 192.168.20.254  YES manual up              up
```

show ip route

```
L3SW1#show ip route ⏎
   :(略)

Gateway of last resort is not set

C    192.168.30.0/24 is directly connected, FastEthernet1/5
C    192.168.10.0/24 is directly connected, Vlan10
C    192.168.20.0/24 is directly connected, Vlan20
```

VLANの作成とSVIの作成を混同しない

VLANの作成とSVIの作成について、コマンドがよく似ていて混同しがちなので注意してください。コマンドは似ていても、その意味するところがまったく違います。

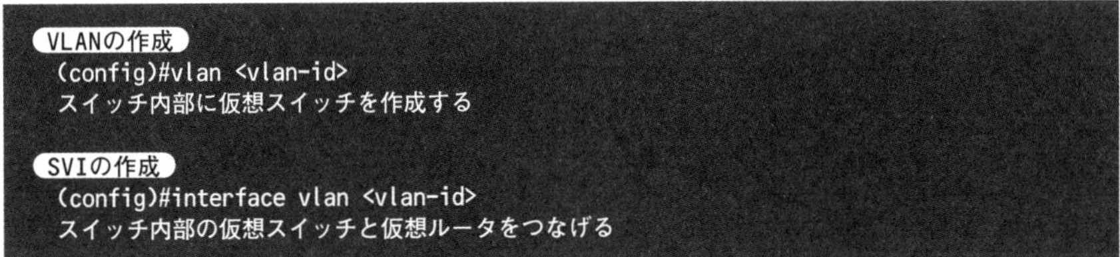

VLANの作成
(config)#vlan <vlan-id>
スイッチ内部に仮想スイッチを作成する

SVIの作成
(config)#interface vlan <vlan-id>
スイッチ内部の仮想スイッチと仮想ルータをつなげる

コマンドとしては、「interface」が付いているか付いていないかの違いでよく似ています。そしてSVIのインタフェース名は「vlan <vlan-id>」となっていて、さらに紛らわしいのです。しかし、VLANの作成とSVIの作成はまったく意味が違うので注意してください（図6-7）。

◯図6-7：VLANの作成とSVIの作成

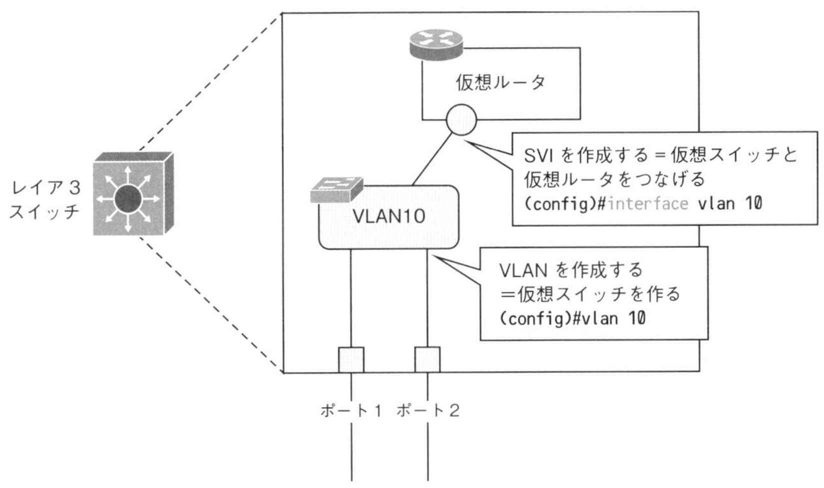

「VLANにIPアドレスを設定する」は間違い

VLANの作成とSVIの作成を混同してしまっていると「VLANにIPアドレスを設定する」といった表現をしてしまいます。これは間違った表現です。

VLANは1つのネットワークです。ネットワーク自体にはIPアドレスを設定しません。ネットワーク自体には、ネットワークを識別するネットワークアドレスを決めるだけです。たとえば、VLAN10のネットワークは192.168.10.0/24のネットワークアドレスにしようと決めます。

IPアドレスを設定するのは、ネットワークに接続するインタフェースに対してです。そのため、VLANではなくて、「SVIにIPアドレスを設定する」のが正しい表現です。192.168.10.0/24のネットワークアドレスのVLAN10と仮想ルータを接続するSVIに、192.168.10.254/24といったIPアドレスを設定します(**図6-8**)。

○図6-8：SVIにIPアドレスを設定する

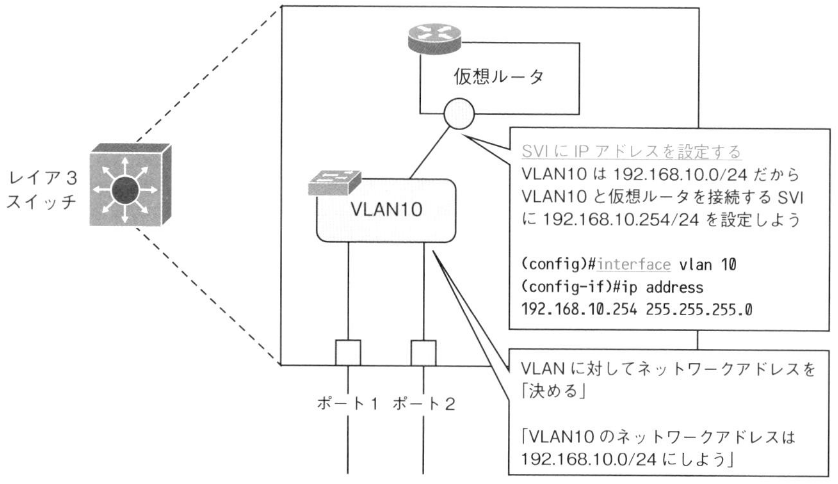

「VLANにIPアドレスを設定する」という表現はとてもよく見かけますが正しくありません。本書の読者の皆さんは正しく理解して、正しい表現をしてください。

演 習 レイヤ3スイッチ

概要

演習環境のフォルダ：「03_L3SW」

本文で解説したような1台のレイヤ3スイッチでSVIおよびルーテッドポートの設定を行って、3つのネットワークを相互接続します。レイヤ3スイッチ内部の仮想ルータとVLAN、そしてポートとの関連付けをイメージすることが重要です。

ネットワーク構成は**図6-A**のようになります。

○図6-A：ネットワーク構成

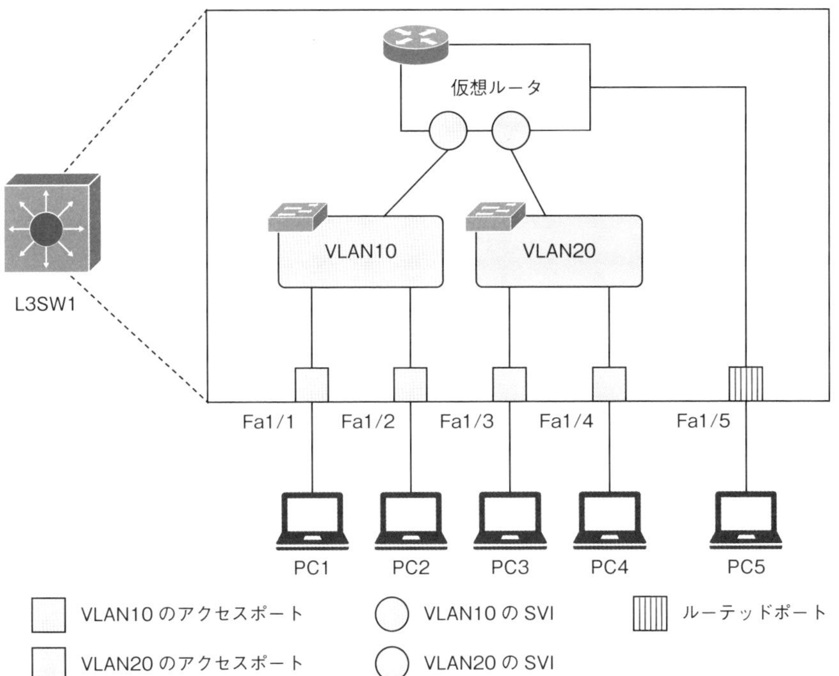

設定条件

- L3SW1でSVIを作成してVLAN10とVLAN20を相互接続する
- L3SW1 Fa1/5をルーテッドポートとして設定する
- L3SW1に設定するIPアドレスは表6-Aのとおり

○表6-A：L3SW1に設定するIPアドレス

インタフェース	IPアドレス／サブネットマスク
Vlan10（SVI）	192.168.10.254/24
Vlan20（SVI）	192.168.20.254/24
Fa1/5	192.168.30.254/24

初期設定

L3SW1

- ホスト名
- VLANとアクセスポート

PC1/PC2/PC3/PC4/PC5

- ホスト名
- IPアドレス／サブネットマスク、デフォルトゲートウェイ（表6-B）

○表6-B：PC1～PC5の設定値

PC	IPアドレス／サブネットマスク	デフォルトゲートウェイ	所属するネットワーク（VLAN）
PC1	192.168.10.1/24	192.168.10.254	192.168.10.0/24（VLAN10）
PC2	192.168.10.2/24	192.168.10.254	192.168.10.0/24（VLAN10）
PC3	192.168.20.3/24	192.168.20.254	192.168.20.0/24（VLAN20）
PC4	192.168.20.4/24	192.168.20.254	192.168.20.0/24（VLAN20）
PC5	192.168.30.5/24	192.168.30.254	192.168.30.0/24

演習で利用するコマンド

- (config)#interface vlan <vlan-id>
- (config-if)#ip address <ip-address> <subnetmask>

  SVIを作成してIPアドレス／サブネットマスクを設定します。
- (config-if)#no switchport
- (config-if)#ip address <ip-address> <subnetmask>

  ポートをルーテッドポートとしてIPアドレス／サブネットマスクを設定します。
- #show ip interface brief

  インタフェースの状態とIPアドレスを表示します。
- #show ip route

  ルーティングテーブルを表示します。
- > ping <ip-address>

  (VPCS) VPCSでPingを実行します。

Step1 SVIの設定

L3SW1でIPルーティングを有効にします。そして、VLAN10とVLAN20を接続するためのSVIを作成してIPアドレス／サブネットマスクを設定します（表6-C）。

○表6-C：SVIの設定

インタフェース	IPアドレス／サブネットマスク
Vlan10（SVI）	192.168.10.254/24
Vlan20（SVI）	192.168.20.254/24

```
L3SW1
ip routing
!
interface vlan 10
  ip address 192.168.10.254 255.255.255.0
  no shutdown
!
interface vlan 20
  ip address 192.168.20.254 255.255.255.0
  no shutdown
```

Step2 ルーテッドポートの設定

PC5が接続されているFa1/5をルーテッドポートにします。そして、ルーテッドポートに192.168.30.254/24のIPアドレス／サブネットマスクを設定します。

```
L3SW1
interface FastEthernet1/5
  no switchport
  ip address 192.168.30.254 255.255.255.0
```

Step3 SVI／ルーテッドポートの確認

SVI／ルーテッドポートに設定したIPアドレスを確認します。show ip interface briefコマンドがわかりやすいです。

```
L3SW1
L3SW1#show ip interface brief | exclude down ⏎
Interface              IP-Address      OK? Method Status          Protocol
FastEthernet1/1        unassigned      YES unset  up              up
FastEthernet1/2        unassigned      YES unset  up              up
FastEthernet1/3        unassigned      YES unset  up              up
FastEthernet1/4        unassigned      YES unset  up              up
FastEthernet1/5        192.168.30.254  YES manual up              up
Vlan10                 192.168.10.254  YES manual up              up
Vlan20                 192.168.20.254  YES manual up              up
```

※「| exclude down」で文字列「down」が含まれている行の表示をフィルタして、up状態のインタフェースのみを表示しています。

図6-BにL3SW1のSVIとルーテッドポートのIPアドレスをまとめています。

そして、IPアドレスを設定すると、ルーティングテーブルに直接接続のルート情報が登録されます。ルーティングテーブルを確認して、L3SW1で3つのネットワークを接続していることを確認します。

○図6-B：L3SW1のIPアドレス設定

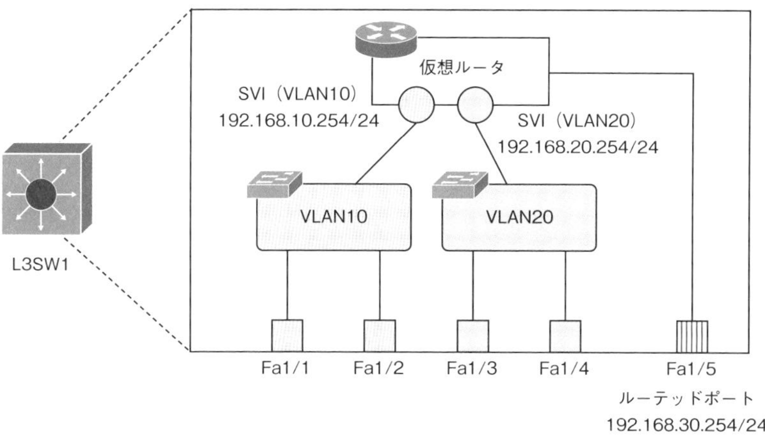


```
L3SW1
L3SW1#show ip route ⏎
     :（略）

Gateway of last resort is not set

C    192.168.30.0/24 is directly connected, FastEthernet1/5
C    192.168.10.0/24 is directly connected, Vlan10
C    192.168.20.0/24 is directly connected, Vlan20
```

L3SW1が3つのネットワークを相互接続している論理構成図は**図6-C**のようになります。

○図6-C：論理構成

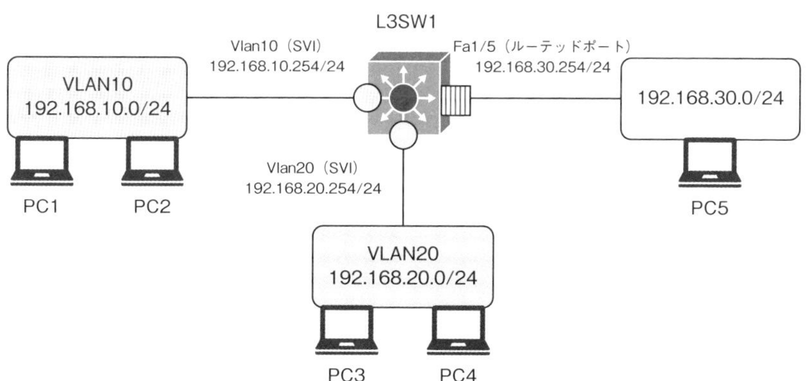

Step4 通信確認

L3SW1で3つのネットワークが相互接続されているので、3つのネットワーク間の通信ができます。PC1から他のPCへPingを実行してネットワーク間の通信を確認します。

```
PC1
PC1> ping 192.168.10.2 ⏎
84 bytes from 192.168.10.2 icmp_seq=1 ttl=64 time=0.614 ms
84 bytes from 192.168.10.2 icmp_seq=2 ttl=64 time=0.718 ms
84 bytes from 192.168.10.2 icmp_seq=3 ttl=64 time=0.879 ms
84 bytes from 192.168.10.2 icmp_seq=4 ttl=64 time=0.667 ms
84 bytes from 192.168.10.2 icmp_seq=5 ttl=64 time=0.943 ms

PC1> ping 192.168.20.3 ⏎
84 bytes from 192.168.20.3 icmp_seq=1 ttl=63 time=30.797 ms
84 bytes from 192.168.20.3 icmp_seq=2 ttl=63 time=30.112 ms
84 bytes from 192.168.20.3 icmp_seq=3 ttl=63 time=30.530 ms
84 bytes from 192.168.20.3 icmp_seq=4 ttl=63 time=30.569 ms
84 bytes from 192.168.20.3 icmp_seq=5 ttl=63 time=30.400 ms

PC1> ping 192.168.20.4 ⏎
84 bytes from 192.168.20.4 icmp_seq=1 ttl=63 time=31.009 ms
84 bytes from 192.168.20.4 icmp_seq=2 ttl=63 time=31.080 ms
84 bytes from 192.168.20.4 icmp_seq=3 ttl=63 time=30.629 ms
84 bytes from 192.168.20.4 icmp_seq=4 ttl=63 time=30.528 ms
84 bytes from 192.168.20.4 icmp_seq=5 ttl=63 time=30.605 ms

PC1> ping 192.168.30.5 ⏎
84 bytes from 192.168.30.5 icmp_seq=1 ttl=63 time=31.203 ms
84 bytes from 192.168.30.5 icmp_seq=2 ttl=63 time=30.330 ms
84 bytes from 192.168.30.5 icmp_seq=3 ttl=63 time=30.509 ms
84 bytes from 192.168.30.5 icmp_seq=4 ttl=63 time=30.529 ms
84 bytes from 192.168.30.5 icmp_seq=5 ttl=63 time=29.848 ms
```

Chapter 7

ルーティングの基礎

ネットワーク間をデータが転送される仕組み

複数のネットワークを相互接続して、ネットワーク間のデータを転送する多面にルータを利用します。「ルーティングテーブル」をどのように作成するかがルーティングの大事なポイントです。

7-1 ルータ

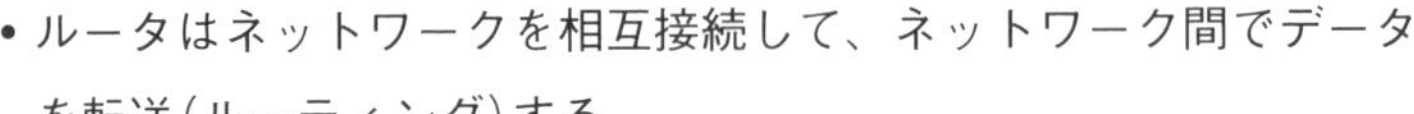

- ルータはネットワークを相互接続して、ネットワーク間でデータを転送(ルーティング)する
- ルータのインタフェースにIPアドレスを設定することでネットワークを接続する
- ルーティングには、ルーティングテーブルが完成していることが前提となる

ルータの役割

ルータは複数のネットワークを相互接続し、ネットワーク間のデータ転送を行うためのネットワーク機器です(**写真7-1**)。そして、ルータは相互接続したネットワーク間のデータの転送を行います。ルータによるネットワーク間のデータ転送を「**ルーティング**」と呼びます。

◯写真7-1：Cisco ISR 900シリーズ

※出典元：Cisco Systems, Inc.

なお、ルータには上記のネットワークの相互接続とルーティング以外にもいろんな機能が備わるようになっています。

- 無線LANアクセスポイント
- ファイアウォール
- VPN

これらの追加の機能の前に、一番の基本であるネットワークの相互接続とルーティングをしっかりと理解することが重要です。以降で、ネットワークの相互接続とルーティングについて説明します。

ネットワークの相互接続

ルータがネットワークを相互接続するには、ルータのインタフェースの物理的な配線に加えて、インタフェースにIPアドレスを設定します。たとえば、ルータのインタフェース1の物理的な配線を行なってそのインタフェースが有効になり、IPアドレス192.168.1.254/24を設定すると、ルータのインタフェース1は192.168.1.0/24のネットワークに接続していることになります。ルータには複数のインタフェースが備わっていて、それぞれのインタフェースの物理的な配線とIPアドレスの設定を行うことで、ルータは複数のネットワークを相互接続することになります。

図7-1のR1には3つのインタフェースがあります。インタフェース1の物理

○図7-1：ネットワークの相互接続

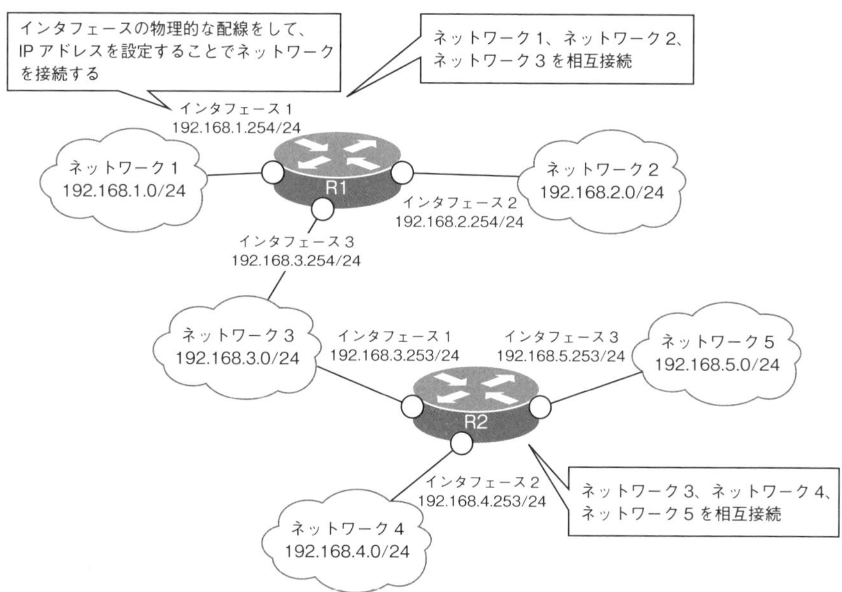

的な配線を行なってIPアドレス192.168.1.254/24を設定すると、ルータ1のインタフェース1はネットワーク1の192.168.1.0/24に接続しています。同様にインタフェース2とインタフェース3にもIPアドレスを設定することで、R1はネットワーク1、ネットワーク2、ネットワーク3を相互接続しています。

ネットワーク3にはR1だけではなくR2も接続されています。R2の3つのインタフェースにもR1と同様に物理的な配線をしてIPアドレスを設定することで、R2はネットワーク3、ネットワーク4、ネットワーク5を相互接続しています。

ルーティングの概要

ルータはIPアドレスに基づいてデータ(IPパケット)を適切なネットワークへ転送します。ただし、そのためにルータのルーティングテーブルにあらかじめ転送先のネットワークの情報を登録しておかなければいけません。ルーティングテーブルについては後述します。ルーティングするためには、まず、ルータのルーティングテーブルを作成することが大前提です。

ルータにIPパケットがやってくると、IPヘッダに記されている宛先IPアドレスとルーティングテーブルから次に転送するべきルータ(ネクストホップ)を判断して、IPパケットを転送します。ルーティングテーブルに登録されていないネットワーク宛のIPパケットは転送することができずに破棄されます。ルーティングテーブルにネットワークの情報を登録するということは、ルーティングを考えるうえでとても重要なことです。

図7-2のR1とR2はルーティングテーブルにIPパケットを転送したいすべてのネットワークの情報を登録しておく必要があります。この図では、ネットワーク1(192.168.1.0/24)～ネットワーク5(192.168.5.0/24)の5つのネットワークです。そして、ホスト(192.168.1.100)からサーバ(192.168.5.100)へデータを転送するときには、宛先IPアドレスは192.168.5.100が指定されます。R1は宛先IPアドレスに一致するルーティングテーブル上のネットワークの情報を検索します。すると、ネクストホップがR2となっているのでR2へIPパケットを転送します。「ホップ」とは多くの場合、ルータを意味していて、ネクストホップは次に転送するべきルータです。

続いて、R2でもIPパケットに記されている宛先IPアドレスとルーティングテーブルを見て、直接接続されているネットワーク5(192.168.5.0/24)上のサーバへとIPパケットを転送します。

○図7-2：ルーティングの概要

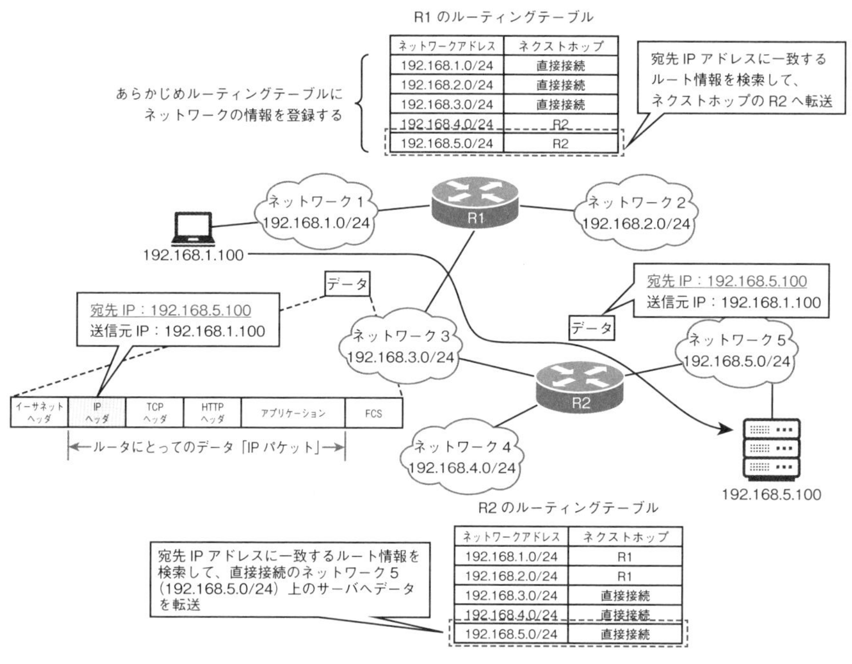

7-2 ルーティングの動作

- ルータがIPパケットをルーティングすると、レイヤ2ヘッダは書き換わっていく

ルーティングの動作の流れ

ルータのデータ(IPパケット)の転送の流れは次のようになります。

①ルーティング対象のIPパケットを受信する
②宛先IPアドレスからルーティングテーブル上のルート情報を検索して、転送先を決定する
③レイヤ2ヘッダを書き換えてIPパケットを転送する

なお、ルータがIPパケットを転送するには、あらかじめルーティングテーブルに転送先のネットワークの情報(ルート情報)が登録されていることが大前提です。ルーティングテーブルの詳細やルーティングテーブルにルート情報を登録する方法は次節で説明します。

ルーティングの具体例

図7-3のようなネットワーク構成でホスト1からホスト2にIPパケットを送信する場合を例にして、ルータがIPパケットを転送していく様子を解説していきます。

◯図7-3：ルータのデータ転送 ネットワーク構成例

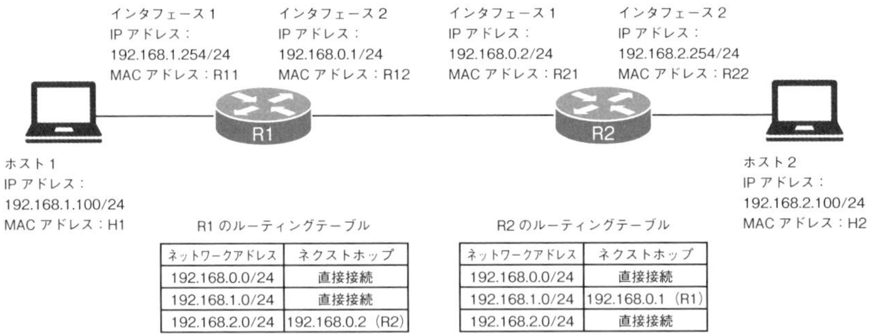

R1のルーティングテーブル

ネットワークアドレス	ネクストホップ
192.168.0.0/24	直接接続
192.168.1.0/24	直接接続
192.168.2.0/24	192.168.0.2 (R2)

R2のルーティングテーブル

ネットワークアドレス	ネクストホップ
192.168.0.0/24	直接接続
192.168.1.0/24	192.168.0.1 (R1)
192.168.2.0/24	直接接続

※すべてイーサネットインタフェースとしています。また、ネットワーク構成を簡単にするために、レイヤ2スイッチを介さずに各イーサネットインタフェース間を直接接続しているものとします。

ルーティング対象のIPパケットの受信 R1

ルータがルーティングする対象のIPパケットは、次のようなアドレス情報のパケットです。

- 宛先レイヤ2アドレス(MACアドレス)：ルータ
- 宛先IPアドレス：ルータのIPアドレス以外

ホスト1からホスト2宛のIPパケットは、まず、R1へ転送されます。そのときのアドレス情報は、次のようになっています。

- 宛先MACアドレス：R11
- 送信元MACアドレス：H1
- 宛先IPアドレス：192.168.2.100
- 送信元IPアドレス：192.168.1.100

宛先MACアドレスがR1のもので、宛先IPアドレスはR1ではなくホスト2のIPアドレスです。受信したIPパケットはルーティング対象のIPパケットです。

ルーティングテーブルの検索R1

R1はルーティング対象のパケットの宛先IPアドレスに一致するルーティングテーブルのルート情報を検索します(**図7-4**)。宛先IPアドレス192.168.2.100に一致するルート情報は192.168.2.0/24です。そのため、転送先のネクストホップ(次のルータ)は192.168.0.2、すなわちR2であることがわかります。

○図7-4：R1 ルーティング対象IPパケットの受信とルーティングテーブルの検索

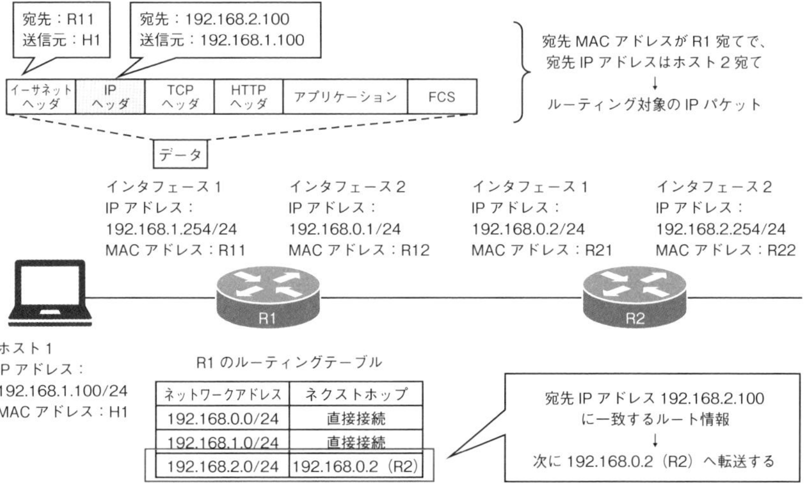

ネットワークアドレス	ネクストホップ
192.168.0.0/24	直接接続
192.168.1.0/24	直接接続
192.168.2.0/24	192.168.0.2（R2）

※ここでは例としてHTTPのデータとしています。ルータは単純なルーティングを行うときにはトランスポート層以降の部分はチェックしません。

レイヤ2ヘッダを書き換えてIPパケットを転送R1

R1はルーティングテーブルのルート情報から受信したIPパケットを192.168.0.2(R2)へ転送します(**図7-5**)。そのために、R2のMACアドレスが必要です。ルーティングテーブル上の一致するルート情報のネクストホップアドレスであるR2(192.168.0.2)のMACアドレスを求めるためにARPを行います。ARPで宛先MACアドレスR21がわかれば、新しいイーサネットヘッダに書き換えてIPパケットをインタフェース2から転送します。レイヤ2ヘッダであるイーサネットヘッダはまったく新しくなります[注1]。しかし、IPヘッダのIPアドレスはまったく変わりません[注2]。

○図7-5：R1 レイヤ2ヘッダを書き換えてIPパケットを転送

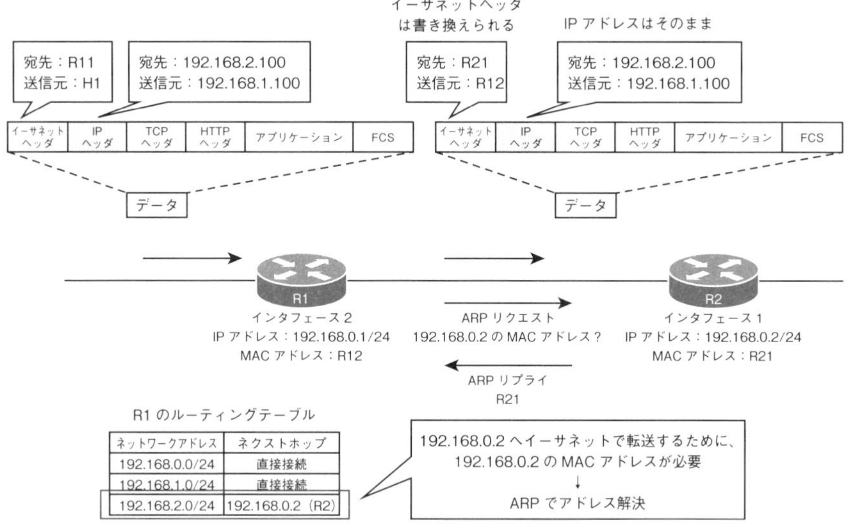

ルーティング対象のIPパケットの受信R2

R1から転送されたIPパケットはR2で受信します。このときのIPパケットのアドレス情報は次のとおりです。

注1) IPヘッダでは、TTLを-1して、それにともなってヘッダチェックサムの再計算を行います。

注2) ルータでNATを行うときにはIPアドレスが書き換えられます。単純なルーティングを行うときには、IPアドレスは変わります。

- 宛先MACアドレス：R21
- 送信元MACアドレス：R12
- 宛先IPアドレス：192.168.2.100
- 送信元IPアドレス：192.168.1.100

ホスト1が送信したものとMACアドレスは書き換わっていますが、IPアドレスは同じです。宛先MACアドレスがR2のMACアドレスで宛先IPアドレスはR2のIPアドレスではありません。これはルーティング対象のIPパケットです。

ルーティングテーブルの検索 R2

R2はルーティングするために宛先IPアドレス192.168.2.100に一致するルート情報を検索します(**図7-6**)。すると、192.168.2.0/24のルート情報が見つかります。ネクストホップは直接接続となっていて、最終的な宛先IPアドレス192.168.2.100はR2と同じネットワーク上だということがわかります。

○図7-6：R2 ルーティング対象IPパケットの受信とルーティングテーブルの検索

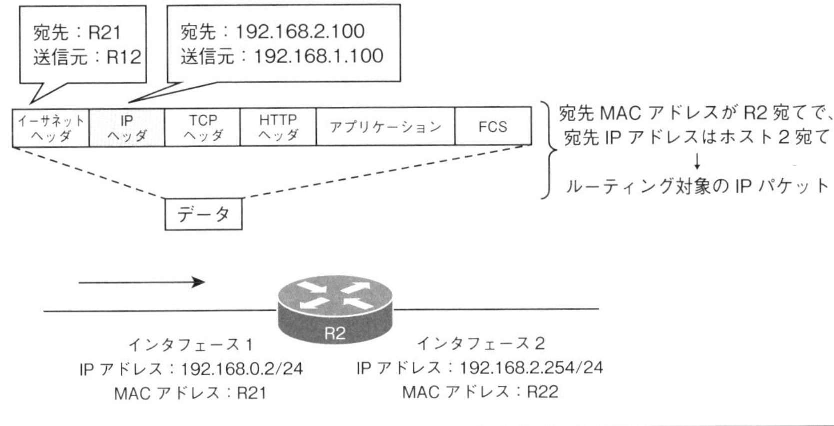

ネットワークアドレス	ネクストホップ
192.168.0.0/24	直接接続
192.168.1.0/24	192.168.0.1 (R1)
192.168.2.0/24	直接接続

レイヤ2ヘッダを書き換えてIPパケットを転送 R2

R2はルーティングテーブルのルート情報から、IPパケットの最終的な宛先である192.168.2.100(ホスト2)は、R2のインタフェース2と同じネットワーク上にいることがわかります。ホスト2へIPパケットを転送するためには、ホスト2のMACアドレスが必要です。そこで、IPパケットの宛先IPアドレス192.168.2.100のMACアドレスを求めるためにARPを行います(**図7-7**)。

○図7-7：R2 レイヤ2ヘッダを書き換えてIPパケットを転送

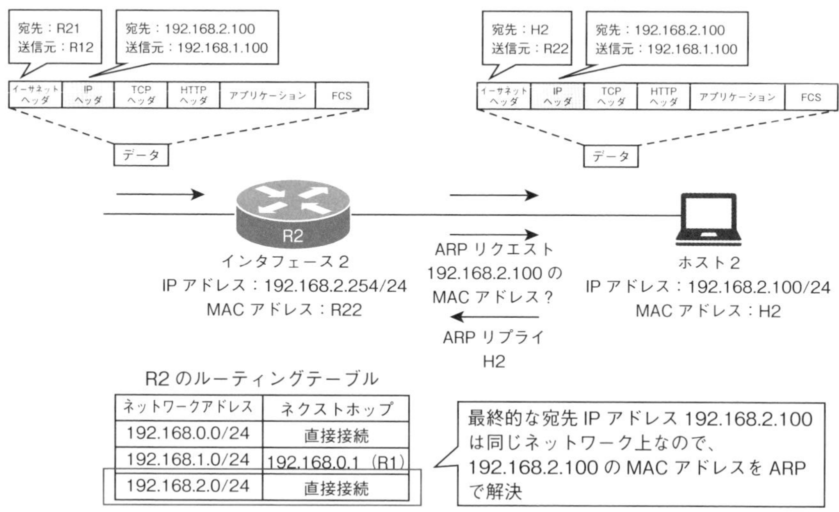

ARPでホスト2のMACアドレスH2がわかれば、新しいイーサネットヘッダを付けて、R2のインタフェース2からIPパケットを転送します。やはり、R2で受信したときとはMACアドレスは変わりますが、IPアドレスは同じです。

R2で転送したIPパケットは無事に最終的な宛先となっているホスト2まで届くことになります。

また、以降の解説は省略しますが、通信は原則として双方向であるということを改めて思い出してください。ホスト1からホスト2へ何かデータを送信すると、その返事としてホスト2からホスト1へデータの送信が発生します。ホスト2からホスト1へ送信するデータも同じようにルータが宛先IPアドレスとルーティングテーブルから転送先を判断します。そして、レイヤ2ヘッダを書き換えながら転送していくことになります。

こうしたルータのルーティングの動作は、前述のように「**ルーティングテーブルが完成していることが大前提**」です。ルーティングにおいてとても重要なルーティングテーブルについて見ていきましょう。

7-3 ルーティングテーブル

ルーティングテーブルとは

ルーティングテーブルとは、ルータが認識しているネットワークの情報をまとめているデータベースです。あるネットワークへIPパケットを転送するためにどのような経路であるかが登録されています。経路とは、具体的には、次に転送するべきルータ(ネクストホップ)です。ルーティングテーブルに登録されているネットワークの情報をルート情報や経路情報と呼びます。

ルート情報の内容

ルーティングテーブル上のルート情報にどのようなことが記載されているかは、ルータの製品によって若干異なります。企業向けのルータでよく利用されているCisco Systems社のルータでは、ルート情報として次のような内容が含まれています。

ルート情報の情報源

どのようにしてルータがルート情報をルーティングテーブルに登録したのかを示しています。ルート情報の情報源として、大きく次の3種類あります。

- 直接接続
- スタティックルート
- ルーティングプロトコル

ネットワークアドレス／サブネットマスク

IPパケットを転送するする宛先のネットワークです。IPパケットの宛先IPアドレスを含むルート情報のネットワークアドレス／サブネットマスクを検索します。

メトリック

メトリックは、ルータから目的のネットワークまでの距離を数値化したものです。距離といっても物理的な距離ではなく、ネットワーク的な距離です。

メトリックの情報は、ルーティングプロトコルによって学習したルート情報の中にあります。ルーティングプロトコルによって、どのような情報からメトリックを算出するかという計算方法が異なりますが、最終的には一つの数値になります。距離は短いほうがよりよいルートと考えられるので、メトリック最小のルートが最適ルートです。メトリックは「**コスト**」と表現することもよくあります。

ルーティングプロトコルごとのメトリックとして考えている要素は**表7-1**のようになります。

◯表7-1：メトリック

ルーティングプロトコル	メトリックの要素
RIP	経由するルータ台数（ホップ数）
OSPF	累積コスト（ネットワークの通信速度）
EIGRP	帯域幅、遅延、負荷、信頼性、MTUから計算される値

アドミニストレイティブディスタンス（Cisco）

メトリックはルーティングプロトコルごとに計測している目的のネットワークまでの距離を表しています。しかし、ルーティングプロトコルごとにメトリックとしてどのような要素を考慮しているかが異なります。ルーティングプロトコルごとに異なるメトリックを比較できるように調節するパラメータがアドミニストレイティブディスタンスです。つまり、アドミニストレイティブディスタンスとメトリックによって、ルータは目的のネットワークまでの距離を認識します。

ネクストホップアドレス

ホップとはルータを指します。目的のネットワークへパケットを送り届けるために、次に転送すべきルータのIPアドレスです。ネクストホップアドレスは、原則としてルータと同じネットワーク内の他のルータのIPアドレスです。

出力インタフェース

目的のネットワークへパケットを転送するときに、パケットを出力するインタフェースの情報です。ネクストホップアドレスと出力インタフェースを合わせて、目的のネットワークまでの方向と考えることができます。

経過時間

ルーティングプロトコルで学習したルート情報について、ルーティングテーブルに登録されてから経過した時間が載せられます。経過時間が長ければ長いほど、安定したルート情報です。

図7-8は、Ciscoルータのルーティングテーブルの例です。

○図7-8：ルーティングテーブルの例

```
R1#show ip route
Codes: C - connected, S - static, I - IGRP, R - RIP, M - mobile, B - BGP
       D - EIGRP, EX - EIGRP external, O - OSPF, IA - OSPF inter area
       N1 - OSPF NSSA external type 1, N2 - OSPF NSSA external type 2
       E1 - OSPF external type 1, E2 - OSPF external type 2, E - EGP
       i - IS-IS, su - IS-IS summary, L1 - IS-IS level-1, L2 - IS-IS level-2
       ia - IS-IS inter area, * - candidate default, U - per-user static route
       o - ODR, P - periodic downloaded static route

Gateway of last resort is not set

S    172.17.0.0/16 [1/0] via 10.1.2.2
S    172.16.0.0/16 [1/0] via 10.1.2.2
     10.0.0.0/24 is subnetted, 3 subnets
R       10.1.3.0 [120/1] via 10.1.2.2, 00:00:10, Serial0/1
C       10.1.2.0 is directly connected, Serial0/1
C       10.1.1.0 is directly connected, FastEthernet0/0
S 192.168.1.0/24 [1/0] via 10.1.2.2
```

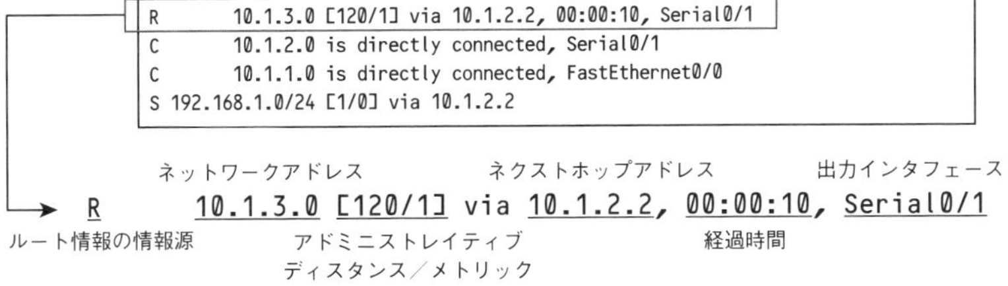

ルーティングテーブルの作り方

ルータに直接接続されていないネットワークのルート情報をスタティックルートまたはルーティングプロトコルによってルーティングテーブルに登録します。

ルーティングテーブルのルート情報

ルーティングテーブルにルート情報を登録する方法としてとして、次の3つの方法があります。

- 直接接続
- スタティックルート
- ルーティングプロトコル

直接接続のルート情報は、もっとも基本的なルート情報です。ルータにはネットワークを接続する役割があります。直接接続のルート情報は、その名前のとおりルータが直接接続しているネットワークのルート情報です。

直接接続のルート情報をルーティングテーブルに登録するために、特別な設定は不要です。ルータのインタフェースにIPアドレスを設定して、そのインタフェースを有効にするだけです。自動的に設定したIPアドレスに対応するネットワークアドレスのルート情報が、直接接続のルート情報としてルーティングテーブルに登録されます(**図7-9**)。

◯図7-9：直接接続のルート情報

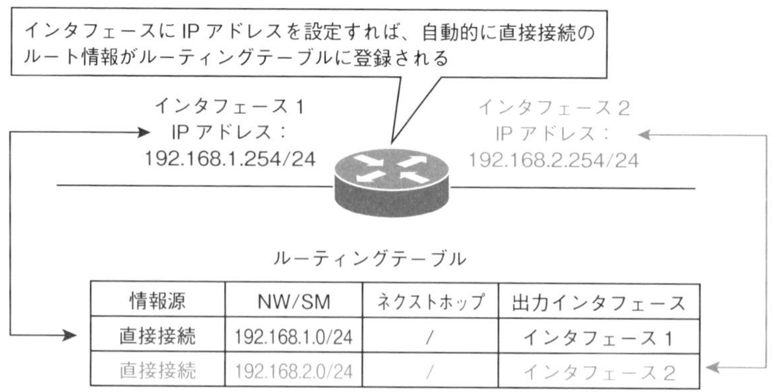

情報源	NW/SM	ネクストホップ	出力インタフェース
直接接続	192.168.1.0/24	/	インタフェース 1
直接接続	192.168.2.0/24	/	インタフェース 2

ルーティングテーブルに登録されているネットワークのみIPパケットをルーティングできます。つまり、ルータは特別な設定をしなくても、直接接続のネットワーク間のルーティングが可能です。逆に言えば、ルータは直接接続のネットワークしかわかりません。ルータに直接接続されていないリモートネットワークのルート情報をルーティングテーブルに登録しなければいけません。

つまり、ルーティングの設定とは、基本的にリモートネットワークのルート情報をどのようにしてルーティングテーブルに登録するかということです。リモートネットワークのルート情報を登録するための方法が次の2つです。

- スタティックルート
- ルーティングプロトコル

ルーティングが必要なリモートネットワークごとに**スタティックルート**または**ルーティングプロトコル**によって、ルート情報をルーティングテーブルに登録します。それにより、リモートネットワークへのIPパケットのルーティングが可能になります。スタティックルートでリモートネットワークのルート情報を登録することを指して「**スタティックルーティング**」と呼びます。また、ルーティングプロトコルでリモートネットワークのルート情報を登録することを「**ダイナミックルーティング**」と呼びます。

スタティックルートはルータにコマンドを入力するなどして、ルート情報を手動でルーティングテーブルに登録します。一方、ルーティングプロトコルはルータ同士でさまざまな情報を交換して自動的にルーティングテーブルにルート情報を登録します。ルーティングプロトコルによって、ルータがルート情報を送信することを指して、「**アドバタイズ**」という表現をよく利用します。

ルーティングプロトコルには、次のような種類があります。

- RIP（Routing Information Protocol）
- OSPF（Open Shortest Path First）
- EIGRP（Enhanced Interior Gateway Routing Protocol）
- BGP（Border Gateway Protocol）

RIPは比較的規模が小さい企業のネットワークでよく利用されるシンプルなルーティングプロトコルです。**OSPF**は中～大規模な企業のネットワークで利用されるルーティングプロトコルです。EIGRPはCisco独自のルーティングプロトコルで大規模な企業ネットワークでよく利用されています。そして、インターネット上のルータは、ルーティングプロトコルとしておもにBGPを利用しています。インターネット上には膨大な数のネットワークが存在しています。膨大な数のネットワークのルート情報を効率よく扱うためにBGPが必要です。

ルーティングテーブル作成の例

図7-10の簡単なネットワーク構成を例にして、スタティックルートとルーティングプロトコルによるリモートネットワークのルート情報の登録を考えます。

◯図7-10：ルーティングテーブル作成例のネットワーク構成例

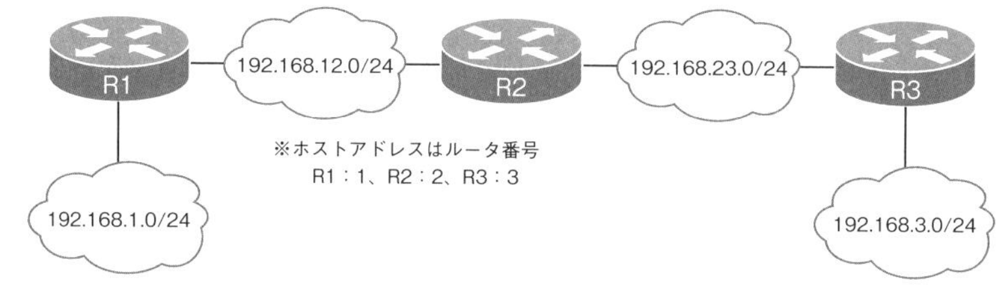

R1 ルーティングテーブル

ネットワークアドレス	ネクストホップ
192.168.1.0/24	直接接続
192.168.12.0/24	直接接続

R2 ルーティングテーブル

ネットワークアドレス	ネクストホップ
192.168.12.0/24	直接接続
192.168.23.0/24	直接接続

R3 ルーティングテーブル

ネットワークアドレス	ネクストホップ
192.168.3.0/24	直接接続
192.168.23.0/24	直接接続

R1、R2、R3の3台のルータで4つのネットワークを相互接続しています。各ルータのインタフェースにIPアドレスを設定することで、ネットワークを接続していることになり、ルーティングテーブルに直接接続のルート情報が登録されています。

スタティックルートの設定の考え方

スタティックルートを利用する場合、それぞれのルータにとってのリモートネットワークのルート情報をコマンド入力やGUIベースの設定で、管理者が手動でルーティングテーブルに登録します。そこで、まずは、各ルータのリモートネットワークをきちんと把握しておかなければいけません。つまり、スタティックルートの設定を行うためには、各ルータのルーティングテーブルの完成形がわかっていなければいけません。

各ルータのリモートネットワークと指定するべきネクストホップアドレスをまとめると、**表7-2**のようになります。

○表7-2：リモートネットワーク

ルータ	リモートネットワーク	ネクストホップ
R1	192.168.23.0/24	192.168.12.2
	192.168.3.0/24	192.168.12.2
R2	192.168.1.0/24	192.168.12.1
	192.168.3.0/24	192.168.23.3
R3	192.168.1.0/24	192.168.23.2
	192.168.12.0/24	192.168.23.2

リモートネットワークを把握したら、各ルータで管理者がコマンドラインからコマンドを入力したり、GUIの設定画面でスタティックルートのパラメータの指定を行って、リモートネットワークの情報を手作業で登録します(**図7-11**)。

○図7-11：スタティックルートの設定例

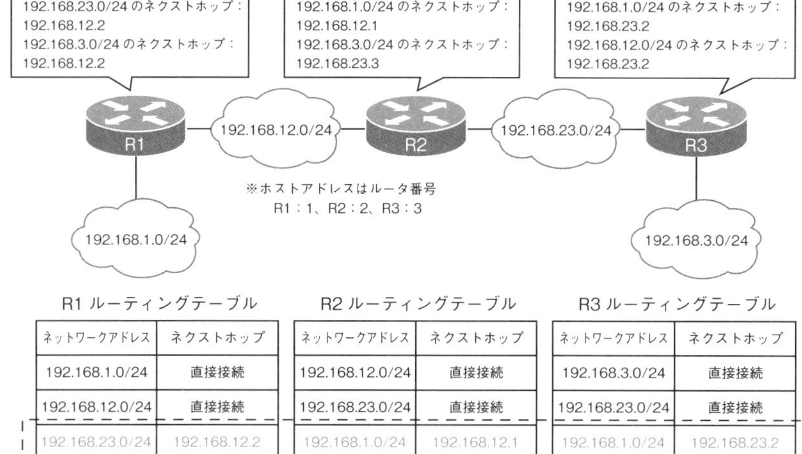

この例のような小規模なネットワークであればそれほど設定の負荷は大きくありませんが、ルータの台数が増え、ネットワークの数も増えてくるとスタティックルートの設定は大変な作業です。

ルーティングプロトコルの設定の考え方

ルーティングプロトコルの設定の考え方について、一番シンプルなRIPを利用するものとします[注3]。設定は、各ルータのすべてのインタフェースでRIPを有効化するだけです。特にリモートネットワークを洗い出して、ネクストホップを考えるような作業はいりません。設定するだけなら、各ルータのルーティングテーブルが最終的にどのようになるかを知らなくても大丈夫です。

ただし、ルーティングプロトコルを使うときにも、リモートネットワークとネクストホップを認識してルーティングテーブルの最終形をわかっておくことは重要です。そうでないと、出来上がったルーティングテーブルが正しいかどうか判断できません。ルーティングプロトコルを設定するときにリモートネットワークとそのネクストホップの情報は特にいらないという意味です。

RIPを有効化すると、各ルータはRIPのルート情報を送受信します。R1であれば、R2へ192.168.1.0/24のRIPルート情報を送信します。それを受信したR2はルーティングテーブルに192.168.1.0/24を登録します。また、R2からR3へ192.168.1.0/24と192.168.12.0/24のRIPルート情報を送信します。R3は受信したRIPルート情報をルーティングテーブルに追加します。

R3からはR2へ192.168.3.0/24のRIPルート情報を送信しています。R2はルーティングテーブルに192.168.3.0/24を追加します。また、R2からR1へ192.168.3.0/24と192.168.23.0/24のRIPルート情報を送信しています。すると、R1のルーティングテーブルに192.168.3.0/24と192.168.23.0/24が登録されます(**図7-12**)。

以上のように、各ルータで「すべてのインタフェースにおいてRIPを有効にする」という設定をすれば、あとはルータ同士がルート情報を交換して自動的にルーティングテーブルを作ってくれるようになります。

注3)　RIP以外のルーティングプロトコルも基本的な設定は同じです。ルーティングプロトコルをすべてのインタフェースで有効化するという設定を行うだけです。ただし、BGPは例外です。BGPの設定はインタフェース単位ではありません。

○図7-12：RIPの設定の考え方

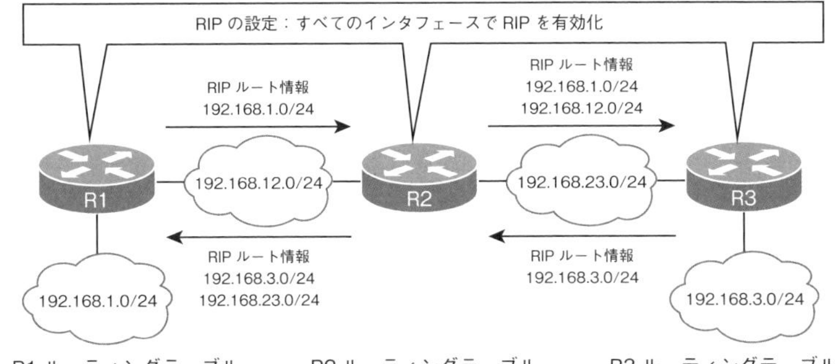

R1 ルーティングテーブル

ネットワークアドレス	ネクストホップ
192.168.1.0/24	直接接続
192.168.12.0/24	直接接続
192.168.23.0/24	192.168.12.2
192.168.3.0/24	192.168.12.2

R2 ルーティングテーブル

ネットワークアドレス	ネクストホップ
192.168.12.0/24	直接接続
192.168.23.0/24	直接接続
192.168.1.0/24	192.168.12.1
192.168.3.0/24	192.168.23.3

R3 ルーティングテーブル

ネットワークアドレス	ネクストホップ
192.168.3.0/24	直接接続
192.168.23.0/24	直接接続
192.168.1.0/24	192.168.23.2
192.168.12.0/24	192.168.23.2

RIPによって登録されたルート情報

7-4 スタティックルートの設定と確認

- スタティックルートを設定する際、それぞれのルータにとってのリモートネットワークを明確にしておくことが重要
- リモートネットワークのルート情報は、ip routeコマンドでルーティングテーブルに登録する

スタティックルートの設定

スタティックルートの設定の手順は、次のとおりです。

①各ルータにとってのリモートネットワークを明確にする
②ip routeコマンドでリモートネットワークのルート情報をもれなく登録する

スタティックルートの設定において重要なことは、各ルータにとってのリモートネットワークを明確にしておくことです。そして、1台のルータだけでスタティックルートの設定をしても意味はありません。スタティックルートでルーティングの設定を行うときには、関係するすべてのルータでスタティックルートの設定をもれなく正しく行わなければいけません。

リモートネットワークを明確にしたうえで、次のコマンドでスタティックルートを設定します。

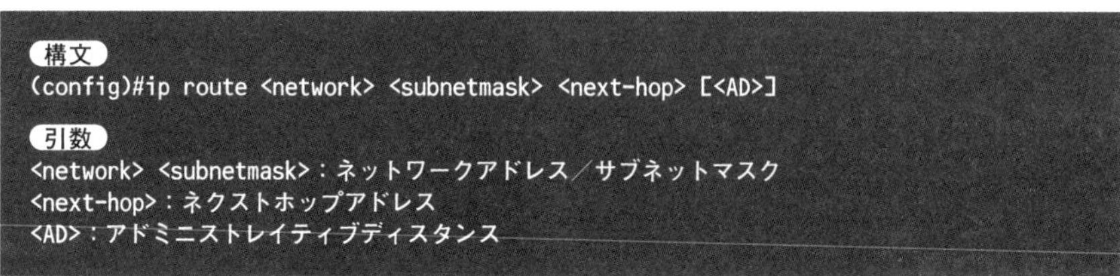

```
構文
(config)#ip route <network> <subnetmask> <next-hop> [<AD>]

引数
<network> <subnetmask>：ネットワークアドレス／サブネットマスク
<next-hop>：ネクストホップアドレス
<AD>：アドミニストレイティブディスタンス
```

ネクストホップアドレスは、原則として同一ネットワークの次のルータのIPアドレスです。アドミニストレイティブディスタンスは、省略するとデフォルトの1です。アドミニストレイティブディスタンスを大きくすることで、スタティックルートをバックアップルートとして設定することも可能です。

スタティックルートの確認

- `#show running-config | include ip route`

  running-configの中から文字列「ip route」を含む行だけを表示します。

- `#show ip route static`

  ルーティングテーブルのスタティックルートのルート情報のみを表示します。

#show running-config | include ip route

```
R1#show running-config | include ip route ⏎
ip route 10.3.3.0 255.255.255.0 192.168.12.2
ip route 192.168.23.0 255.255.255.0 192.168.12.2
```

#show ip route static

```
R1#show ip route static ⏎
     10.0.0.0/24 is subnetted, 2 subnets
S       10.3.3.0 [1/0] via 192.168.12.2
S    192.168.23.0/24 [1/0] via 192.168.12.2
```

演 習 ルーティングの基礎

概要

演習環境のフォルダ：「04_Static_routing」

スタティックルートの設定によって、ルーティングテーブルを作成します。ルーティングテーブルにルート情報がないとルーティングできずにパケットを破棄することと通信は双方向であることを明確にしながら、スタティックルートを設定します。

ネットワーク構成は**図7-A**のようになります。

○図7-A：ネットワーク構成

設定条件

- R1/R2/R3でスタティックルートの設定によって、ルーティングテーブルを作成する

初期設定

R1/R2/R3

- ホスト名
- IPアドレス／サブネットマスク

PC1/PC2

- ホスト名
- IPアドレス/サブネットマスク、デフォルトゲートウェイ

演習で利用するコマンド

- `(config)#ip route <network> <subnetmask> <next-hop>`
  スタティックルートを設定します。
- `#show running-config | include ip route`
  running-configから文字列「ip route」を含む行を表示します。
- `#show ip route`
  ルーティングテーブルを表示します。
- `> ping <ip-address>`
  (VPCS)VPCSでPingを実行します。

Step1 リモートネットワークの洗い出し

スタティックルートの設定を行うためには、各ルータにとって設定するべきリモートネットワークを洗い出すことが重要です。各ルータのリモートネットワークは**表7-A**のとおりです。

○表7-A：各ルータのリモートネットワーク

ルータ	リモートネットワーク	ネクストホップ
R1	10.3.3.0/24	192.168.12.2
	192.168.23.0/24	192.168.12.2
R2	10.1.1.0/24	192.168.12.1
	10.3.3.0/24	192.168.23.3
R3	10.1.1.0/24	192.168.23.2
	192.168.12.0/24	192.168.23.2

それぞれのルータにip routeコマンドで、**表7-A**にまとめたリモートネットワークのルート情報をルーティングテーブルに登録します。ただ、この演習では次の2点を明確にするためにネットワークアドレスごとにスタティックルートを設定していきます。

- ルーティングテーブルに登録されていないネットワーク宛のパケットは破棄される
- 通信は双方向である

ネットワークアドレスごとのルート情報は**表7-B**のとおりです。

◯表7-B：ネットワークアドレスごとのルート情報

ネットワークアドレス	ルータ	ネクストホップ
10.1.1.0/24	R1	直接接続
	R2	192.168.12.1
	R3	192.168.23.2
10.3.3.0/24	R1	192.168.12.2
	R2	192.168.23.2
	R3	直接接続
192.168.12.0/24	R1	直接接続
	R2	直接接続
	R3	192.168.23.2
192.168.23.0/24	R1	192.168.12.2
	R2	直接接続
	R3	直接接続

Step2 10.3.3.0/24のルート情報の登録

スタティックルートの設定をしていないと、PC1からPC2宛の通信はできません。PC1からPC2へPingを実行すると応答は返ってきません。

```
PC1
PC1> ping 10.3.3.100 ⏎
*10.1.1.1 icmp_seq=1 ttl=255 time=8.114 ms (ICMP type:3, code:1, Destination host unreachable)
*10.1.1.1 icmp_seq=2 ttl=255 time=8.081 ms (ICMP type:3, code:1, Destination host unreachable)
*10.1.1.1 icmp_seq=3 ttl=255 time=11.207 ms (ICMP type:3, code:1, Destination host unreachable)
*10.1.1.1 icmp_seq=4 ttl=255 time=4.270 ms (ICMP type:3, code:1, Destination host unreachable)
*10.1.1.1 icmp_seq=5 ttl=255 time=9.841 ms (ICMP type:3, code:1, Destination host unreachable)
```

PC1からPC2へのPingのICMPエコーリクエストはR1で破棄されます。R1には10.3.3.3へ転送するためのルート情報がないからです(**図7-B**)。

◯図7-B：スタティックルートを設定していない場合

R1 ルーティングテーブル

ネットワーク	ネクストホップ
10.1.1.0/24	Directly connected
192.168.12.0/24	Directly connected

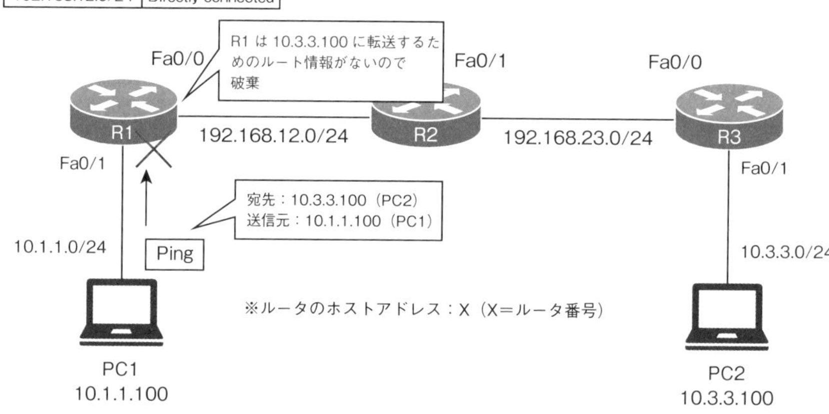

R1で、次のコマンドで10.3.3.0/24のルート情報を設定します。ネクストホップはR2、すなわち192.168.12.2です。

```
R1
ip route 10.3.3.0 255.255.255.0 192.168.12.2
```

10.3.3.0/24のスタティックルートを設定すると、R1のルーティングテーブルは次のようになります。

```
R1
R1#show ip route static ⏎
      10.0.0.0/24 is subnetted, 2 subnets
S        10.3.3.0 [1/0] via 192.168.12.2
```

R1にだけ10.3.3.0/24のスタティックルートを設定してもPC1からPC2のPingの応答は返ってきません。

```
PC1
PC1> ping 10.3.3.100 ⏎
10.3.3.100 icmp_seq=1 timeout
10.3.3.100 icmp_seq=2 timeout
10.3.3.100 icmp_seq=3 timeout
10.3.3.100 icmp_seq=4 timeout
10.3.3.100 icmp_seq=5 timeout
```

R1はPC1からPC2へのPingをR2に転送しています。でも、R2に宛先IPアドレス10.3.3.100に一致するルート情報がないので、R2でPC1からPC2へのPingパケットが破棄されています(**図7-C**)。

◯図7-C：R2に宛先IPアドレス(10.3.3.100)に一致するルート情報がない

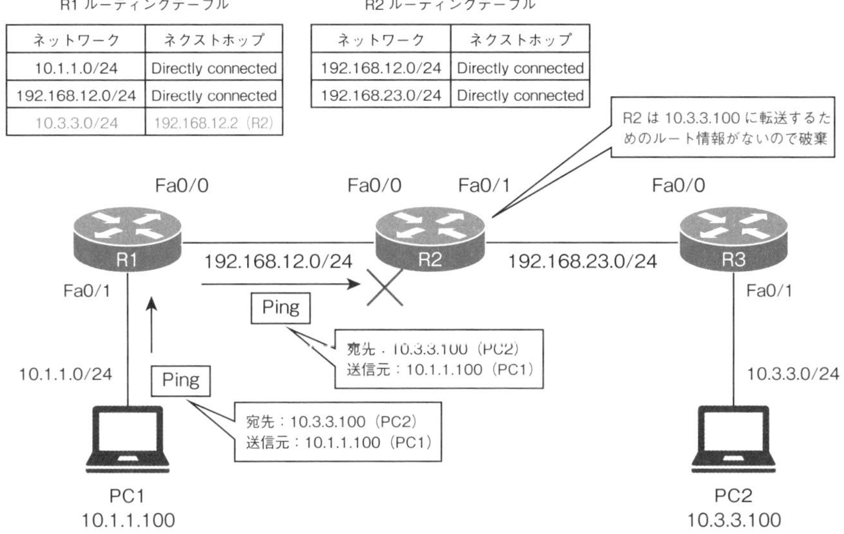

R1だけでなくR2にも10.3.3.0/24のスタティックルートを設定しなければいけません。R2ではネクストホップはR3、すなわち192.168.23.3です。

```
R2
ip route 10.3.3.0 255.255.255.0 192.168.23.3
```

R2でルーティングテーブルを確認すると、10.3.3.0/24のスタティックルートが追加されます。

```
R2
R2#show ip route static ⏎
     10.0.0.0/24 is subnetted, 1 subnets
S       10.3.3.0 [1/0] via 192.168.23.3
```

R2に10.3.3.0/24のスタティックルートを設定しても、PC1からPC2へのPingは成功しません。

```
PC1
PC1> ping 10.3.3.100 ⏎
10.3.3.100 icmp_seq=1 timeout
10.3.3.100 icmp_seq=2 timeout
10.3.3.100 icmp_seq=3 timeout
10.3.3.100 icmp_seq=4 timeout
10.3.3.100 icmp_seq=5 timeout
```

◯図7-D：R1とR2に10.3.3.0/24のスタティックルートを設定した場合

R1 ルーティングテーブル

ネットワーク	ネクストホップ
10.1.1.0/24	Directly connected
192.168.12.0/24	Directly connected
10.3.3.0/24	192.168.12.2（R3）

R2 ルーティングテーブル

ネットワーク	ネクストホップ
192.168.12.0/24	Directly connected
192.168.23.0/24	Directly connected
10.3.3.0/24	192.168.23.3(R3)

R3 ルーティングテーブル

ネットワーク	ネクストホップ
10.3.3.0/24	Directly connected
192.168.23.0/24	Directly connected

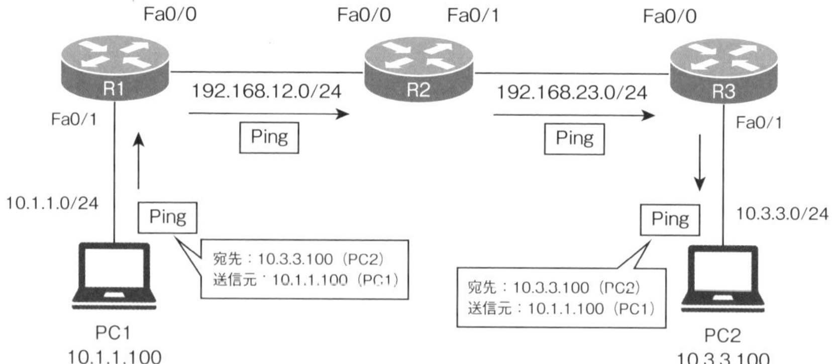

R1とR2に10.3.3.0/24のスタティックルートを設定すると、PC1からPC2へのPingを実行したICMPエコーリクエストはPC2まで届いています(**図7-D**)。

ここで忘れてはいけないことが、「通信は双方向」ということです。PC1からPC2へPingしてICMPエコーリクエストがPC2まで届くと、その返事としてICMPエコーリプライを返します。ICMPエコーリプライは、ICMPエコーリクエストの宛先IPアドレスと送信元IPアドレスが入れ替わったものになります。宛先は10.1.1.100(PC1)で送信元は10.3.3.100(PC2)です。R3には、宛先10.1.1.100に一致するルート情報がないので破棄します(**図7-E**)。

○図7-E：R3に宛先IPアドレス(10.1.1.10)に一致するルート情報がない

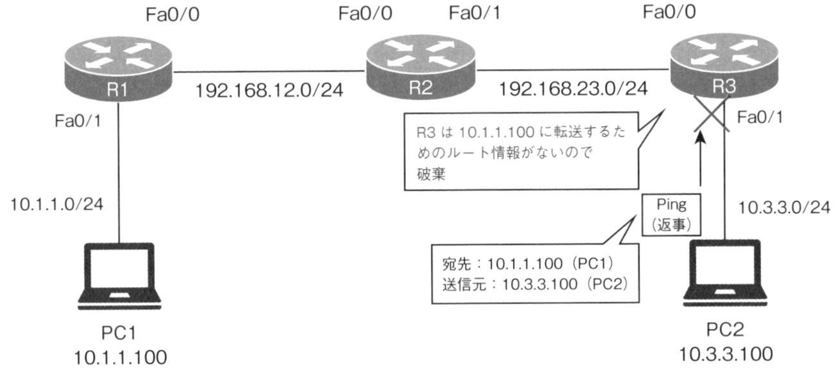

Step3 10.1.1.0/24のルート情報の登録

PC2からPC1へPingの返事を返せるようにするためには、R3に宛先10.1.1.100に一致するルート情報として10.1.1.0/24のスタティックルートを設定します。

```
R3
ip route 10.1.1.0 255.255.255.0 192.168.23.2
```

この設定により、R3のルーティングテーブルには、次のように10.1.1.0/24のスタティックルートが登録されます。

```
R3
R3#show ip route static
     10.0.0.0/24 is subnetted, 2 subnets
S       10.1.1.0 [1/0] via 192.168.23.2
```

しかし、PC1からPC2へのPingはまだ成功しません。

```
PC1
PC1> ping 10.3.3.100
10.3.3.100 icmp_seq=1 timeout
10.3.3.100 icmp_seq=2 timeout
10.3.3.100 icmp_seq=3 timeout
10.3.3.100 icmp_seq=4 timeout
10.3.3.100 icmp_seq=5 timeout
```

PC1からPC2へPingを実行すると、ICMPエコーリクエストはPC2まで転送されています。そして、PC2からPC1へ返事としてICMPエコーリプライを

○図7-F：R2に宛先IPアドレス（10.1.1.100）に一致するルート情報がない

R1 ルーティングテーブル

ネットワーク	ネクストホップ
10.1.1.0/24	Directly connected
192.168.12.0/24	Directly connected
10.3.3.0/24	192.168.12.2（R2）

R2 ルーティングテーブル

ネットワーク	ネクストホップ
192.168.12.0/24	Directly connected
192.168.23.0/24	Directly connected
10.3.3.0/24	192.168.23.3(R3)

R3 ルーティングテーブル

ネットワーク	ネクストホップ
10.3.3.0/24	Directly connected
192.168.23.0/24	Directly connected
10.1.1.0/24	192.168.23.2(R2)

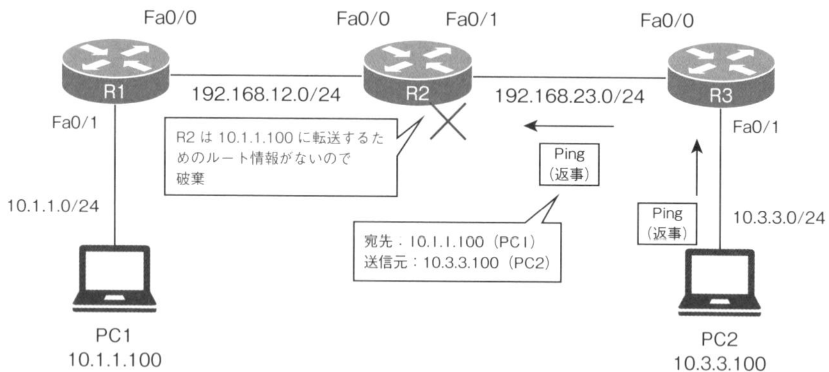

送っています。エコーリプライはR3からR2へ転送されているのですが、R2には宛先10.1.1.100に一致するルート情報がありません。ICMPエコーリプライをR2が破棄してしまうので、Pingは成功しません（**図7-F**）。

PC1からPC2へのPingのICMPエコーリクエストに対する返事のICMPエコーリプライを返せるようにR2に10.1.1.0/24についてのスタティックルートを設定します。

```
R2
ip route 10.1.1.0 255.255.255.0 192.168.12.1
```

R2のルーティングテーブルには、次のように10.1.1.0/24のスタティックルートが登録されます。

```
R2
R2#show ip route static ⏎
     10.0.0.0/24 is subnetted, 2 subnets
S       10.3.3.0 [1/0] via 192.168.23.3
S       10.1.1.0 [1/0] via 192.168.12.1
```

これでようやくPC1からPC2へのPingが成功します（**図7-G**）。

```
PC1
PC1> ping 10.3.3.100 ⏎
84 bytes from 10.3.3.100 icmp_seq=1 ttl=61 time=55.660 ms
84 bytes from 10.3.3.100 icmp_seq=2 ttl=61 time=63.150 ms
84 bytes from 10.3.3.100 icmp_seq=3 ttl=61 time=66.075 ms
84 bytes from 10.3.3.100 icmp_seq=4 ttl=61 time=57.319 ms
84 bytes from 10.3.3.100 icmp_seq=5 ttl=61 time=61.142 ms
```

○図7-G：PC1からPC2へのPing成功

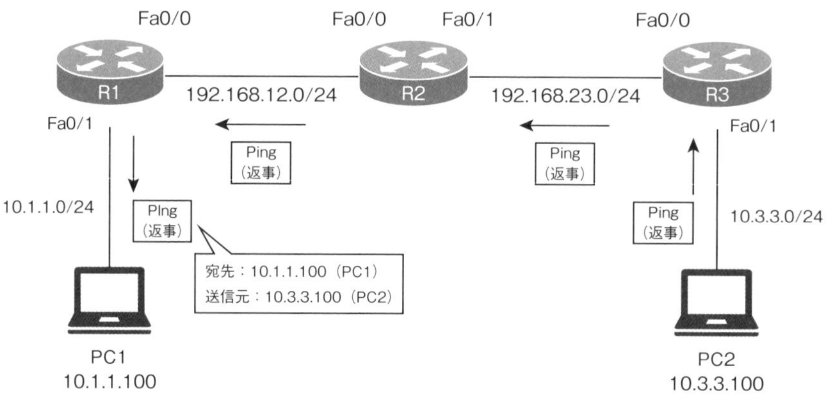

Step4 192.168.23.0/24のルート情報の登録

ここまでのスタティックルートの設定によってPC1-PC2間は通信できるのですが、R1からR3にPingを実行すると失敗します。

```
R1
R1#ping 192.168.23.3 ⏎

Type escape sequence to abort.
Sending 5, 100-byte ICMP Echos to 192.168.23.3, timeout is 2 seconds:
.....
Success rate is 0 percent (0/5)
```

PC1-PC2間はPingの応答がきちんと返ってくるようになったのに、その経路上にあるR1-R3間でPingの応答が返ってきません。「それは当然」とすんなりと思える方は、ルーティングの大原則がしっかりと頭に入っています。R1からR3の192.168.23.3へPingを実行すると、宛先／送信元IPアドレスは次のようになっています。

- 宛先IPアドレス：192.168.23.3
- 送信元IPアドレス：192.168.12.2

R1のルーティングテーブルに宛先IPアドレス192.168.23.3に一致するルート情報が存在しないので、PingのICMPエコーリクエストを送信できません（**図7-H**）。

○図7-H：R1に宛先IPアドレス（192.168.23.3）に一致するルート情報がない

R1 ルーティングテーブル

ネットワーク	ネクストホップ
10.1.1.0/24	Directly connected
192.168.12.0/24	Directly connected
10.3.3.0/24	192.168.12.2（R2）

R2 ルーティングテーブル

ネットワーク	ネクストホップ
192.168.12.0/24	Directly connected
192.168.23.0/24	Directly connected
10.3.3.0/24	192.168.23.3(R3)
10.1.1.0/24	192.168.12.1(R1)

R3 ルーティングテーブル

ネットワーク	ネクストホップ
10.3.3.0/24	Directly connected
192.168.23.0/24	Directly connected
10.1.1.0/24	192.168.23.2(R2)

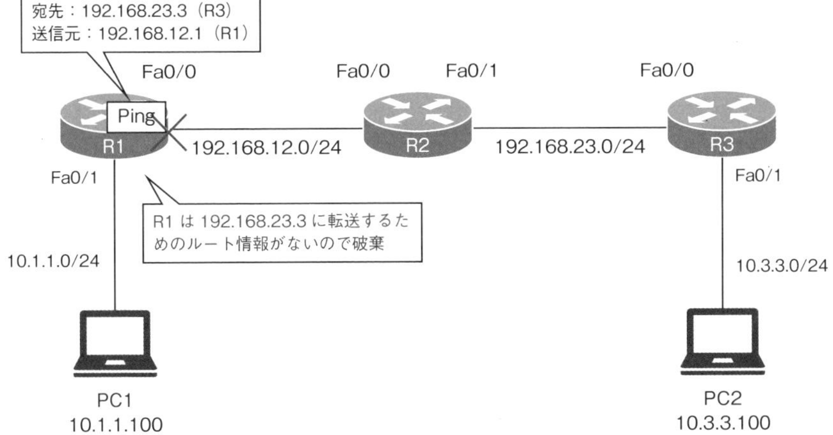

R1からR3(192.168.23.3)へのPingのICMPエコーリクエストを送信するためには、R1のルーティングテーブルに192.168.23.0/24のルート情報を登録します。

```
R1
ip route 192.168.23.0 255.255.255.0 192.168.12.2
```

この設定により、R1のルーティングテーブルには、192.168.23.0/24のスタティックルートが登録されます。

```
R1
R1#show ip route static ⏎
      10.0.0.0/24 is subnetted, 2 subnets
S        10.3.3.0 [1/0] via 192.168.12.2
S     192.168.23.0/24 [1/0] via 192.168.12.2
```

R1に192.168.23.0/24のスタティックルートを設定するだけでは、R1からR3へのPingはまだ失敗します。

```
R1
R1#ping 192.168.23.3 ⏎

Type escape sequence to abort.
Sending 5, 100-byte ICMP Echos to 192.168.23.3, timeout is 2 seconds:
.....
Success rate is 0 percent (0/5)
```

R1に192.168.23.0/24のスタティックルートを設定することで、R1からR3へのPingのICMPエコーリクエストは転送されるようになっています(**図7-I**)。

◯図7-I：R1に192.168.23.0/24のスタティックルートを設定した場合

R1 ルーティングテーブル

ネットワーク	ネクストホップ
10.1.1.0/24	Directly connected
192.168.12.0/24	Directly connected
10.3.3.0/24	192.168.12.2 (R2)
192.168.23.0/24	192.168.12.2 (R2)

R2 ルーティングテーブル

ネットワーク	ネクストホップ
192.168.12.0/24	Directly connected
192.168.23.0/24	Directly connected
10.3.3.0/24	192.168.23.3(R3)
10.1.1.0/24	192.168.12.1(R1)

R3 ルーティングテーブル

ネットワーク	ネクストホップ
10.3.3.0/24	Directly connected
192.168.23.0/24	Directly connected
10.1.1.0/24	192.168.23.2(R2)

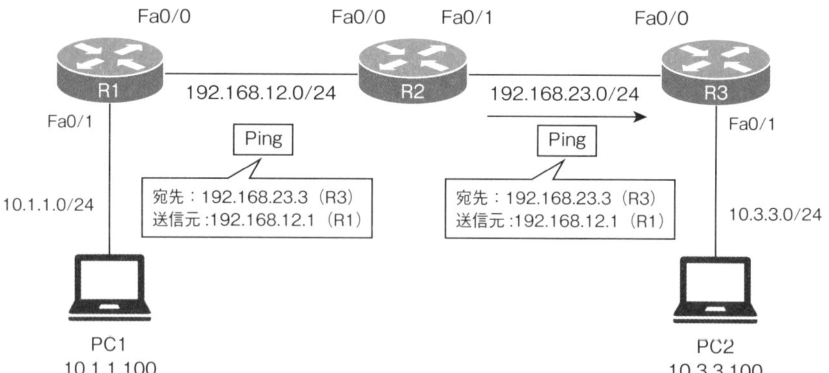

やはり、忘れてはいけないことが、「通信は双方向」ということです。R3からR1へPingの返事のICMPエコーリプライを返します。その宛先／送信元IPアドレスは次のようになります。

- 宛先IPアドレス：192.168.12.1
- 送信元IPアドレス：192.168.23.3

R3のルーティングテーブルには192.168.12.1宛のIPパケットを転送するためのルート情報がないために破棄します（**図7-J**）。

○図7-J：R3に宛先IPアドレス（192.168.12.1）に一致するルート情報がない

R1 ルーティングテーブル

ネットワーク	ネクストホップ
10.1.1.0/24	Directly connected
192.168.12.0/24	Directly connected
10.3.3.0/24	192.168.12.2（R2）
192.168.23.0/24	192.168.12.2（R2）

R2 ルーティングテーブル

ネットワーク	ネクストホップ
192.168.12.0/24	Directly connected
192.168.23.0/24	Directly connected
10.3.3.0/24	192.168.23.3(R3)
10.1.1.0/24	192.168.12.1(R1)

R3 ルーティングテーブル

ネットワーク	ネクストホップ
10.3.3.0/24	Directly connected
192.168.23.0/24	Directly connected
10.1.1.0/24	192.168.23.2(R2)

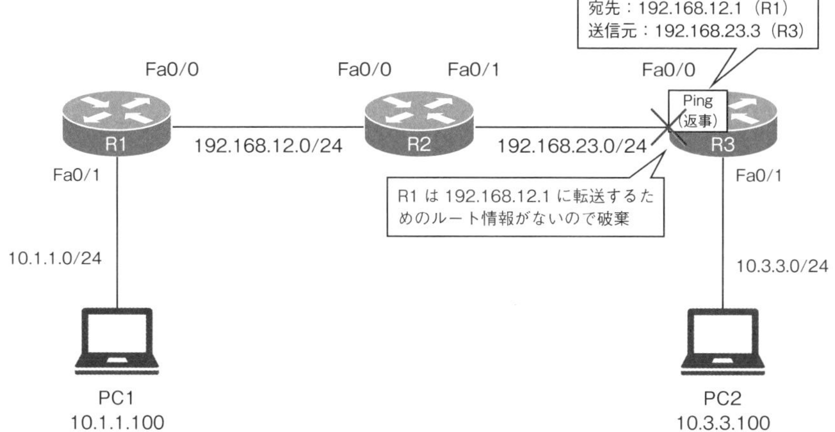

Step5 192.168.12.0/24のルート情報の登録

R1からR3のPingの返事を返せるように、R3に192.168.12.0/24のスタティックルートを設定します。

```
R3
ip route 192.168.12.0 255.255.255.0 192.168.23.2
```

R3のルーティングテーブルを確認すると、次のようになります。

```
R3
R3#show ip route static ⏎
S    192.168.12.0/24 [1/0] via 192.168.23.2
     10.0.0.0/24 is subnetted, 2 subnets
S       10.1.1.0 [1/0] via 192.168.23.2
```

これでようやくR1からR3へのPingが成功するようになります(図7-K)。

```
R1
R1#ping 192.168.23.3 ⏎

Type escape sequence to abort.
Sending 5, 100-byte ICMP Echos to 192.168.23.3, timeout is 2 seconds:
!!!!!
Success rate is 100 percent (5/5), round-trip min/avg/max = 60/67/92 ms
```

○図7-K：R1からR3へのPing成功

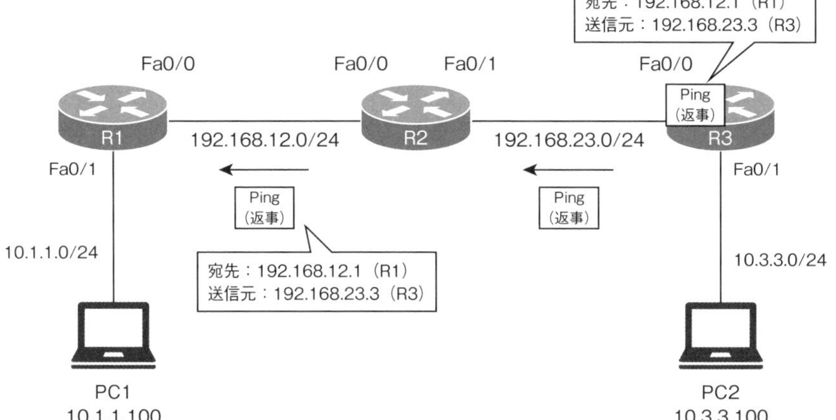

R1 ルーティングテーブル

ネットワーク	ネクストホップ
10.1.1.0/24	Directly connected
192.168.12.0/24	Directly connected
10.3.3.0/24	192.168.12.2(R2)
192.168.23.0/24	192.168.12.2(R2)

R2 ルーティングテーブル

ネットワーク	ネクストホップ
192.168.12.0/24	Directly connected
192.168.23.0/24	Directly connected
10.3.3.0/24	192.168.23.3(R3)
10.1.1.0/24	192.168.12.1(R1)

R3 ルーティングテーブル

ネットワーク	ネクストホップ
10.3.3.0/24	Directly connected
192.168.23.0/24	Directly connected
10.1.1.0/24	192.168.23.2(R2)
192.168.12.0/24	192.168.23.2(R2)

Step6 最終的なルーティングテーブルの確認

R1/R2/R3の最終的なルーティングテーブルを確認します。

```
R1
R1#show ip route ⏎
    :（略）

Gateway of last resort is not set

C    192.168.12.0/24 is directly connected, FastEthernet0/0
     10.0.0.0/24 is subnetted, 2 subnets
S       10.3.3.0 [1/0] via 192.168.12.2
C       10.1.1.0 is directly connected, FastEthernet0/1
S    192.168.23.0/24 [1/0] via 192.168.12.2
```

```
R2
R2#show ip route ⏎
     :（略）

Gateway of last resort is not set

C    192.168.12.0/24 is directly connected, FastEthernet0/0
     10.0.0.0/24 is subnetted, 2 subnets
S       10.3.3.0 [1/0] via 192.168.23.3
S       10.1.1.0 [1/0] via 192.168.12.1
C    192.168.23.0/24 is directly connected, FastEthernet0/1
```

```
R3
R3#show ip route ⏎
     :（略）

Gateway of last resort is not set

S    192.168.12.0/24 [1/0] via 192.168.23.2
     10.0.0.0/24 is subnetted, 2 subnets
C       10.3.3.0 is directly connected, FastEthernet0/1
S       10.1.1.0 [1/0] via 192.168.23.2
C    192.168.23.0/24 is directly connected, FastEthernet0/0
```

R1～R3のルーティングテーブルに次の4つのネットワークのルート情報がすべて登録されている状態になってはじめて、これら4つのネットワーク間の通信ができるようになります。

- 10.1.1.0/24
- 10.3.3.0/24
- 192.168.12.0/24
- 192.168.23.0/24

実際にスタティックルートの設定を行うときには、この演習の手順のようにネットワークアドレスごとに登録する必要はありません。ただ、ネットワークの規模が大きくなってきて、ルータや相互接続しているネットワークの数が増えてくると、設定するべきスタティックルートの数がどんどん増えていってしまうことになります。

Chapter 8

RIP

もっともシンプルな仕組みのルーティングプロトコル

RIPは、小規模なネットワークで利用される、シンプルな仕組みのルーティングプロトコルです。本章で、RIPの処理の流れや設定方法などを学びましょう。

8-1 RIPの概要

- RIPはシンプルな仕組みのディスタンスベクタ型ルーティングプロトコル
- 宛先ネットワークまでの距離(メトリック)と方向(ネクストホップ)に基づいて、宛先ネットワークへのルートを判断する

RIPの特徴

RIP(Routing Information Protocol)は、もっともシンプルな仕組みのルーティングプロトコルです。シンプルな仕組みなので、ルータでのRIPの設定なども簡単に行うことができ、運用の負荷が小さくなっています。その反面、さまざまな制約もあります。まず、RIPの特徴を簡単にまとめておくと、以下のようになります。

- IGPs
- ディスタンスベクタ型ルーティングプロトコル
- メトリックとしてホップ数を採用
- 30秒ごとにルート情報を送信
- ルーティングテーブルのコンバージェンス時間が長い
- ルーティングループが発生する可能性がある
- RIPv1とRIPv2の2つのバージョン

RIPは、企業の社内ネットワークなどで利用するIGPsの一種です。おもに小規模なネットワークでRIPを利用します。

RIPの仕組みは、ディスタンスベクタ型です。ディスタンスは宛先ネットワークまでの距離を表す**メトリック**です。RIPの場合はホップ数です。そして、ベクタは方向で、ネクストホップとインタフェースが相当します。RIPでは、ネクストホップのルータから受信したルート情報のメトリックに基づいて最適なルートを決定します。

○図8-1：「距離」と「方向」

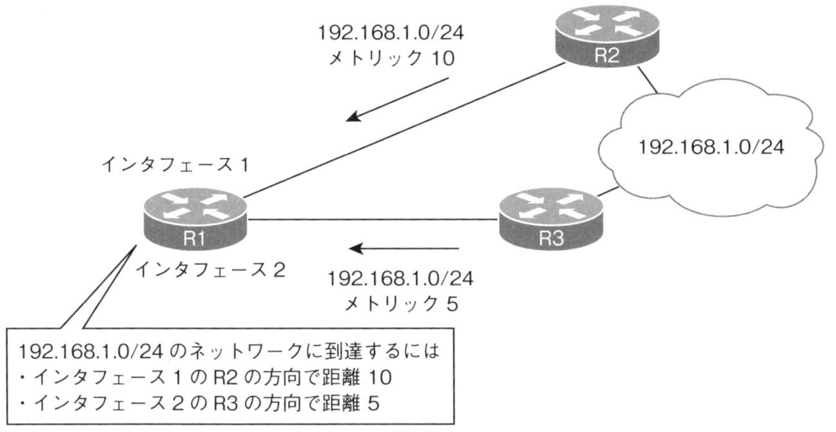

図8-1で「距離」と「方向」について考えます。

R1は192.168.1.0/24のネットワークのルート情報をR2とR3から受信しています。R2から送信されたルート情報にはメトリック10が含まれていて、R1のインタフェース1で受信しています。R1から見ると、192.168.1.0/24のネットワークはインタフェース1のR2の方向で距離10だけ離れていることになります。同様にR3から送信された192.168.1.0/24のルート情報に含まれるメトリックは5で、R1はインタフェース2で受信します。つまり、R1から192.168.1.0/24のネットワークは、インタフェース2のR3の方向で距離5だけ離れています。

そして、R1が優先するのはR3から受信したルート情報です。メトリックは目的のネットワークまでの距離を表しているわけですが、距離は短いほうがよいです。メトリックが小さいほうのルート情報を最適なルートとして扱います。このメトリックとして、RIPではホップ数を採用しています。「ホップ」はルータを意味し、経由するルータの台数によって、目的のネットワークまでの距離を表しています。RIPのホップ数には上限があり、最大15です。RIPはルータを16台以上経由することがあるような大規模なネットワーク構成で利用することができません。RIPがおもに比較的小規模なネットワークで利用されている1つの理由がホップ数の制限です。

ルーティングプロトコルは、ネットワークの障害などのネットワーク構成の変化も検出します。RIPの場合は、定期的にルート情報を送信することで、送信しているルート情報のネットワークが正常に稼働していることを他のRIPルータに知らせています。デフォルトでは30秒ごとにルート情報を送信します。

基本的に、RIPでは30秒ごとの定期的なルート情報の送信を行っているので、たくさんのルータが存在すると、全体として必要なルート情報を学習するための時間が長くかかります。つまり、RIPではコンバージェンス時間が長くかかってしまいます。また、ネットワークに障害が発生すると、できるだけすみやかに、障害が発生したネットワークのルート情報をルーティングテーブルから削除する必要があります。RIPでは、コンバージェンスが遅いので、ネットワーク障害のときに削除するべきルート情報が残ってしまうことがあります。ルーティングテーブルは、そのルータが認識しているネットワーク構成です。コンバージェンスが遅いため、ルーティングテーブルが実際のネットワーク構成とは異なり、パケットのルーティングを正しく行うことができず、ループしてしまう場合もあります。

小規模なネットワークであれば、コンバージェンスが遅いことはあまり問題ではありません。RIPが比較的小規模なネットワークで採用されている1つの理由です。

RIPには、v1とv2の2つのバージョンがあります。現在では、v1を利用することはまずありません。ほとんどの場合、v2を利用します。v1とv2のおもな違いをまとえたものが**表8-1**です。

○表8-1：RIPv1／v2のおもな違い

バージョン	v1	v2
ルート情報の宛先アドレス	ブロードキャスト	マルチキャスト（224.0.0.9）
サブネットマスクの通知	しない	する
認証機能	なし	あり
集約	自動集約	自動集約／手動集約

なお、RIPv1とRIPv2には互換性がありません。パケットフォーマットはほとんど同じなのですが、互換性がないので必ずすべてのRIPルータでバージョ

ンを合わせるようにしてください。前述のように、現在ではほとんどの場合、RIPv2を利用することになります。

8-2 RIPの仕組み

- RIPは30秒ごとにルート情報をブロードキャストまたはマルチキャストする
- RIPのメトリックは経由するルータ台数(ホップ数)である

RIPの処理の流れ

まずは、RIPの処理の流れについてです。RIPはとてもシンプルな仕組みで、その処理の流れは以下のようになります。

①RIPルートを定期的に送信する
②受信したRIPルートをRIPデータベースに登録する
③最適なルートをルーティングテーブルに登録する
④RIPルートの定期的な送信を継続する

RIPでは、他のRIPルータの存在は特に意識しません。この点は、RIP以外のOSPF(オーエスピーエフ)やEIGRP(イーアイジーアールピー)、BGP(ビージーピー)といった他のルーティングプロトコルとの大きな違いです。

OSPF、EIGRP、BGPでは、まずネイバーを確立して、ネイバーとの間でルート情報を交換します。それに対してRIPでは、とりあえずルート情報を「送り付ける」わけです。RIPのルート情報はマルチキャストで送信する(v1の場合はブロードキャスト)ので、RIPが有効なルータが存在すれば、送り付けられたRIPルート情報を受信できます[注1]。

注1) ただし、RIPルータは同じネットワーク上であることが大前提です。ルータのIPアドレスの設定を間違えるなどして、同じネットワーク上とみなされないルータからのRIPルート情報は受信しません。

RIPルートを受信すると、RIPのルート情報を管理するRIPデータベースに登録します。なお、RIPで送信するルート情報はRIPデータベースに含まれているものです。そして、RIPデータベース上でホップ数を見て最適なルートを決定します。さらに、RIPのルートとして最適なルートをルーティングテーブルに登録し、パケットのルーティングができるようにします。

ネットワーク構成は障害などで変化することがあります。RIPでは、そうしたネットワーク構成の変化は、定期的なRIPルート情報の送受信によって確認することになります。RIPルート情報を定期的に送信して、対応するネットワークが正常に稼働していることを通知していることになります。もし、ネットワークがダウンすると、そのネットワークのルート情報の送信は止まります。定期的なRIPルート情報を受信できなくなると、RIPデータベースおよびルーティングテーブルから該当のルート情報を削除します。

図8-2に、こうしたRIPの処理の流れをまとめています。

◯図8-2：RIPの処理の流れ

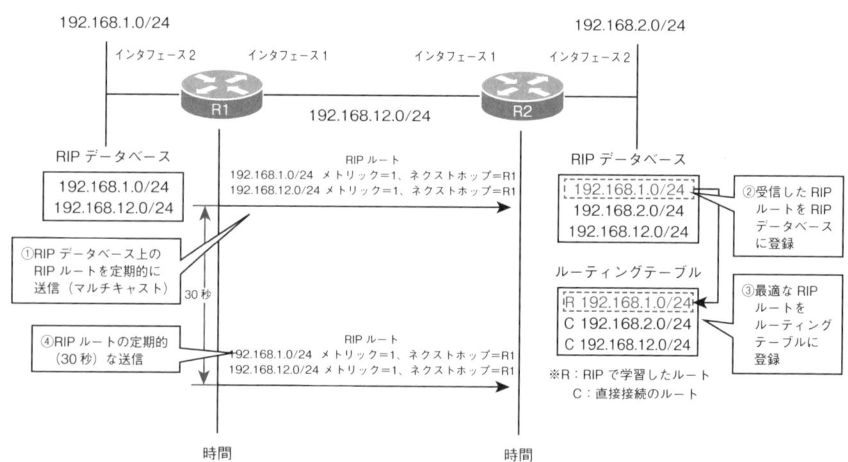

※ここでは、R1からR2にRIPルートを送信する様子だけを表しています。R2からもR1へRIPルートを定期的に送信します。

※R1が送信するRIPルートは、通常は、スプリットホライズンによって、192.168.1.0/24のルート情報だけになります。本書では、スプリットホライズンについて割愛しています。

RIPルートの生成

RIPは「ルーティングテーブルを交換する」というように説明されていることが多いのですが、RIPで交換するのはRIPルートです。ルーティングテーブル自体を交換するわけではありません。RIPでルート情報を交換するためには、まず、RIPルートを生成します。

RIPの設定方法はルータの種類によって異なります。コマンドラインからコマンドを入力したり、WebベースのGUIインタフェースでRIPの設定を行います。設定方法はさまざまでも、設定の考え方は共通しています。RIPはインタフェース単位で有効にします。インタフェースでRIPを有効にすることで、そのルータはRIPルートを生成します。

「インタフェースでRIPを有効にする」ということをもう少し詳しく考えると、次の2点です。

- 有効にしたインタフェースでRIPパケットを送受信する
- 有効にしたインタフェースのネットワークアドレス／サブネットマスクをRIPルートとしてRIPデータベースに登録する

インタフェースでRIPを有効にすると、そのインタフェースからRIPルートを30秒ごとに送信するようになります。そして、RIPルートを受信するために、RIPを有効にしたインタフェースは224.0.0.9のマルチキャストグループに参加します。

さらに、RIPを有効にしたインタフェースのネットワークアドレス／サブネットマスクをRIPルートとして生成して、RIPデータベースに登録します。こうして生成したRIPルートを定期的に送信することになります(**図8-3**)。

パッシブインタフェース

パッシブインタフェース(passive-interface)とは、ルーティングプロトコルのパケットを送信しないようにしているインタフェースです。

OSPFやRIP/EIGRPなどのルーティングプロトコルは、ルータのインタフェース単位で有効化します。そして、ルーティングプロトコルを有効にしたインタ

○図8-3：RIPルートの生成

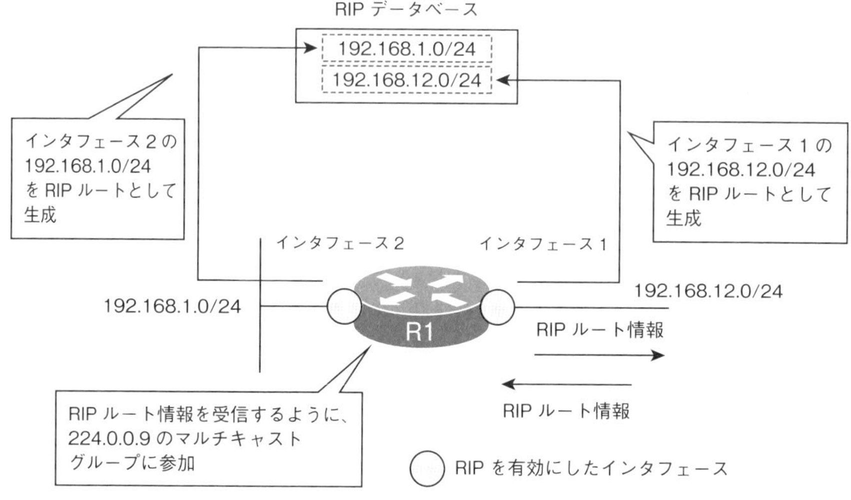

※ここではインタフェース２のRIPルート情報の送受信については、省略しています。

フェースから、該当のルーティングプロトコルのパケットを送信します。ルーティングプロトコルを有効にしたインタフェースをパッシブインタフェースとして設定することで、ルーティングプロトコルのパケットの送信を止めます。

パッシブインタフェースとして設定するインタフェース

パッシブインタフェースとして設定するインタフェースは、PCやサーバなどだけが接続されていて、同じルーティングプロトコルを利用する他のルータが存在しないインタフェースです。

ルーティングプロトコルのパケットは、同じルーティングプロトコルを利用しているルータ間で送受信できればOKです。PCやサーバだけしか接続されていないインタフェースにルーティングプロトコルのパケットを送信しても意味がありません。余計にネットワークの帯域を消費するだけです。また、ルーティングプロトコルのパケットが悪意を持つユーザにキャプチャされてしまうと、不正アクセスの足がかりになってしまう可能性があり、セキュリティ上の望ましくありません。そこで、パッシブインタフェースとしてルーティングプロトコルのパケットの送信を止めます(**図8-4**)。

◯図8-4：ルーティングプロトコルのパケットの送信を止める

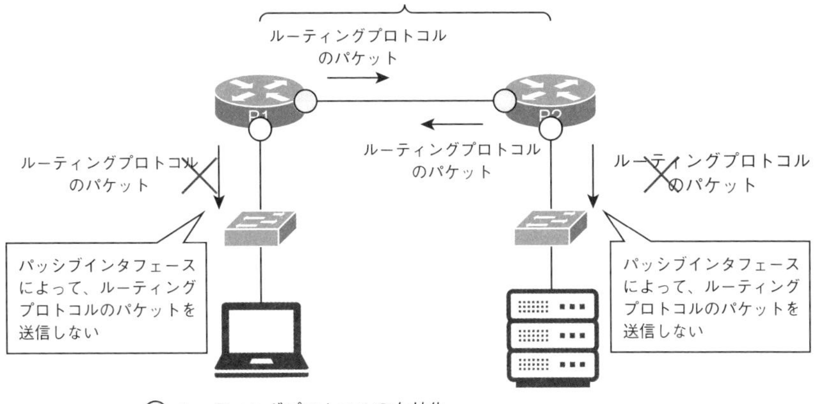
ルーティングプロトコルのパケットは同じルーティングプロトコルを
利用するルータ間で送受信できればOK
ルーティングプロトコル
のパケット
ルーティングプロトコル
のパケット
ルーティングプロトコル
のパケット
ルーティングプロトコル
のパケット
パッシブインタフェース
によって、ルーティング
プロトコルのパケットを
送信しない
パッシブインタフェース
によって、ルーティング
プロトコルのパケットを
送信しない
ルーティングプロトコルの有効化
ルーティングプロトコルの有効化かつパッシブインタフェース

よくある設定ミス

ルーティングプロトコルを設定するときに、よくある設定ミスがあります。それは、PCやサーバなどだけが接続されているインタフェースでルーティングプロトコルの有効化を忘れてしまうことです。

インタフェースでルーティングプロトコルを有効にしなければ、そのインタフェースからはルーティングプロトコルのパケットを送信することはありません。そのため、「わざわざパッシブインタフェースにしなくても、ルーティングプロトコルを有効にしなければいいんじゃないの？」と考えてしまうのがこの設定ミスの原因です。

インタフェースでルーティングプロトコルを有効化しないと、そのインタフェースのネットワークについてのルート情報をルーティングプロトコルでアドバタイズしません。**図8-5**では、R1はPCが接続されている192.168.1.0/24のルートをルーティングプロトコルでアドバタイズしなくなってしまいます。R2はサーバが接続されている192.168.2.0/24のルートをルーティングプロトコルでアドバタイズしません。

◯図8-5：ルーティングプロトコルを有効化する

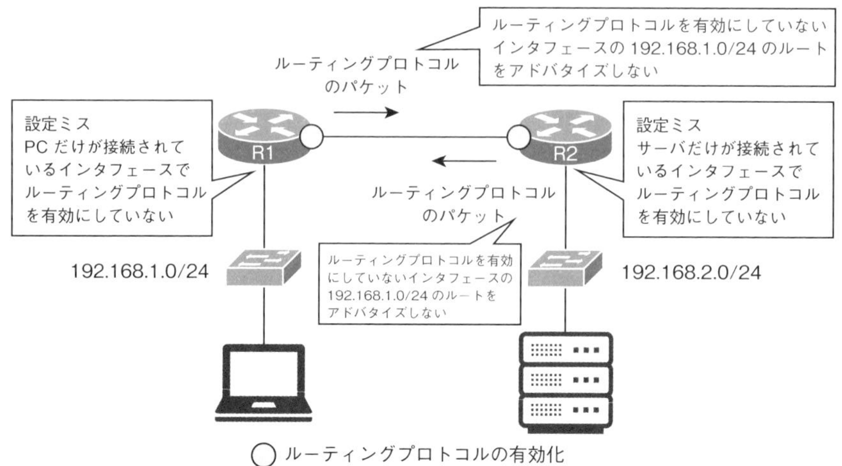
ルーティングプロトコルを有効にしていないインタフェースの192.168.1.0/24のルートをアドバタイズしない
ルーティングプロトコルのパケット
設定ミス
PCだけが接続されているインタフェースでルーティングプロトコルを有効にしていない
R1
R2
設定ミス
サーバだけが接続されているインタフェースでルーティングプロトコルを有効にしていない
ルーティングプロトコルのパケット
192.168.1.0/24
ルーティングプロトコルを有効にしていないインタフェースの192.168.1.0/24のルートをアドバタイズしない
192.168.2.0/24
◯ ルーティングプロトコルの有効化

PCやサーバだけが接続されているインタフェースでもきちんとルーティングプロトコルを有効化しましょう。そして、そのうえで、パッシブインタフェースを設定します。

8-3 RIPの設定と確認コマンド

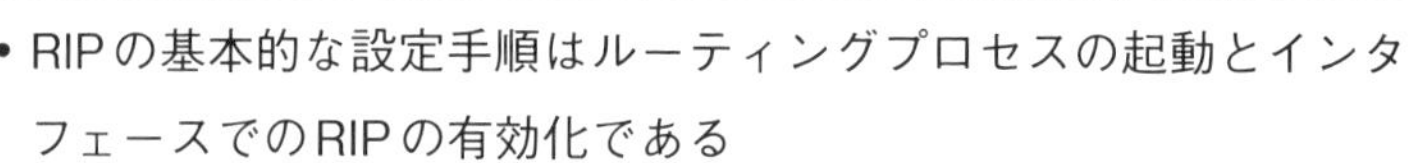

- RIPの基本的な設定手順はルーティングプロセスの起動とインタフェースでのRIPの有効化である
- Ciscoルータではnetworkコマンドによってネットワークアドレスを指定し、どのインタフェースでRIPを有効にするかを決める

RIPの設定コマンド

RIPの設定手順は次の2つです。

①ルーティングプロセスの起動

②インタフェースでRIPを有効化

ルーティングプロセスを起動するには、グローバルコンフィグレーションモードで次のコマンドを利用します。

```
(config)#router rip
(config-router)#
```

そして、インタフェースでRIPを有効化するにはRIPのコンフィグレーションモードで次のコマンドを利用します。

```
構文
(config-router)#network <network-address>

引数
<network-address>：クラスフルネットワークアドレス
```

RIPを有効にするのはインタフェースなのですが、インタフェース名を指定するのではないことに注意が必要です。Ciscoルータでは、networkコマンドによって指定したネットワークアドレスに含まれる範囲のIPアドレスを持つインタフェースでRIPを有効化するという設定の考え方です。また、指定するネットワークアドレスはクラスフルネットワークアドレスです。サブネッティングされていたり、集約されているなどクラスレスアドレッシングの環境では、RIPを有効にするインタフェースを細かく指定ができない場合があります。

RIPを有効化したインタフェースは、次の動作を行います。

- インタフェースでRIPパケットを送受信する
- 有効化したインタフェースのネットワークアドレスをRIPルートとしてRIPデータベースに登録する

RIPを有効化したインタフェースから定期的にRIPパケットをブロードキャストまたはマルチキャストで送信します。そして、RIPパケットを受信します。RIPv2のマルチキャストパケットを受信するために、インタフェースは224.0.0.9のマルチキャストグループに参加します。

さらに、RIPを有効化したインタフェースのネットワークアドレスをRIPルートとして、他のルータにアドバタイズできるようにRIPデータベースに登録します。RIPでアドバタイズするルート情報は、ルーティングテーブルの中身ではなくRIPデータベースのルート情報です。RIPの設定例は**図8-6**のとおりです。

○図8-6：RIPの設定例

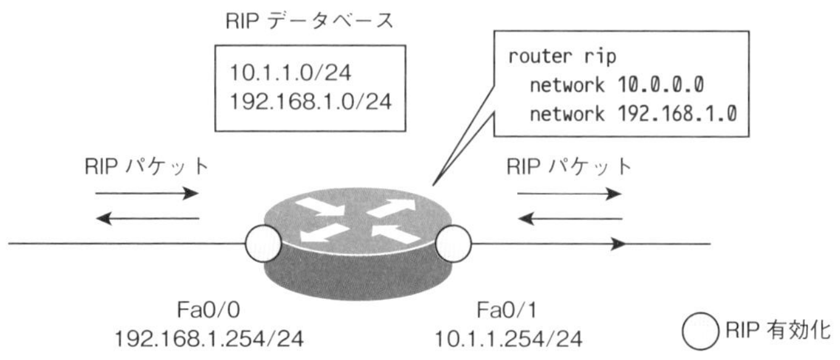

「network 10.0.0.0」は「10」ではじまるIPアドレスを持つインタフェースでRIPを有効化するためのコマンドです。つまり、Fa0/1でRIPを有効化します。クラスフルでしか指定できません。「network 10.1.1.0」とコマンドを入力しても自動的に「network 10.0.0.0」に置き換えられます。そして、Fa0/1のネットワークアドレスの「10.1.1.0/24」をRIPデータベースに登録します。インタフェースから送信するRIPパケットに10.1.1.0/24のルート情報が含まれるようになります。

そして、「network 192.168.1.0」は「192.168.1」ではじまるIPアドレスのインタフェース、すなわち、Fa0/0でRIPを有効化するコマンドです。Fa0/0のネットワークアドレス「192.168.1.0/24」がRIPデータベースに登録されて、送信するRIPパケットのルート情報に192.168.1.0/24が含まれるようになります。

RIPバージョンの設定

RIPにはv1とv2があります。networkコマンドでRIPを有効化すると、そのインタフェースのデフォルトのバージョンは次のようになります。

- 送信：v1
- 受信：v1/v2

送信するRIPパケットのバージョンがv1なので、デフォルトではv1で動作することになります。バージョンを変更するには、RIPのコンフィグレーションモードで次のコマンドを利用します。

```
(config)#router rip
(config-router)#version 2
```

あえてRIPv1を利用するようなことはまずないので、この設定は必ず入れるものと考えてください。

自動集約の無効化

RIPはデフォルトでルート情報を自動集約してアドバタイズします。アドレス構成によっては、自動集約が行われるとルート情報のアドバタイズが正しく行われません。自動集約を無効にすることが一般的です。自動集約を無効化するには、RIPのコンフィグレーションモードで次のコマンドを利用します。

```
(config)#router rip
(config-router)#no auto-summary
```

パッシブインタフェース

RIPパケットはRIPルータ間で送受信すればよいです。PCやサーバなどのホストにはRIPパケットを送信する必要はありません。RIPパケットを送信する必要がないインタフェースにはpassive-interfaceの指定を行います。

```
構文
(config)#router rip
(config-router)#passive-interface <interface-name>

引数
<interface-name>：パッシブインタフェースにするインタフェース名
```

RIPの確認コマンド

- `#show ip portocols`

  RIPを有効化しているインタフェースやRIPタイマなどの情報を表示します。
- `#show ip rip database`

  送受信するRIPルート情報を表示します。
- `#show ip route rip`

  ルーティングテーブル上のRIPルートのみを表示します。

show ip protocols

show ip protocolsコマンドは、ルータで設定されているルーティングプロトコルについての全般的な情報を表示します。RIPの場合は、RIPを有効化しているインタフェースやタイマの情報などがわかります。

```
R1#show ip protocols ⏎
Routing Protocol is "rip"
  Outgoing update filter list for all interfaces is not set
  Incoming update filter list for all interfaces is not set
  Sending updates every 30 seconds, next due in 6 seconds      } ①
  Invalid after 180 seconds, hold down 180, flushed after 240  }
  Redistributing: rip
  Default version control: send version 2, receive version 2   }
    Interface             Send  Recv  Triggered RIP  Key-chain  } ③
    FastEthernet0/0       2     2                               }
  Automatic network summarization is not in effect
  Maximum path: 4
  Routing for Networks:  }
    10.0.0.0             } ②
    192.168.12.0         }
  Passive Interface(s):  } ④
    FastEthernet0/1      }
  Routing Information Sources:
    Gateway         Distance      Last Update
    192.168.12.2         120      00:00:19
  Distance: (default is 120)
```

- RIPタイマ(❶)

show ip protocolsコマンド表示の以下の部分がRIPの動作を制御するためのタイマの情報です。

```
  Sending updates every 30 seconds, next due in 6 seconds
  Invalid after 180 seconds, hold down 180, flushed after 240
```

- networkコマンドの設定(❷)

Routing for Networksの部分にnetworkコマンドの設定が反映されます。10ではじまるIPアドレスのインタフェースと192.168.12ではじまるIPアドレスのインタフェースでRIPが有効化されます。

```
  Routing for Networks:
    10.0.0.0
    192.168.12.0
```

• RIPが有効なインタフェース(❸)

実際にRIPが有効化されているインタフェースは、コマンド出力の真ん中あたりに表示されています。FastEthernet0/0でRIPが有効化されています。送信/受信ともにv2です。

なお、FastEthernet0/1でもRIPが有効化されています。ただし、Fa0/1はパッシブインタフェースとなっているので表示されていません。

```
Default version control: send version 2, receive version 2
  Interface             Send  Recv  Triggered RIP  Key-chain
  FastEthernet0/0       2     2
```

• パッシブインタフェース(❹)

RIPパケットの送信を止めているパッシブインタフェースとしているインタフェースは、コマンド出力の以下の部分に表示されています。

```
Passive Interface(s):
  FastEthernet0/1
```

show ip rip database

show ip rip databaseコマンドで、RIPで送受信するルート情報を表示します。

```
R1#show ip rip database ⏎
10.0.0.0/8    auto-summary
10.1.1.0/24    directly connected, FastEthernet0/1
10.3.3.0/24
    [2] via 192.168.12.2, 00:00:20, FastEthernet0/0
192.168.12.0/24    auto-summary
192.168.12.0/24    directly connected, FastEthernet0/0
192.168.23.0/24    auto-summary
192.168.23.0/24
    [1] via 192.168.12.2, 00:00:20, FastEthernet0/0
```

この中から、directly connectedと表示されている2つのルート情報があります。これらは、networkコマンドによってそのルータ自身がインタフェースでRIPを有効化したことによって生成されたルート情報です。

```
R1#show ip rip database | include directly connected ⏎
10.1.1.0/24    directly connected, FastEthernet0/1
192.168.12.0/24    directly connected, FastEthernet0/0
```

Chapter 8

そして、via 192.168.12.2と表示されているルート情報が192.168.12.2から受信したRIPルートです。

```
R1#show ip rip database | section 192.168.23|10.3.3 ⏎
10.3.3.0/24
    [2] via 192.168.12.2, 00:00:24, FastEthernet0/0
192.168.23.0/24    auto-summary
192.168.23.0/24
    [1] via 192.168.12.2, 00:00:24, FastEthernet0/0
```

他にauto-summaryと表示されているのは、クラス単位で自動集約されたRIPルートです。自動集約を無効化していても自動集約ルートはRIPデータベースに生成されるようですが、他のルータへアドバタイズされません。

show ip route rip

show ip route ripコマンドでルーティングテーブルの中からRIPで学習したルート情報のみを表示します。

```
R1#show ip route rip ⏎
     10.0.0.0/24 is subnetted, 2 subnets
R       10.3.3.0 [120/2] via 192.168.12.2, 00:00:04, FastEthernet0/0
R    192.168.23.0/24 [120/1] via 192.168.12.2, 00:00:04, FastEthernet0/0
```

演習 RIP

概要

演習環境のフォルダ：「05_RIP」

RIPによって、ルーティングテーブルを作成します。ネットワーク構成はスタティックルートの設定と同じです。スタティックルートの設定とRIPをはじめとするルーティングプロトコルの設定の考え方の違いについて注目しましょう。ネットワーク構成は**図8-A**のようになります。

○図8-A：ネットワーク構成

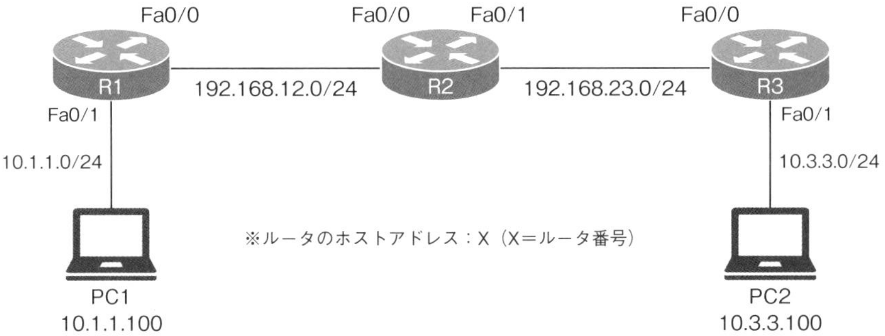

設定条件

- R1/R2/R3でRIPv2の設定によって、ルーティングテーブルを作成する
- 不要なRIPパケットを送信しないようにする

初期設定

R1/R2/R3

- ホスト名
- IPアドレス／サブネットマスク

PC1/PC2

- ホスト名
- IPアドレス／サブネットマスク、デフォルトゲートウェイ

演習で利用するコマンド

- `(config)#router rip`
  RIPルーティングプロセスを有効にします。
- `(config-router)#network <network-address>`
  指定したネットワークアドレスに含まれるIPアドレスのインタフェースでRIPを有効化します。
- `(config-router)#version 2`
  送受信するRIPパケットのバージョンを2にします。
- `(config-router)#no auto-summary`
  RIPの自動集約を無効化します。
- `(config-router)#passive-interface <interface-name>`
  パッシブインタフェースの設定を行います。
- `#show ip protocols`
  RIPの概要を表示します。
- `#show ip rip database`
  RIPデータベースを表示します。
- `#show ip route`
  ルーティングテーブルを表示します。
- `> ping <ip-address>`
  (VPCS)VPCSでPingを実行します。

Step1 RIPv2の有効化

R1/R2/R3のすべてのインタフェースでRIPv2を有効化します。また、自動集約を無効化します。

```
R1
router rip
  network 10.0.0.0
  network 192.168.12.0
  version 2
  no auto-summary
```

```
R2
router rip
  network 192.168.12.0
  network 192.168.23.0
  version 2
  no auto-summary

R3
router rip
  network 10.0.0.0
  network 192.168.23.0
  version 2
  no auto-summary
```

Step2 パッシブインタフェースの設定

PC1/PC2だけが接続されているインタフェースにはRIPパケットを送信する必要がありません。そのため、次のインタフェースをパッシブインタフェースとして設定して、RIPパケットの送信を止めます。

- R1 Fa0/1
- R3 Fa0/1

```
R1/R3
router rip
  passive-interface FastEthernet0/1
```

Step3 RIPv2の確認

R1/R2/R3でRIPv2が正しく設定されていることを確認します。確認のために次のコマンドを実行します。

- `#show ip protocols`

  RIPの概要を表示します。

- `#show ip rip database`

  RIPデータベースを表示します。

- `#show ip route`

ルーティングテーブルを表示します。

R1では、show ip protocolsコマンドの結果は次のように表示されます。

```
R1
R1#show ip protocols ⏎
Routing Protocol is "rip"
  Outgoing update filter list for all interfaces is not set
  Incoming update filter list for all interfaces is not set
  Sending updates every 30 seconds, next due in 6 seconds
  Invalid after 180 seconds, hold down 180, flushed after 240
  Redistributing: rip
  Default version control: send version 2, receive version 2
    Interface             Send  Recv  Triggered RIP  Key-chain
    FastEthernet0/0       2     2
  Automatic network summarization is not in effect
  Maximum path: 4
  Routing for Networks:
    10.0.0.0
    192.168.12.0
  Passive Interface(s):
    FastEthernet0/1
  Routing Information Sources:
    Gateway         Distance      Last Update
    192.168.12.2         120      00:00:19
  Distance: (default is 120)
```

R1 Fa0/0とFa0/1でRIPv2が有効化されています。ただし、Fa0/1はパッシブインタフェースです。

そして、R1でのshow ip rip databaseコマンドの結果は次のように表示されます。

```
R1
R1#show ip rip database ⏎
10.0.0.0/8    auto-summary
10.1.1.0/24    directly connected, FastEthernet0/1
10.3.3.0/24
    [2] via 192.168.12.2, 00:00:03, FastEthernet0/0
192.168.12.0/24    auto-summary
192.168.12.0/24    directly connected, FastEthernet0/0
192.168.23.0/24    auto-summary
192.168.23.0/24
    [1] via 192.168.12.2, 00:00:03, FastEthernet0/0
```

RIPデータベース上のRIPルートをまとめたものが**表8-A**です。

◯表8-A：RIPデータベース上のRIPルート

ネットワークアドレス（RIPルート）	ネクストホップ
10.1.1.0/24	directrly connected（R1自身が生成）
192.168.12.0/24	directrly connected（R1自身が生成）
10.3.3.0/24	192.168.12.2
192.168.23.0/24	192.168.12.2

RIPデータベースからルーティングテーブル上にルート情報が登録されます。R1でRIPによって登録されたルーティングテーブルのルート情報は次のようになっています。

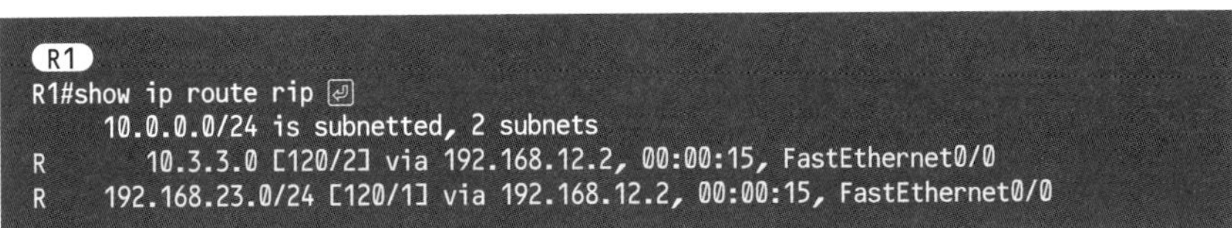

```
R1
R1#show ip route rip
      10.0.0.0/24 is subnetted, 2 subnets
R        10.3.3.0 [120/2] via 192.168.12.2, 00:00:15, FastEthernet0/0
R     192.168.23.0/24 [120/1] via 192.168.12.2, 00:00:15, FastEthernet0/0
```

図8-Bに、R1でのRIPの動作をまとめています。

◯図8-B：R1でのRIPの動作

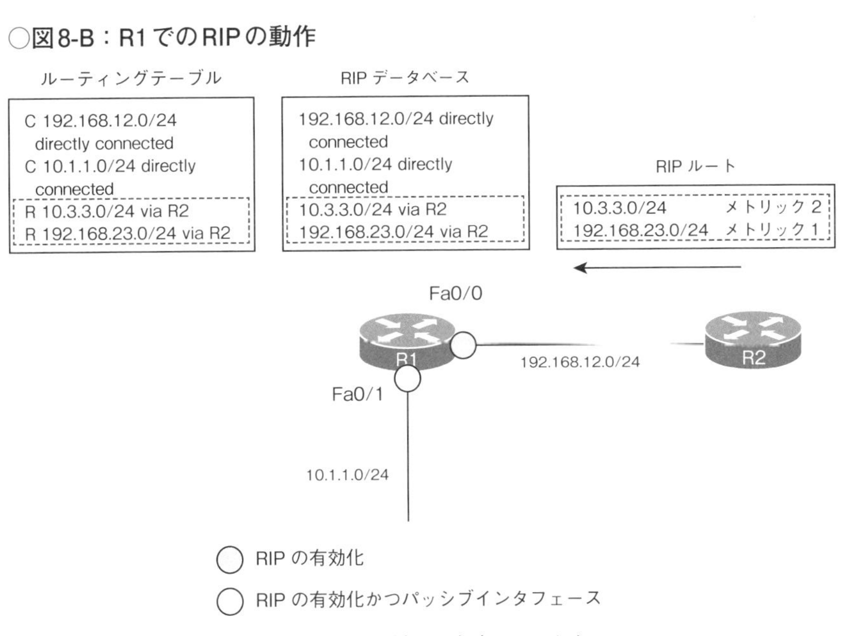

※ここでは、R1からRIPルートを送信する様子は省略しています。

Step4 通信確認

RIPによってR1/R2/R3のルーティングテーブルを作成すれば通信できます。PC1からPC2へPingを実行すると応答が返ってきます。

```
PC1
PC1> ping 10.3.3.100 ⏎
84 bytes from 10.3.3.100 icmp_seq=1 ttl=61 time=91.673 ms
84 bytes from 10.3.3.100 icmp_seq=2 ttl=61 time=90.820 ms
84 bytes from 10.3.3.100 icmp_seq=3 ttl=61 time=92.323 ms
84 bytes from 10.3.3.100 icmp_seq=4 ttl=61 time=91.093 ms
84 bytes from 10.3.3.100 icmp_seq=5 ttl=61 time=92.047 ms
```

また、R1からR3へPingも成功です。

```
R1
R1#ping 192.168.23.3 ⏎

Type escape sequence to abort.
Sending 5, 100-byte ICMP Echos to 192.168.23.3, timeout is 2 seconds:
!!!!!
Success rate is 100 percent (5/5), round-trip min/avg/max = 108/136/156 ms
```

Pingが成功しているので、R1/R2/R3の各ルータのインタフェースでRIPv2を有効にすることでルーティングテーブルが完成していることがわかります。

スタティックルートの設定の演習では、通信の行きと戻りを考慮して設定しなければいけませんでした。また、ルータごとに設定するべきスタティックルートが異なります。スタティックルートの設定に比べると、RIPをはじめとするルーティングプロトコル基本的な設定はとてもシンプルです。

Chapter 9

インターネットへの接続

必要な設定は「デフォルトルート」「NAT/PAT」「パケットフィルタリング」

本章では、企業の社内ネットワークをインターネットに接続するために、「デフォルトルート」「NAT/PAT」「パケットフィルタリング」の設定について学びます。

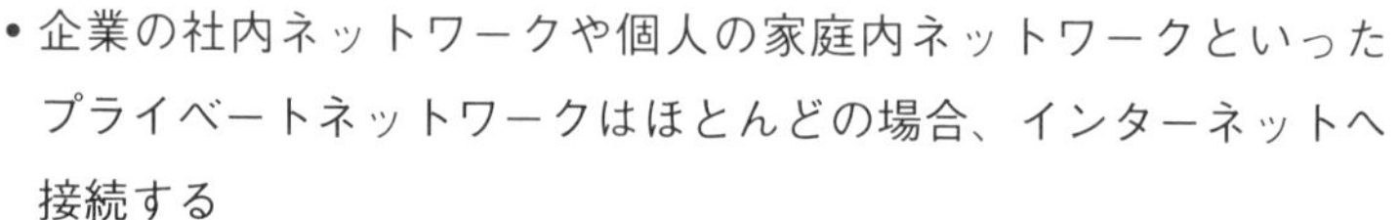

9-1 インターネットへの接続

- 企業の社内ネットワークや個人の家庭内ネットワークといったプライベートネットワークはほとんどの場合、インターネットへ接続する
- インターネットに接続することで、ネットワークを利用するメリットがより高まる
- インターネットに接続するためには、ISPが提供するインターネット接続サービスを利用する

プライベートネットワークだけでは……

企業の社内ネットワークや個人ユーザの家庭内ネットワークといったプライベートネットワークは、ユーザを限定しています。ユーザが限定されていると、ネットワークのメリットも限定してしまうことになります。一般的に、ネットワークの価値は利用するユーザが多いほど高まります。そこで、ほとんどの場合、プライベートネットワークをインターネットに接続します(**図9-1**)。

○図9-1：プライベートネットワークをインターネットに接続する

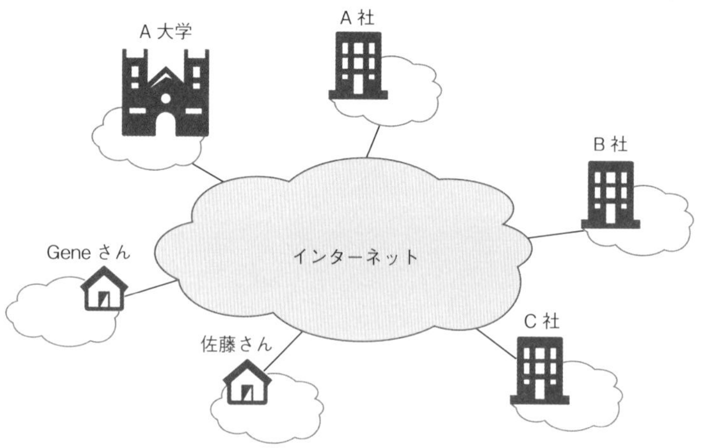

なお、セキュリティを非常に重視するプライベートネットワークであれば、インターネットへの接続は行いません。

インターネット接続サービス

インターネットへ接続するためのもっとも典型的な形態は、ISP(アイエスピー)(Internet Service Provider)注1とインターネット接続サービスを契約することです。

ISPとインターネット接続サービスを契約することで、そのISPのネットワークに所属して、インターネット上のその他のユーザと通信できるようになります(**図9-2**)。

◯図9-2：インターネット接続サービスの概要

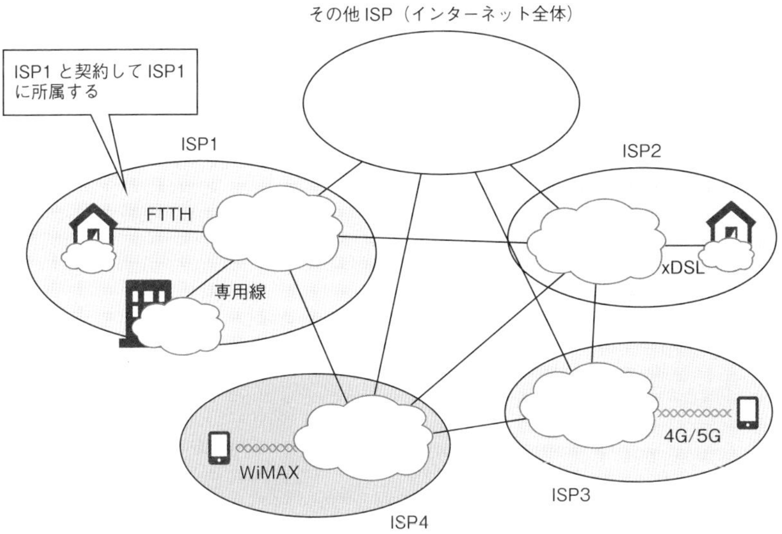

そして、ISPと接続するための通信回線として、次のサービスを利用できます。

- 固定回線
  - 専用線

注1）ISPはしばしば単に「プロバイダ」と呼びます。

  - FTTH(Fiber To The Home)
  - xDSL(x Digital Subscriber Line)
  - CATV回線
- モバイル回線
  - 4G/5G携帯電話回線
  - WiMAX/WiMAX2

個人ユーザ向けのインターネット接続サービスでも、アクセス回線速度として1Gbps以上利用できるサービスも登場しています。ベストエフォートで通信速度が保証されるわけではありませんが、高速な常時インターネット接続環境が当たり前になっています。

また、スマートフォンでインターネットへ接続するのもこの形態です。NTTドコモ/au/ソフトバンクといった携帯電話キャリアはISPでもあります。スマートフォンの回線契約をすることで、4G/5G携帯回線でNTTドコモなどの携帯電話キャリアのネットワークに所属して、インターネットへアクセスします。モバイル回線の通信速度も非常に高速化していて、まさしく、「いつでもどこからでも」インターネットへアクセスできるようになっています。

インターネット接続に必要な設定のポイント

企業の社内ネットワークをインターネットに接続する際には、次の設定が必要です。

- デフォルトルート
- NAT(Network Address Translation)/PAT(Port Address Translation)
- パケットフィルタリング

以降で、これらの設定について考えていきます。

なお、これらの設定はほとんど自動的に行われるようになっています。特に個人ユーザ向けのブロードバンドルータでは、上記についてユーザ自身がなにか意識的に設定するような必要はありません。しかし、インターネットへ接続するには、これらの仕組みもしっかりと理解しておきましょう。

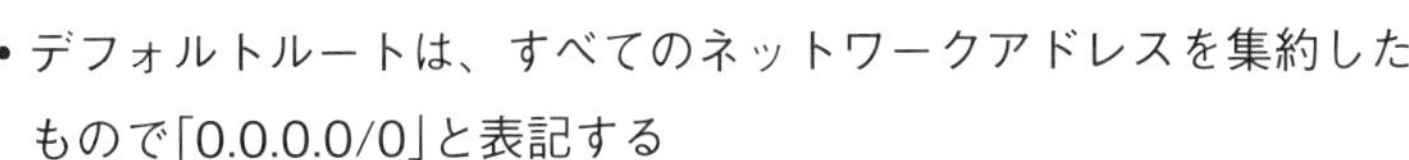

9-2 デフォルトルート

- デフォルトルートは、すべてのネットワークアドレスを集約したもので「0.0.0.0/0」と表記する
- インターネット宛のパケットをルーティングするために、ルーティングテーブルにデフォルトルートを登録する

デフォルトルート

デフォルトルートは、すべてのネットワークアドレスを集約していて「0.0.0.0/0」と表記します。おもにインターネット宛のパケットをルーティングするために、ルータやレイヤ3スイッチのルーティングテーブルにデフォルトルートのルート情報を登録します。

ルーティングの原則を改めて思い出しましょう。ルーティングテーブルに載っていないネットワーク宛のパケットは破棄します。一方、インターネットには膨大な数のネットワークが存在します。インターネットの膨大な数のネットワークを1つずつルーティングテーブルに登録することは現実的ではありません。また、その必要性もありません。インターネット宛のパケットは、結局は、契約しているISPのルータに転送すればよいからです。

そこで、インターネットの膨大な数のネットワークをデフォルトルートに集約して、ルーティングテーブルに登録します(**図9-3**)。注意すべき点は、社内ネットワークのすべてのルータ／レイヤ3スイッチのルーティングテーブルにデフォルトルートを登録することです。インターネットに接続しているルータだけにデフォルトルートを登録するのでは不十分です。

デフォルトルートの登録方法は、インターネットに接続しているルータとその他のルータでは若干異なります。

◯図9-3：デフォルトルートの登録

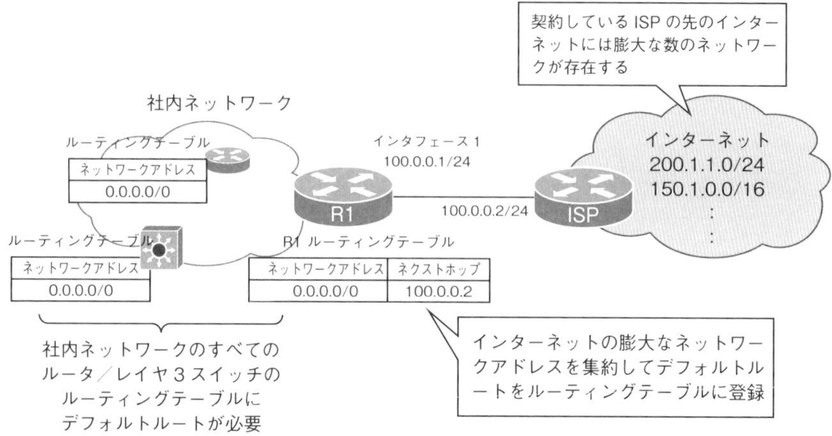

※ルータ／レイヤ3スイッチのルーティングテーブルは、デフォルトルートのみにしています。社内ネットワークのルータ／レイヤ3スイッチについてはネクストホップの情報も省略して表記しています。

インターネット接続ルータのデフォルトルート設定

インターネットに接続しているルータでは、スタティックルートの設定でデフォルトルートを登録します。接続先のISPのルータは、社内で利用しているルーティングプロトコルを使ってくれるとは限らないからです。

また、インターネット接続を冗長化していなければルーティングプロトコルを利用する必要もありません。そのため、スタティックルートの設定によって、デフォルトルートをルーティングテーブルに登録します。

その他のルータのデフォルトルート設定

インターネットに接続しているルータ以外のルータに、それぞれスタティックルートでデフォルトルートを登録すると手間がかかります。社内のルータ間でルーティングプロトコルを利用していれば、ルーティングプロトコルでデフォルトルートをアドバタイズするように設定すればOKです。

デフォルトルートの設定と確認コマンド

スタティックルート

契約しているISPと直接つながるルータには、スタティックルートでデフォルトルートを設定します。通常のスタティックルートの設定で、ネットワークアドレスとサブネットマスクをそれぞれ「0.0.0.0」とすればよいだけです。グローバルコンフィグレーションモードで次のコマンドを入力します。

```
構文
(config)#ip route 0.0.0.0 0.0.0.0 <next-hop>

引数
<next-hop>：ネクストホップアドレス
```

RIP

社内のルータ／レイヤ3スイッチには、社内で利用しているルーティングプロトコルでデフォルトルートをルーティングテーブルに登録します。デフォルトルートを生成するのは、スタティックルートでデフォルトルートを設定しているルータです。つまり、インターネットに接続しているルータで、デフォルトルートをルーティングプロトコルで生成すればOKです。その他の社内のルータ／レイヤ3スイッチは通常のルーティングプロトコルの設定をしているだけで追加の設定は不要です。

RIPルートとしてデフォルトルート「0.0.0.0/0」を生成して、他のRIPルータへアドバタイズするためには、RIPのコンフィグレーションモードで次のコマンドを入力します（**図9-4**）。

```
(config)#router rip
(config-router)#default-information originate
```

◯図9-4：デフォルトルートの設定

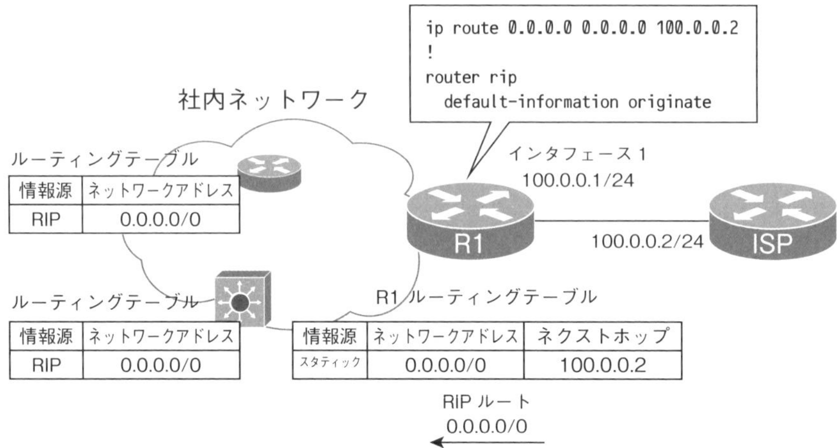

デフォルトルートの確認コマンド

show ip routeコマンドで、ルーティングテーブルにデフォルトルート「0.0.0.0/0」が意図したとおりに登録されていることを確認します。Ciscoルータでは、デフォルトルートはルーティングテーブルの最後の行に表示されます。また、デフォルトルートを示すフラグ「*」が付けられます。

```
R1#show ip route ⏎

    :（略）

Gateway of last resort is 100.0.0.10 to network 0.0.0.0

C    192.168.12.0/24 is directly connected, FastEthernet0/0
     100.0.0.0/24 is subnetted, 1 subnets
C       100.0.0.0 is directly connected, FastEthernet0/1
R    192.168.2.0/24 [120/1] via 192.168.12.2, 00:00:52, FastEthernet0/0
S*   0.0.0.0/0 [1/0] via 100.0.0.10
```

9-3 NAT/PAT

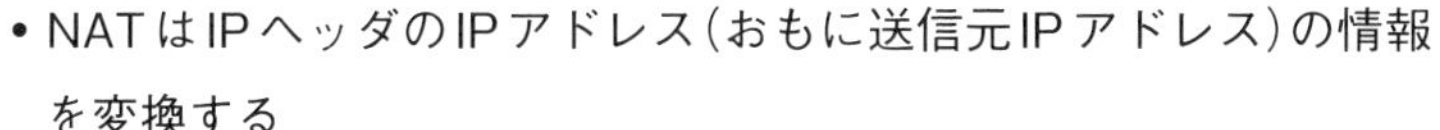

- NATはIPヘッダのIPアドレス(おもに送信元IPアドレス)の情報を変換する
- 1つのグローバルアドレスを複数のプライベートアドレスと対応付けるためにPATの変換を行う

プライベートアドレスではインターネット宛の通信はできない

プライベートネットワークのPCやスマートフォンなどには、プライベートアドレスを設定しています。プライベートアドレスのPCからは、そのままインターネット宛の通信はできません。プライベートアドレスのままでは、返事が返ってこられないからです。

プライベートアドレスを設定しているPCから、インターネット上のグローバルアドレスを設定しているサーバへデータを送信するときには、宛先IPアドレスがサーバのグローバルアドレスで、送信元IPアドレスがPCのプライベートアドレスです。

ルータがルーティングするときには基本的に宛先IPアドレスを参照します。インターネット上のサーバ宛のデータは、インターネット上のルータでルーティングされていきます(**図9-5**)。

そして、サーバから返事を返します。その際、宛先IPアドレスがPCのプライベートアドレスで、送信元IPアドレスはサーバのグローバルアドレスとなります。インターネット上のルータは、宛先IPアドレスがプライベートアドレスのIPパケットは必ず破棄します[注2]。そのため、サーバからの返事が返ってくることはなく、双方向の通信が成立しなくなってしまいます(**図9-6**)。

プライベートアドレスのPCからインターネット宛の通信ができるようにNAT/PATを行います。

注2) 実際には、インターネットに至る前にサーバからの返事のデータは破棄されます。いずれにせよ、プライベートアドレスのままでは返事が返ってこられません。

○図9-5：プライベートアドレスによるインターネット宛の通信（その1）

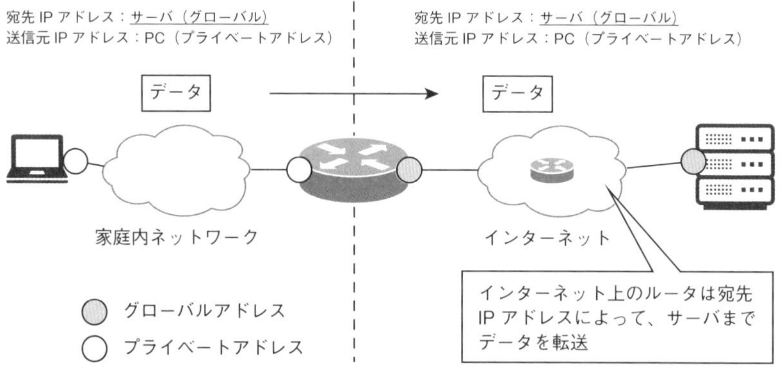

※セキュリティ対策のため、送信元IPアドレスがプライベートアドレスのデータは破棄されることがほとんどです。ここでは、そのようなセキュリティ対策は考慮しません。

○図9-6：プライベートアドレスによるインターネット宛の通信（その2）

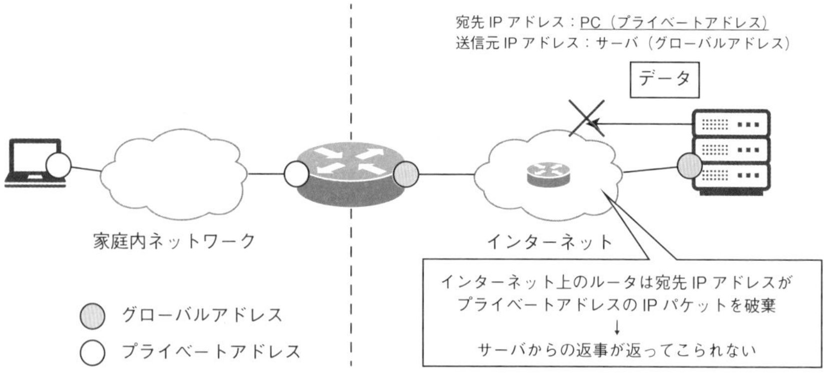

なお、現在の一般的な個人向けや中小企業向けのインターネット接続サービスでは、ユーザそれぞれにグローバルアドレスを割り当てることはほとんどありません。しかし、以降の解説では、話をシンプルにするためにグローバルアドレスを割り当てられているものとします。

NAT

NATは、IPヘッダのIPアドレスの情報を変換するための機能です。おもにインターネットに接続しているルータでNATを行います。NATの用途は、プライベートアドレスのPCなどからインターネットへ通信できるようにすることがもっとも一般的です。

NATの他の用途として、サーバの負荷分散や重複したアドレスのネットワーク間の通信を実現する用途があります。以降で、もっとも一般的なNATの変換の仕組みを解説します。

プライベートアドレスのPCからインターネットへの通信を実現するためのNATのアドレス変換の動作は次のように行います。

①プライベートネットワーク(内部ネットワーク)からインターネット(外部ネットワーク)宛のIPパケットの送信元IPアドレスをプライベートアドレスからグローバルアドレスに変換して、インターネットへ転送する
②変換したアドレス情報をNATテーブルに保存
③インターネットからプライベートネットワーク宛のIPパケットでNATテーブルに一致するグローバルアドレスの宛先IPアドレスをプライベートアドレスに変換してプライベートネットワークに転送する

やはり、通信は双方向であるということをしっかりと意識してください。上記の①の動作だけではなく、戻ってくるIPパケットの宛先を変換するという③の動作も行ってはじめて、プライベートアドレスのPCからのインターネットの通信ができるようになります(図9-7)。

PAT

単純なNATのアドレス変換は、プライベートアドレスとグローバルアドレスが1対1の対応となります。グローバルアドレスは枯渇の心配がされていて、あまりたくさん利用できないことがほとんどです。プライベートアドレスのPCがたくさん存在すれば、その数分だけグローバルアドレスが必要になってしまいます。

そこで、プライベートアドレスとグローバルアドレスを1対1に対応させる単純なNATではなく、複数のプライベートアドレスを1つのグローバルアドレスに変換するPAT(Port Address Translation)の変換を行います。PATは1つ

○図9-7：NATの動作

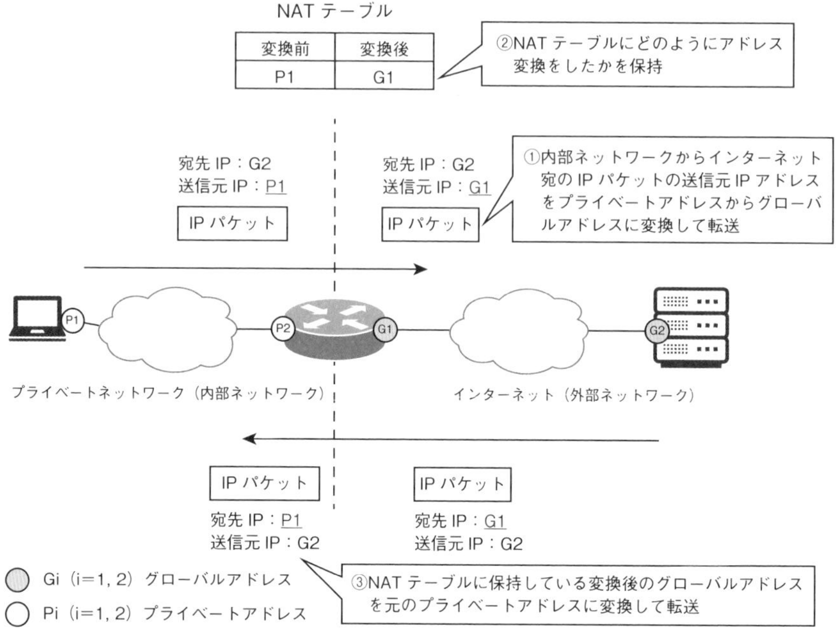

のグローバルアドレスを複数のプライベーアドレスを持つホストで共用するためのアドレス変換と言い換えることができます。

1つのグローバルアドレスを複数のプライベートアドレスに対応づけなければいけないので、NATテーブルに保持するアドレス変換の情報にTCP/UDPのポート番号も追加します。ポート番号を見て、複数のプライベートアドレスの区別を付けるようにしています。

以下は、簡単なPATの動作の例です。プライベートアドレスのPC1とPC2からインターネットのWebサーバにアクセスしている例です。

PC1からインターネット宛のIPパケットは、送信元IPアドレスをプライベートアドレスP1からグローバルアドレスG1に変換します。その際、NATテーブルにTCPの送信元ポート番号の情報も保持します。同様にPC2からインターネット宛のIPパケットは、送信元IPアドレスをプライベートアドレスP3からグローバルアドレスG1に変換します。NATテーブルにTCPの送信元ポート番号の情報も保持します。

○図9-8：PATの動作（その1）

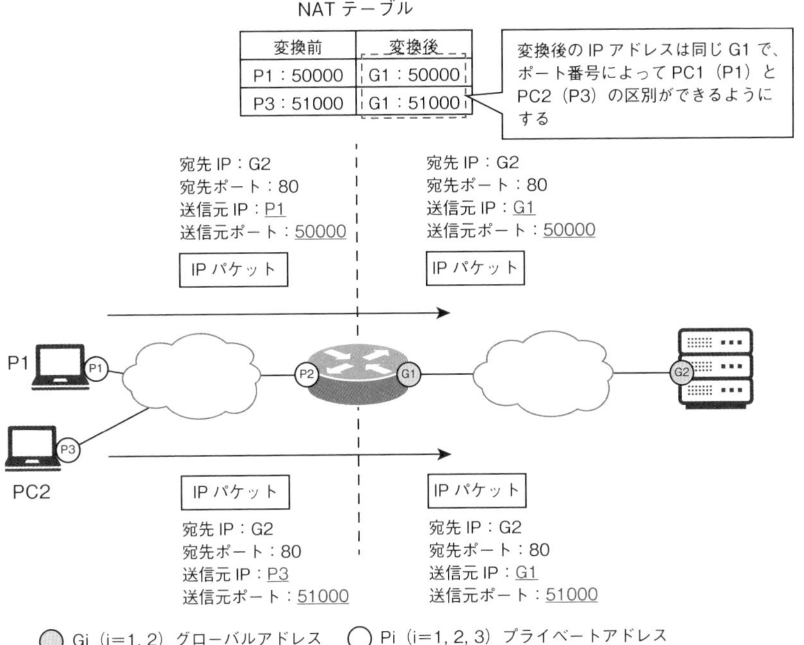

PC1からのIPパケットもPC2からのIPパケットも、送信元IPアドレスとして同じグローバルアドレスG1に変換されます。そして、TCPポート番号によってPC1のプライベートアドレスP1とPC2のプライベートアドレスP3の区別が付くようにしています(**図9-8**)。

インターネットのサーバから返事が返ってきたら、宛先IPアドレスをもとのそれぞれのPCのプライベートアドレスに変換します。このとき、宛先TCPポート番号を見ることで、適切なプライベートアドレスに変換できます。宛先ポート番号が50000なら、宛先IPアドレスをG1からPC1のP1に変換します。宛先ポート番号が51000なら、宛先IPアドレスをG1からPC2のP3に変換します(**図9-9**)。

単純な1対1のアドレス変換のNATを使うことはまずありません。基本的にはPATです。しかし、「NAT」という言葉で「PAT」の動作まで含んでいることがほとんどです。また、「PAT」という用語はCisco独自のものです。一般的にはNAPT（ナプト）(Network Address Port Translation)という用語を使います。

◯図9-9：PATの動作（その2）

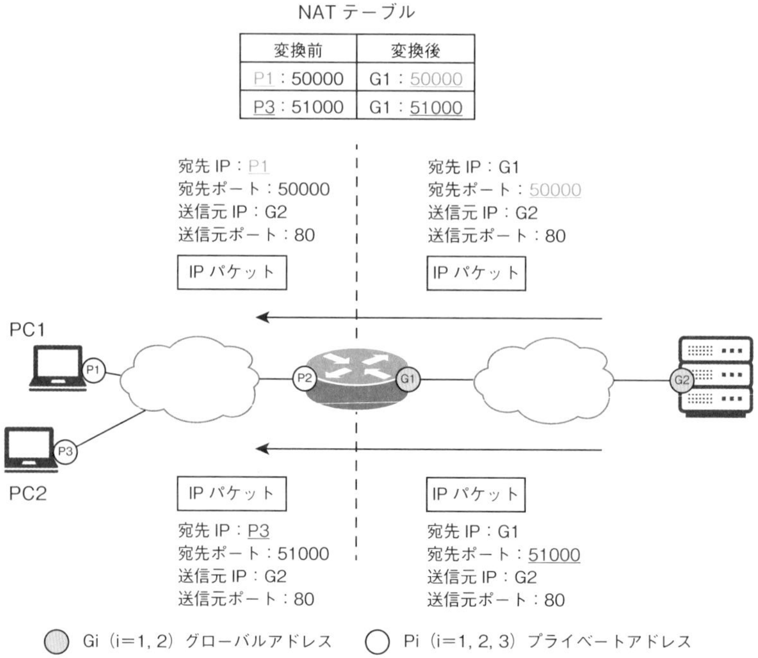

NATテーブル

変換前	変換後
P1：50000	G1：50000
P3：51000	G1：51000

NAT/PATの設定と確認コマンド

設定の考え方

ここまで解説していますが、NAT/PATのアドレス変換は、双方向で考えることが重要です。ただ、設定するうえでは行きの通信だけを考えればOKです。プライベートネットワークからインターネット宛のIPパケットの送信元IPアドレスをどのように変換するかを設定します。すると、その戻りの通信の宛先IPアドレスを自動的に変換します（図9-10）。

なお、CiscoのNAT/PATの設定では、変換前のプライベートアドレスを内部ローカルアドレスと呼びます。そして、変換後のグローバルアドレスを内部グローバルアドレスと呼びます。

○図9-10：NAT/PATの設定の考え方

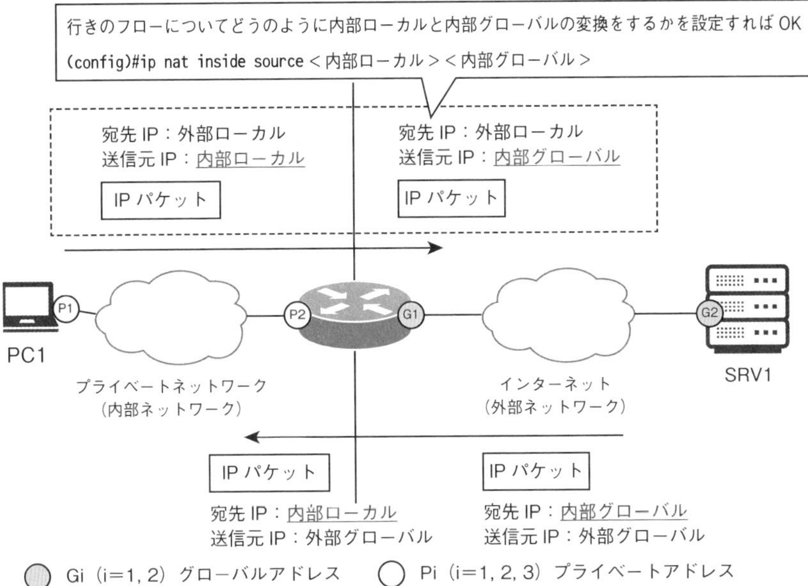

NAT/PATの設定コマンド

Ciscoルータで NAT/PAT を変換する設定の流れは次のようになります。

①内部ネットワーク、外部ネットワークの指定
②アドレス変換の定義

NAT変換を行うためには、まず、内部ネットワークと外部ネットワークを指定します。内部ネットワークとは、プライベートアドレスを利用している社内や家庭内ネットワーク側のインタフェースです。外部ネットワークとは、インターネット側のインタフェースです。

インタフェースコンフィグレーションモードで次のコマンドを入力します。

```
構文
(config)#interface <interface-name>
(config-if)#ip nat {inside|outside}

引数
<interface-name>：インタフェース名
```

内部ネットワークのインタフェースとしてip nat inside、外部ネットワークのインタフェースにはip nat outsideを指定します。内部ネットワークのインタフェース、外部ネットワークのインタフェースは複数になることもあります。NATのアドレス変換は、内部ネットワークのインタフェースと外部ネットワークのインタフェース間でNAT変換対象のパケットを転送する際に行われます。そのため、内部ネットワークと外部ネットワークの指定を間違えてしまうと、意図したようなアドレス変換が行われないので注意してください。

本書では、アドレス変換の定義として、ルータの外部ネットワークのインタフェースに設定されている1つのグローバルアドレスに変換する設定のみを考えます。

NATのアドレス変換の対象パケットをアクセスリストで指定します。アクセスリストでpermitされたIPパケットの送信元IPアドレスが内部ローカルアドレスです。そして、内部グローバルアドレスとしてルータのインタフェースを指定します。

```
構文
(config)#ip nat inside source list <ACL-num> interface <interface-name> [overload]

引数
<ACL-num>：アクセスリスト番号
<interface-name>：内部グローバルアドレスとして利用するルータのインタフェース
```

内部グローバルアドレスは、ルータのインタフェースを利用するので1つです。overloadを付けることで、1つの内部グローバルアドレスと複数の内部ローカルアドレスの対応が可能なPATの動作になります。

NAT/PATの確認コマンド

• `show running-config | include ip nat`

NAT/PATの設定コマンドは、「ip nat」で始まります。show running-configから文字列「ip nat」を含む行だけを表示すると、入力したコマンドがrunning-configに反映されていることを効率良く確認できます。

```
R1#show running-config | include ip nat ⏎
 ip nat inside
 ip nat outside
ip nat inside source list 1 interface FastEthernet0/1 overload
```

• show ip interface

show ip interfaceの最後のほうに、NATの内部ネットワーク／外部ネットワークの設定の状態が表示されます。内部ネットワーク／外部ネットワークの設定が間違っていると意図したようなアドレス変換ができません。内部／外部ネットワークの設定をしっかりと確認してください。

```
R1#show ip interface FastEthernet 0/0 ⏎
FastEthernet0/0 is up, line protocol is up
  Internet address is 192.168.12.1/24
  Broadcast address is 255.255.255.255
  Address determined by non-volatile memory
  MTU is 1500 bytes
    :（略）
  Network address translation is enabled, interface in domain inside
  BGP Policy Mapping is disabled
  WCCP Redirect outbound is disabled
  WCCP Redirect inbound is disabled
  WCCP Redirect exclude is disabled
```

• show ip nat translations

show ip nat translationsコマンドで、どのようなアドレス変換を行っているかというNATテーブルを表示します。スタティックNATの設定(本書では割愛しています)以外は、アドレス変換の処理を実施してはじめてNATテーブルに登録されます。

```
R1#show ip nat translations ⏎
Pro Inside global    Inside local       Outside local      Outside global
icmp 100.0.0.1:1     192.168.2.100:1    100.100.100.100:1  100.100.100.100:1
```

• show ip nat statistics

show ip nat translationsコマンドで、NATのアドレス変換の処理を行ったパケット数などの統計情報がわかります。

```
R1#show ip nat statistics ⏎
Total active translations: 1 (0 static, 1 dynamic; 1 extended)
Outside interfaces:
  FastEthernet0/1
Inside interfaces:
  FastEthernet0/0
Hits: 18  Misses: 0
CEF Translated packets: 17, CEF Punted packets: 0
Expired translations: 1
Dynamic mappings:
-- Inside Source
[Id: 1] access-list 1 interface FastEthernet0/1 refcount 1
Appl doors: 0
Normal doors: 0
Queued Packets: 0
```

9-4 パケットフィルタリング

- パケットフィルタリングによって、正規の通信のみを許可して不正な通信をブロックする
- パケットフィルタリングを考えるときには、通信は双方向であることを意識することが重要
- リフレクシブアクセスリストによって、簡単に双方向の通信を許可するパケットフィルタリングを設定できる

もっとも基本的なセキュリティ対策

インターネットはユーザを限定しない(できない)ので、悪意を持つクラッカーもたくさん存在しています。そのため、プライベートネットワークをインターネットに接続するときには、クラッカーからの不正アクセスを防ぐためのセキュリティ対策を実施します。もっとも基本的なセキュリティ対策が**パケットフィルタリング**です。

パケットフィルタリングは、おもにルータで行います。ルータを通過するパケットの内容をチェックします。そして、正規の通信であればパケットを許可し、不正な通信であればパケットを破棄することで、プライベートネットワークへの不正アクセスを防止します。なお、どんな通信が正規の通信で、どんな通信が不正な通信であるかはネットワーク管理者が決めて、それに基づいてパケットフィルタリングの設定を行います(**図9-11**)。

○**図9-11：パケットフィルタリングの概要**

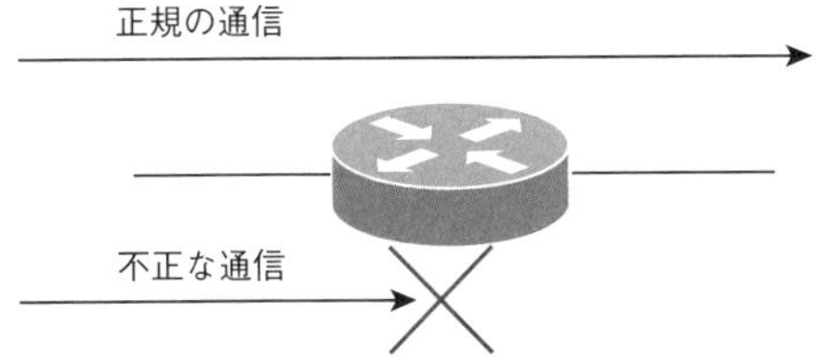

リフレクシブアクセスリストの概要

本書でこれまでにも何度も述べていますが、通信は双方向であることをきちんと考えることが重要です。パケットフィルタリングでも同様です。プライベートネットワークをインターネットに接続するときには、次のようなパケットフィルタリングを行います。

- インターネットからプライベートネットワークへの行きの通信はすべてブロック
- プライベートネットワークからインターネット宛の行きの通信を許可。その戻りのインターネットからプライベートネットワーク宛の通信も許可

リフレクシブアクセスリストの設定によって、2点目のパケットフィルタリングを簡単に設定できまます。リフレクシブアクセスリストとは、許可した行きのパケットの戻りパケット「だけ」を自動的に許可することができるパケットフィルタリングの設定です(**図9-12**)。

リフレクシブは英単語の「reflexive」を単にカタカナ表記しています。reflexiveとは「反射的な」という意味で、行きの通信が反射して戻りの通信になっているイメージです。

○図9-12：プライベートネットワークをインターネットに接続するときのパケットフィルタリング

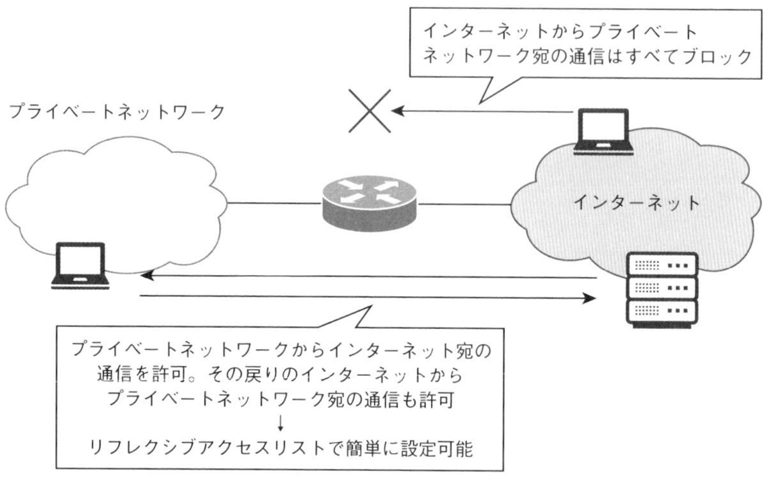

リフレクシブアクセスリストの設定と確認コマンド

リフレクシブアクセスリストの設定の流れは次のようになります。

①プライベートネットワークからインターネット宛の通信についての条件を作成する
②インターネットからプライベートネットワーク宛の通信についての条件を作成する
③インターネット側のインタフェースに上記2つの条件を適用する

リフレクシブアクセスリストを設定するときには、行きと戻りについての拡張アクセスリストを作成します。行きの通信についての条件で、プライベートネットワークからインターネット宛に許可する通信がどんなものかを決めます。そのときに戻りの通信だけを自動的に許可する条件を作成するようにします。自動的に作成される戻りの通信だけ許可する条件が狭義のリフレクシブアクセスリストです。

リフレクシブアクセスリストの設定コマンド

プライベートネットワークからインターネット宛の通信の条件として、本書ではすべて許可する設定のみを解説します。つまり、プライベートネットワークからインターネット宛の通信については特に制限を設けない場合についてです。グローバルコンフィグレーションモードで次のコマンドを入力します。

```
構文
(config)#ip access-list extended <ACL-name1>
(config-ext-acl)#permit ip any any reflect <ref-acl-name>

引数
<ACL-name1>：行きの通信についての条件のACL名
<ref-acl-name>：リフレクシブアクセスリスト名
```

そして、インターネットからプライベートネットワーク宛の通信についての条件で、リフレクシブアクセスリストを参照するようにします。グローバルコンフィグレーションで次のコマンドを入力します。

```
構文
(config)#ip access-list extended <ACL-name2>
(config-ext-nacl)#evaluate <ref-acl-name>
(config-ext-nacl)#deny ip any any

引数
<ACL-name2>：戻りの通信についての条件のACL名
<ref-acl-name>：行きの通信についての条件で指定したリフレクシブアクセスリスト名
```

戻りの通信の条件について、最後に明示的な拒否の条件を入れています。暗黙の拒否の条件があるのですが、わかりやすくするためです。

そして、インターネット側のインタフェースに行きと戻りの拡張アクセスリストを適用します。インタフェースコンフィグレーションモードで次のコマンドを入力します。

```
構文
(config)#interface <interface-name>
(config-if)#ip access-group <ACL-name1> out
(config-if)#ip access-group <ACL-name2> in

引数
<interface-name>：インターネット側のインタフェース名
<ACL-name1>：行きの通信についての条件のACL名
<ACL-name2>：戻りの通信についての条件のACL名
```

行きの通信についての条件は「out」で適用して、戻りの通信についての条件は「in」で適用します。

リフレクシブアクセスリストの確認コマンド

• show ip access-list

show ip access-listコマンドで、設定したアクセスリストの条件を表示します。通信を許可または拒否している条件が正しいことを確認します。また、リフレクシブアクセスリストのインターネット宛の行きの通信に対する戻りの通信を自動的に許可する条件もわかります。

```
R1#show ip access-lists ⏎
Extended IP access list FROM_INET
    10 evaluate REF
    20 deny ip any any
Reflexive IP access list REF
     permit icmp host 100.100.100.100 host 100.0.0.1  (16 matches) (time left 257)
Extended IP access list TO_INET
    10 permit ip any any reflect REF (9 matches)
```

• show ip interface

show ip interfaceコマンドの真ん中あたりに、そのインタフェースに適用されているアクセスリストが表示されます。正しい方向で正しいアクセスリストが適用されていることを確認します。

```
R1#show ip interface FastEthernet 0/1 ⏎
FastEthernet0/1 is up, line protocol is up
  Internet address is 100.0.0.1/24
  Broadcast address is 255.255.255.255
  Address determined by non-volatile memory
  MTU is 1500 bytes
  Helper address is not set
  Directed broadcast forwarding is disabled
  Outgoing access list is TO_INET
  Inbound  access list is FROM_INET
    :(略)
```

演習 インターネットへの接続

概要

演習環境のフォルダ：「06_Internet_Connection」

インターネットへ接続するための次の基本的な設定を行います。

- デフォルトルート
- NAT/PAT
- リフレクシブアクセスリスト

ネットワーク構成は**図9-A**のようになります。

○図9-A：ネットワーク構成

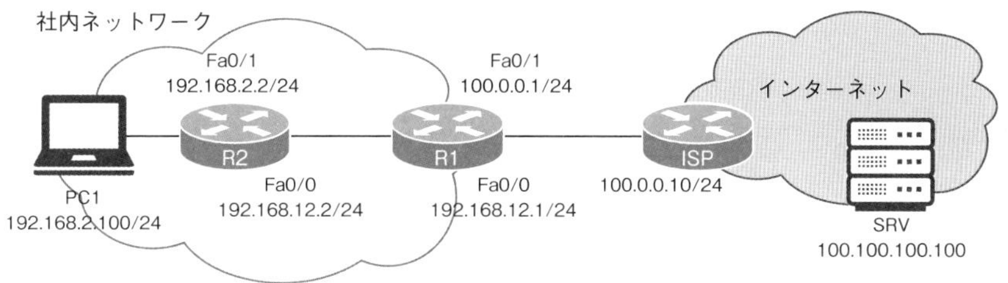

設定条件

- PC1からインターネット上のサーバにアクセスできるように設定する
- R1では、プライベートネットワークからインターネット宛の戻りパケットのみを許可する

初期設定

R1/R2

- ホスト名
- IPアドレス／サブネットマスク
- プライベートアドレスの範囲でのRIPv2

ISP

- ホスト名
- IPアドレス／サブネットマスク

PC1/SRV[注3]

- ホスト名
- IPアドレス／サブネットマスク、デフォルトゲートウェイ

演習で利用するコマンド

- `(config)#ip route 0.0.0.0 0.0.0.0 <next-hop>`

  スタティックルートとしてデフォルトルートを設定します。
- `(config)#router rip`
- `(config-router)#default-information originate`

  RIPルートとしてデフォルトルートを生成して他のRIPルータへアドバタイズします。
- `(config)#interface <interfacen-name>`
- `(config-if)#ip nat {inside|outside}`

  NATの内部／外部ネットワークを指定します。
- `(config)#ip nat inside source list <acl-num> <inside-local> <inside-global> overload`

  アドレス変換を定義してPATを有効にします。
- `(config)#access-list <acl-num> {permit|deny} <source-address> <wildcard>`

  NAT変換対象のパケットを指定します。
- `(config)#ip access-list extended <acl-name>`
- `(config-ext-nacl)#permit ip any any reflect <ref-acl-name>`

  許可したパケットの戻りパケットを許可するリフレクシブアクセスリストの条件を自動的に作成します。

注3) この演習では、CiscoルータをPC1として利用しています。

- (config)#ip access-list extended <ACL-name2>
- (config-ext-nacl)#evaluate <ref-acl-name>

リフレクシブアクセスリストを参照する条件を作成します。

- (config)#interface <interface-name>
- (config-if)#ip access-group <ACL-name> {in|out}

パケットフィルタリングを行うインタフェースにアクセスリストを適用します。

- #show ip route

ルーティングテーブルを表示します。

- #show ip interface

NAT/PATの内部/外部ネットワークおよび適用されているアクセスリストを表示します。

- #show ip nat translation

NATテーブルを表示します。

- #show ip access-list

アクセスリストの条件を表示します。

- #ping <ip-address>

Pingを実行します。

Step1 デフォルトルートの設定(R1)

この演習では、インターネットにはたくさんのネットワークアドレスはありませんが、本来はインターネットには膨大な数のネットワークアドレスがあります。R1でインターネット上のすべてのネットワークアドレスを集約したデフォルトルートをルーティングテーブルに登録します。スタティックルートでデフォルトルートを設定します。

```
R1
ip route 0.0.0.0 0.0.0.0 100.0.0.10
```

Step2 デフォルトルートの確認

R1でルーティングテーブルを表示して、デフォルトルートが登録されていることを確認します。

```
R1
R1#show ip route ⏎
    :(略)

Gateway of last resort is 100.0.0.10 to network 0.0.0.0

C    192.168.12.0/24 is directly connected, FastEthernet0/0
     100.0.0.0/24 is subnetted, 1 subnets
C       100.0.0.0 is directly connected, FastEthernet0/1
R    192.168.2.0/24 [120/1] via 192.168.12.2, 00:00:20, FastEthernet0/0
S*   0.0.0.0/0 [1/0] via 100.0.0.10
```

デフォルトルートが登録されていれば、R1からインターネット上のSRVとの通信が可能です。

```
R1
R1#ping 100.100.100.100 ⏎

Type escape sequence to abort.
Sending 5, 100-byte ICMP Echos to 100.100.100.100, timeout is 2 seconds:
!!!!!
Success rate is 100 percent (5/5), round-trip min/avg/max = 100/104/108 ms
```

ただ、R1だけにデフォルトルートが登録されているのでは不十分です。PC1からSRVへの通信はできません。PC1からSRVへPingを実行すると、応答は返ってきません。

```
PC1
PC1#ping 100.100.100.100 ⏎

Type escape sequence to abort.
Sending 5, 100-byte ICMP Echos to 100.100.100.100, timeout is 2 seconds:
.....
Success rate is 0 percent (0/5)
```

PC1からSRV宛のパケットは、R2で破棄されます。R2にデフォルトルートがないからです(図9-B)。

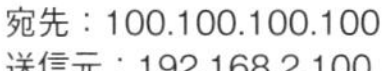

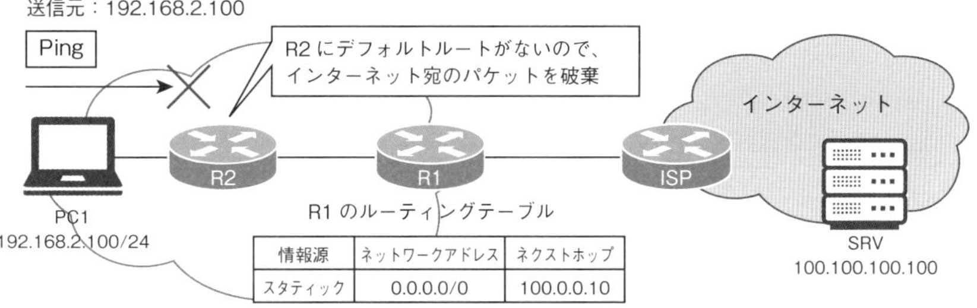

Step3 デフォルトルートをRIPでアドバタイズ

R2のルーティングテーブルにもデフォルトルートを登録するために、R1でデフォルトルートをRIPルートとして生成します。

```
R1
router rip
  default-information originate
```

Step4 デフォルトルートの確認

R2のルーティングテーブルにRIPルートとしてデフォルトルートが登録されていることを確認します。

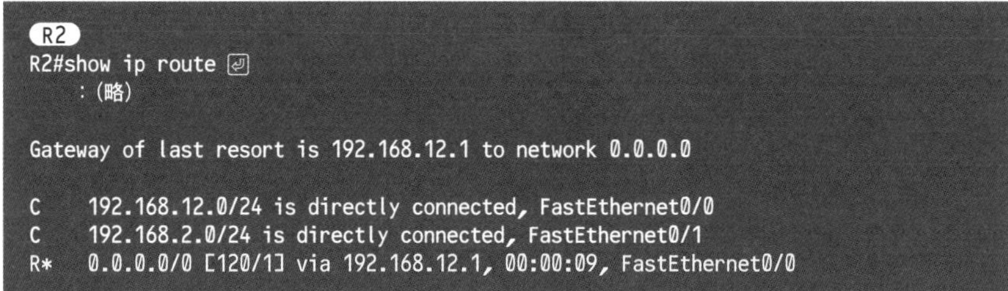

```
R2
R2#show ip route ⏎
        :(略)

Gateway of last resort is 192.168.12.1 to network 0.0.0.0

C     192.168.12.0/24 is directly connected, FastEthernet0/0
C     192.168.2.0/24 is directly connected, FastEthernet0/1
R*    0.0.0.0/0 [120/1] via 192.168.12.1, 00:00:09, FastEthernet0/0
```

R2にデフォルトルートが登録されていても、まだPC1からSRVへの通信はできません。PC1から再度SRVへPingを実行します。

```
PC1
PC1#ping 100.100.100.100 ⏎

Type escape sequence to abort.
Sending 5, 100-byte ICMP Echos to 100.100.100.100, timeout is 2 seconds:
.....
Success rate is 0 percent (0/5)
```

PC1からSRVへPingを実行しても応答が返ってきません。ただ、Step2の場合と状況が違います。R2にもデフォルトルートがあるので、Pingのリクエストはインターネット上のSRVまで転送されます。そして、その返事がISPで破棄されてしまいます。Pingの返事の宛先IPアドレスはPC1のプライベートアドレスだからです(**図9-C**)。

○図9-C：返事が返ってこられない

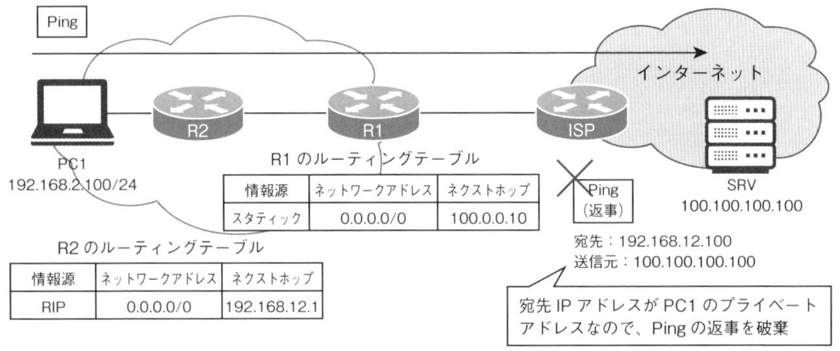

プライベートネットワークからインターネット宛の通信がきちんと返ってこられるようにするためには、NAT/PATのアドレス変換が必要です。

Step5 NAT/PATの設定

プライベートネットワークからインターネット宛の通信の送信元IPアドレスを、プライベートアドレスからR1のFa0/1のグローバルアドレス100.0.0.1に変換します。100.0.0.1のグローバルアドレスを複数のプライベートアドレスのPCで共有できるようにPATの設定を行います。

```
R1
interface FastEthernet0/0
  ip nat inside
!
interface FastEthernet0/1
  ip nat outside
!
ip nat inside source list 1 interface FastEthernet0/1 overload
!
access-list 1 permit 192.168.0.0 0.0.255.255
```

Step6 NAT/PATの確認

NAT/PATを正しく設定できればPC1からSRVへの通信ができます。PC1からSRVへ再度Pingを実行すると応答が返ってきます。

```
PC1
PC1#ping 100.100.100.100 ⏎

Type escape sequence to abort.
Sending 5, 100-byte ICMP Echos to 100.100.100.100, timeout is 2 seconds:
.!!!!
Success rate is 80 percent (4/5), round-trip min/avg/max = 124/135/140 ms
```

R1でshow ip nat translationsコマンドでどのようなアドレス変換を行っているかを確認できます。

```
R1
R1#show ip nat translations ⏎
Pro Inside global      Inside local       Outside local       Outside global
icmp 100.0.0.1:0       192.168.2.100:0    100.100.100.100:0   100.100.100.100:0
```

図9-Dは、PC1からSRV宛のIPパケットのNAT変換の様子を表しています。

◯図9-D：NATの設定と動作

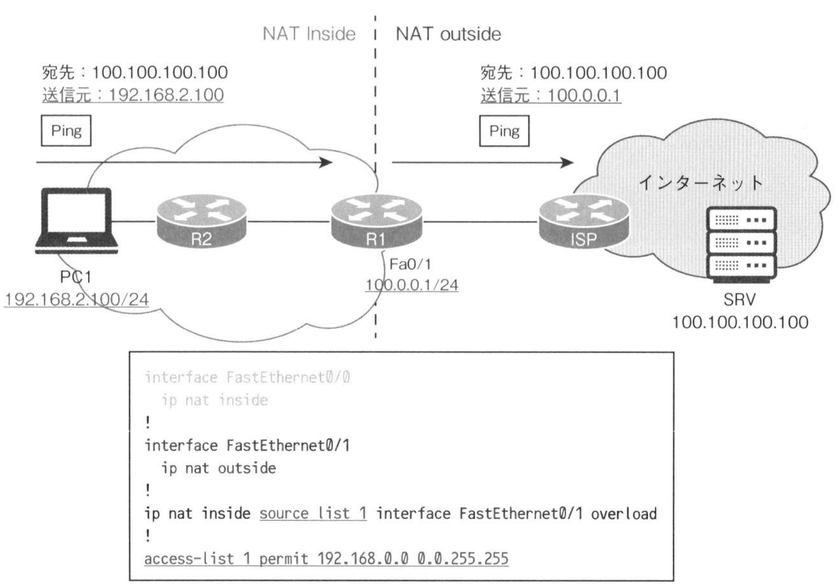


```
interface FastEthernet0/0
  ip nat inside
!
interface FastEthernet0/1
  ip nat outside
!
ip nat inside source list 1 interface FastEthernet0/1 overload
!
access-list 1 permit 192.168.0.0 0.0.255.255
```

Step7 リフレクシブアクセスリストの設定

R1でプライベートネットワークからインターネット宛の戻りパケットのみを許可するために、リフレクシブアクセスリストの設定を行います。

```
R1
interface FastEthernet0/1
  ip access-group FROM_INET in
  ip access-group TO_INET out
!
ip access-list extended FROM_INET
  evaluate REF
  deny   ip any any
ip access-list extended TO_INET
  permit ip any any reflect REF
```

Step8 リフレクシブアクセスリストの確認

R1でshow ip access-listおよびshow ip interface FastEthernet0/1コマンドでリフレクシブアクセスリストの設定を確認します。

```
R1
R1#show ip access-lists ⏎
Standard IP access list 1
    10 permit 192.168.0.0, wildcard bits 0.0.255.255 (11 matches)
Extended IP access list FROM_INET
    10 evaluate REF
    20 deny ip any any
Reflexive IP access list REF
Extended IP access list TO_INET
    10 permit ip any any reflect REF
R1#show ip interface FastEthernet 0/1 ⏎
FastEthernet0/1 is up, line protocol is up
  Internet address is 100.0.0.1/24
  Broadcast address is 255.255.255.255
  Address determined by non-volatile memory
  MTU is 1500 bytes
  Helper address is not set
  Directed broadcast forwarding is disabled
  Outgoing access list is TO_INET
  Inbound  access list is FROM_INET
    :(略)
```

PC1からSRVへPingを実行すると応答が返ってきます。

```
PC1
PC1#ping 100.100.100.100 ⏎

Type escape sequence to abort.
Sending 5, 100-byte ICMP Echos to 100.100.100.100, timeout is 2 seconds:
.!!!!
Success rate is 80 percent (4/5), round-trip min/avg/max = 136/141/144 ms
```

そして、R1でshow ip access-listコマンドを見ると、PC1からSRV宛のPingの返事を許可する条件が自動的に作成されていることがわかります。

```
R1
R1#show ip access-lists
Standard IP access list 1
    10 permit 192.168.0.0, wildcard bits 0.0.255.255 (23 matches)
Extended IP access list FROM_INET
    10 evaluate REF
    20 deny ip any any
Reflexive IP access list REF
     permit icmp host 100.100.100.100 host 100.0.0.1  (16 matches) (time left 257)
Extended IP access list TO_INET
    10 permit ip any any reflect REF (9 matches)
```

図9-Eは、リフレクシブアクセスリストで自動的に戻りパケットを許可する条件を作成している様子を表しています。

○図9-E：リフレクシブアクセスリストの設定と動作

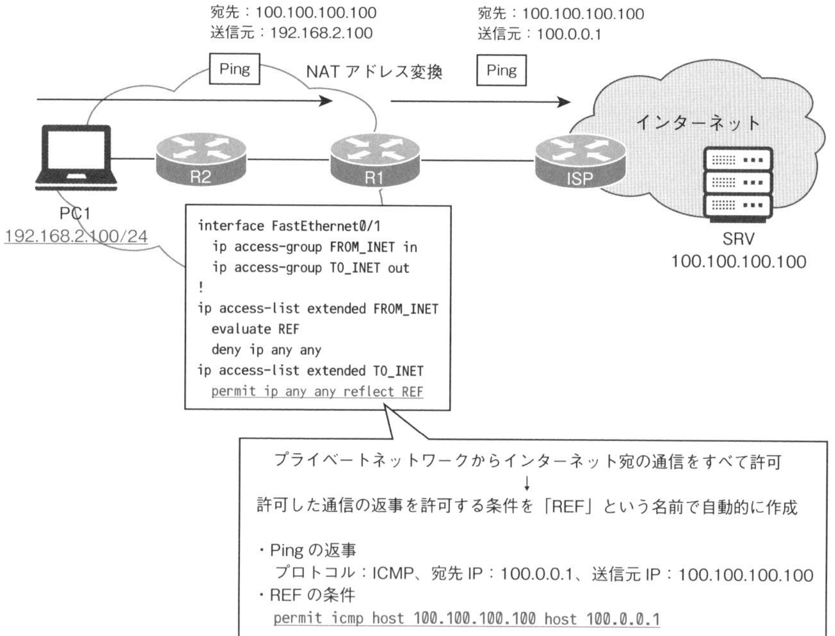

Appendix

総合演習

企業における社内ネットワークの構築

　ここまでの章で企業における社内ネットワークを構築する基本的な内容を学んできました。最後に、拠点が１つのみの企業の社内ネットワークを学んだ技術要素を組み合わせて構築します。わかりづらい部分があれば、本文を読み返しながら挑戦してください。

概要

演習環境のフォルダ：「07_Comprehensive_Exercise」

これまでの演習の内容を統合して、拠点が1つのみの企業の社内ネットワークを構築してみます。そのために次の項目を設定します。

- VLAN／トランク
- IPアドレス設定(VLAN間ルーティング)
- スタティックルート
- RIP

そして、次の項目を設定して社内ネットワークをインターネットに接続します。

- デフォルトルート
- NAT
- パケットフィルタリング

ネットワーク構成は図10-Aのようになります。

設定条件

Part1：VLANによるネットワークの分割

社内のPCおよびサーバ用のネットワークをVLANによって分割します。作成するVLANとアクセスポートの対応は表10-Aのとおりです。必要に応じてトランクポートを設定します。

○表10-A：作成するVLANとアクセスポートの対応

VLAN番号	所属するホスト	アクセスポート
10	PC1	ASW1 Fa1/1
20	PC2/PC3	ASW1 Fa1/2、ASW2 Fa1/1
30	PC4	ASW2 Fa1/2
101	SRV1	SFSW Fa1/1
102	SRV2	SFSW Fa1/2

◯図10-A：総合演習のネットワーク構成

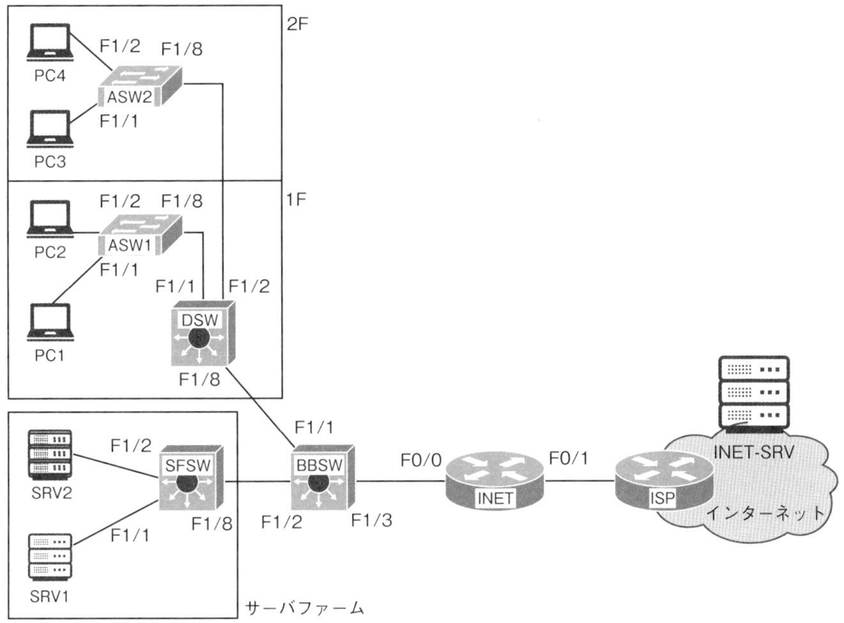

Part2：IPアドレス設定（VLAN間ルーティング）

DSWおよびSFSWでSVIにIPアドレスを設定して、PCとサーバ用のネットワーク（VLAN）を相互接続します（VLAN間ルーティング）。

各ネットワーク機器間のネットワークを相互接続します。DSWおよびSFSW/BBSWではルーテッドポートとしてIPアドレスを設定します。

VLANおよびBBSWとの接続のネットワークについて、ネットワークアドレスは**表10-B**のように決めます。

○表10-B：VLANとBBSWとの接続ネットワーク

ネットワーク	ネットワークアドレス
VLAN10	172.16.10.0/24
VLAN20	172.16.20.0/24
VLAN30	172.16.30.0/24
VLAN101	172.17.101.0/24
VLAN102	172.17.102.0/24
BBSW-DSW間	172.18.0.0/30
BBSW-SFSW間	172.18.0.4/30
BBSW-INET間	172.18.0.8/30

PC／サーバのホストアドレスは次のルールで設定します。

- PC 100＋[i] [i]＝ PC番号
- サーバ 200＋[j] [j]＝ サーバ番号

ネットワーク機器のホストアドレスは次のルールで設定します。

- DSW/SFSW
  デフォルトゲートウェイになるインタフェース：1
  BBSW間：BBSWのホストアドレス＋1
- BBSW
  各ネットワークの最小のホストアドレス
- INET
  BBSW間：BBSWのホストアドレス＋1

Part3：スタティックルート

スタティックルートの設定によって、社内ネットワーク内での通信ができるようにします。

Part4：RIP

スタティックルートに代わって、RIPv2によって社内ネットワーク内での通信ができるようにします。また、不要なRIPパケットを送信しないようにします。

Part5：インターネットへの接続

社内ネットワークをインターネットに接続します。ISPからグローバルアドレス100.0.0.1/24を割り当てられるものとします。インターネットに接続するために必要な設定を行い、社内のPCからインターネット宛の通信の戻りだけを許可するパケットフィルタリングを行います。

初期設定

ISP/INTET-SRV

演習に必要な設定はすべて完了(演習の手順内でこれらの機器を直接設定しません)しています。

その他の機器

ホスト名のみ設定完了

演習で利用するコマンド

ここまでの演習で利用したコマンドを利用します。

Part1 VLANによるネットワークの分割

Step1 VLANの作成とアクセスポートの割り当ての設定

ASW1/ASW2/DSWでPC用のVLANを作成します(表10-C)。ASW1とASW2でアクセスポートを割り当てます。DSWには、これらのVLANのアクセスポートはありません。

◯表10-C：PC用のVLANの設定

機器	VLAN	ポート
ASW1	10	Fa1/1
	20	Fa1/2
ASW2	20	Fa1/1
	30	Fa1/2
DSW	10	-
	20	-
	30	-

```
ASW1
vlan 10,20
!
interface FastEthernet1/1
  switchport mode access
  switchport access vlan 10
!
interface FastEthernet1/2
  switchport mode access
  switchport access vlan 20
```

```
ASW2
vlan 20,30
!
interface FastEthernet1/1
  switchport mode access
  switchport access vlan 20
!
interface FastEthernet1/2
  switchport mode access
  switchport access vlan 30
```

```
DSW
vlan 10,20,30
```

SFSWではサーバ用のVLANを作成して、アクセスポートを割り当てます（表10-D）。

◯表10-D：サーバ用のVLANの設定

機器	VLAN	ポート
SFSW	101	Fa1/1
	102	Fa1/2

```
SFSW
vlan 101,102
!
interface FastEthernet1/1
  switchport mode access
  switchport access vlan 101
!
interface FastEthernet1/2
  switchport mode access
  switchport access vlan 102
```

Step2 VLANの作成とアクセスポートの割り当ての確認

show vlan-switch briefコマンドによって、【Step1】で作成したVLANとアクセスポートの割り当てを確認します。ASW1およびSFSWでのshowコマンドは次のような表示になります。

```
ASW1
ASW1#show vlan-switch brief ⏎

VLAN Name                             Status    Ports
---- -------------------------------- --------- -------------------------------
1    default                          active    Fa1/0, Fa1/3, Fa1/4, Fa1/5
                                                Fa1/6, Fa1/7, Fa1/8, Fa1/9
                                                Fa1/10, Fa1/11, Fa1/12, Fa1/13
                                                Fa1/14, Fa1/15
10   VLAN0010                         active    Fa1/1
20   VLAN0020                         active    Fa1/2
     :(略)
```

```
SFSW
SFSW#show vlan-switch brief ⏎

VLAN Name                             Status    Ports
---- -------------------------------- --------- -------------------------------
1    default                          active    Fa1/0, Fa1/3, Fa1/4, Fa1/5
                                                Fa1/6, Fa1/7, Fa1/8, Fa1/9
                                                Fa1/10, Fa1/11, Fa1/12, Fa1/13
                                                Fa1/14, Fa1/15
101  VLAN0101                         active    Fa1/1
102  VLAN0102                         active    Fa1/2
     :(略)
```

Step3 トランクポートの設定

ASW1-DSW間、ASW2-DSW間は1つのリンク上で複数のVLANのイーサネットフレームを転送する必要があります。そのため、トランクポートとして設定します(表10-E)。

○表10-E：トランクポートの設定

機器	ポート
ASW1	Fa1/8
ASW2	Fa1/8
DSW	Fa1/1
	Fa1/2

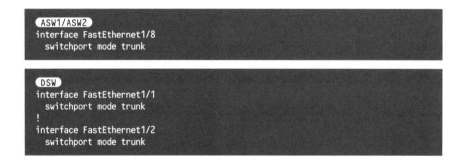

```
ASW1/ASW2
interface FastEthernet1/8
  switchport mode trunk
```

```
DSW
interface FastEthernet1/1
  switchport mode trunk
!
interface FastEthernet1/2
  switchport mode trunk
```

Step4 トランクポートの確認

show interface trunkコマンドでトランクポートの状態を確認します。ASW1とDSWでは、次のようなコマンド表示です。

```
ASW1
ASW1#show interfaces trunk ⏎

Port      Mode         Encapsulation  Status        Native vlan
Fa1/8     on           802.1q         trunking      1

Port      Vlans allowed on trunk
Fa1/8     1-4094

Port      Vlans allowed and active in management domain
Fa1/8     1,10,20

Port      Vlans in spanning tree forwarding state and not pruned
Fa1/8     1,10,20
```

```
DSW
DSW#show interfaces trunk ⏎

Port      Mode         Encapsulation  Status        Native vlan
Fa1/1     on           802.1q         trunking      1
Fa1/2     on           802.1q         trunking      1

Port      Vlans allowed on trunk
Fa1/1     1-4094
Fa1/2     1-4094

Port      Vlans allowed and active in management domain
Fa1/1     1,10,20,30
Fa1/2     1,10,20,30

Port      Vlans in spanning tree forwarding state and not pruned
Fa1/1     1,10,20,30
Fa1/2     1,10,20,30
```

これでVLANによるPC用とサーバ用のネットワークの分割についての設定はすべて完了です。

Step5 論理構成を考える

ここまでのStepの設定によって、PC用の3つのVLANとサーバ用の2つのVLANの論理構成を考えます。

PC用のVLANについて、ASW1/ASW2/DSW内部でのVLANとポートの割り当ては、**図10-B**のようになっています。

○図10-B：ASW1/ASW2/DSWのVLANとポートの割り当て

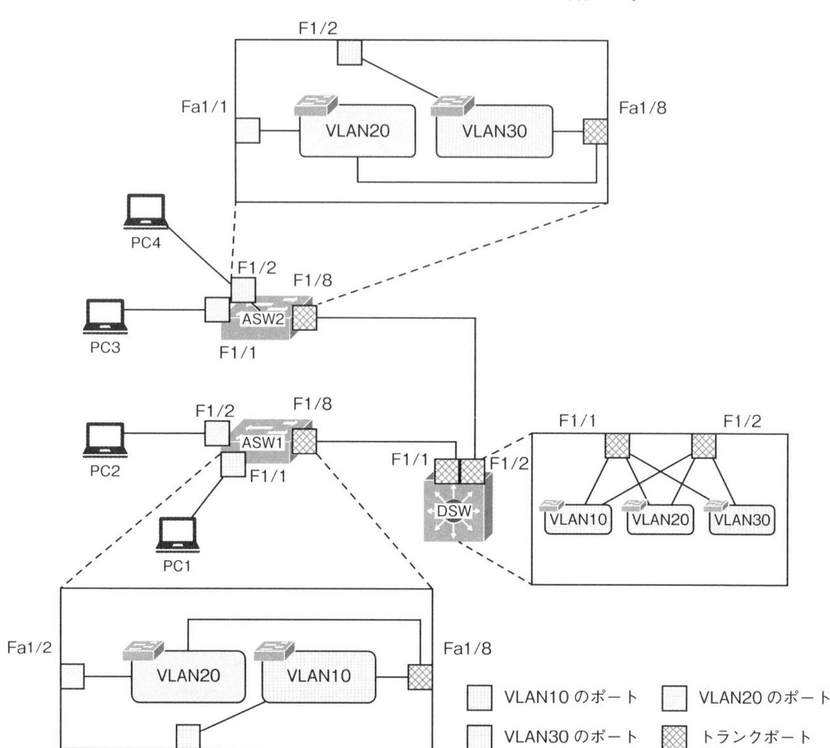

各スイッチ内部のVLAN10、VLAN20、VLAN30同士のつながりを中心に図を書き換えます(**図10-C**)。

なお、**図10-C**のDSWの赤字にしているポートは不要なポートになってしまっています。DSWのVLAN10の仮想スイッチにはFa1/2のポートは不要です。接続先のASW2にVLAN10がないからです。同様にDSWのVLAN20の仮想スイッチにはFa1/1のポートは不要です。接続先のASW1にVLAN30がないからです。本書では、触れていませんがこうしたトランクポートの不要なポートを削除するための設定もあります。

そして、各スイッチの枠を取っ払って、分散しているVLAN10、VLAN20、VLAN30をまとめると、**図10-D**のような独立した3つのVLANの論理構成となります。

◯図10-C：VLANごとの接続

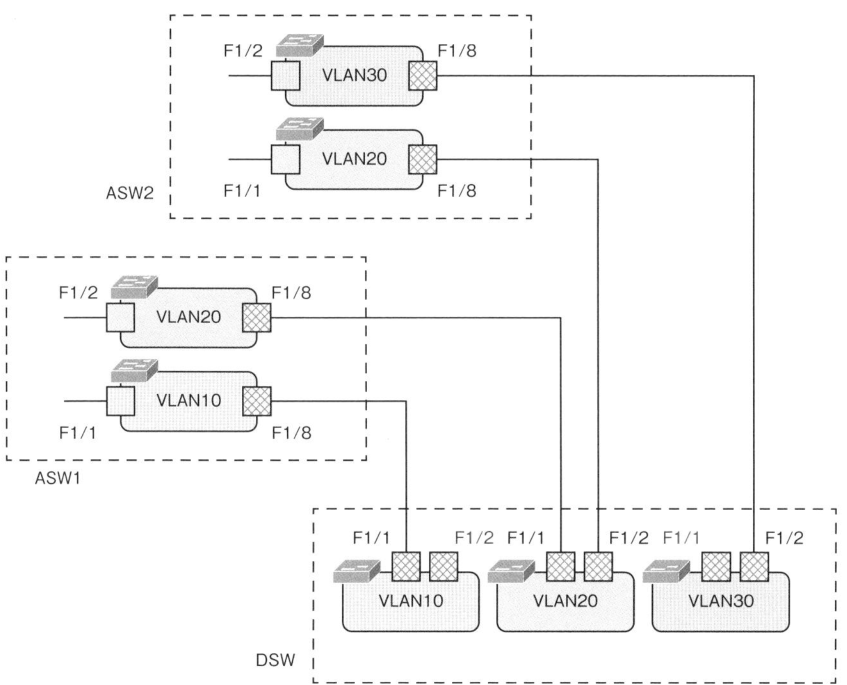

サーバ用のVLANについて、SFSW内部でのVLANとポートの割り当ては、**図10-E**のようになっています。

サーバ用VLANの論理構成は、**図10-F**のように2つの独立した相互接続されていないVLANです。

独立したVLANになってしまっていて、相互接続されていなければVLAN間の通信はできません。次のPartでVLAN同士を相互接続します。

○図10-D：PC用のVLANの論理構成

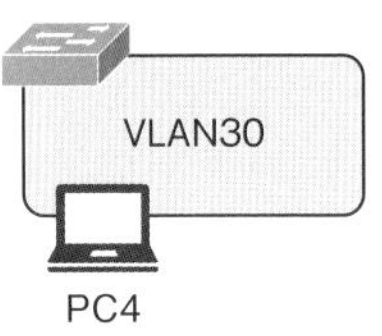

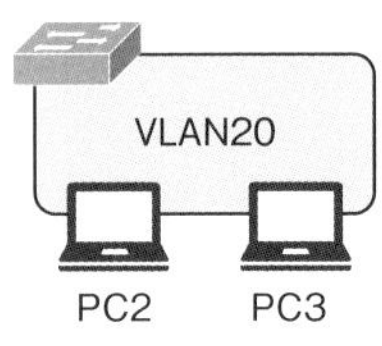

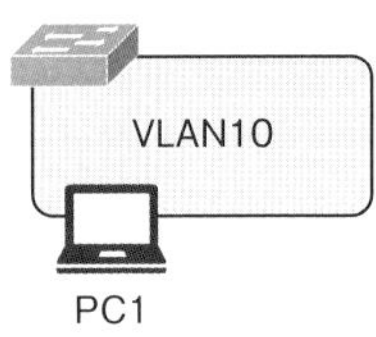

○図10-E：SFSWのVLANとポートの割り当て

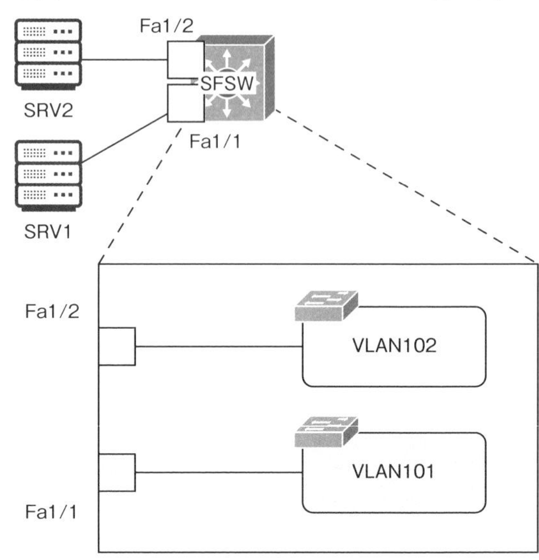

○図10-F：サーバ用VLANの論理構成

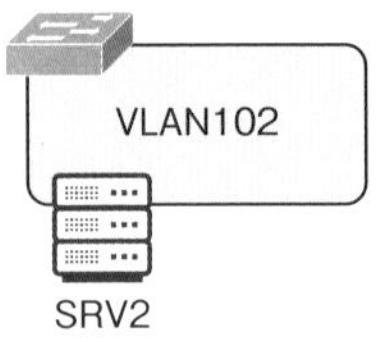

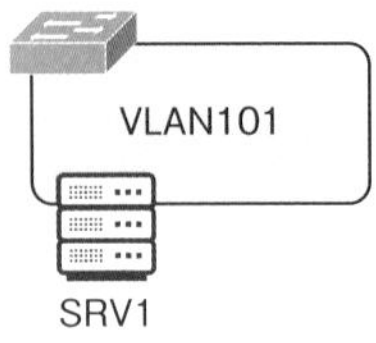

Part2 IPアドレス設定（VLAN間ルーティング）

Step1 ネットワークアドレスの検討

今回の演習のネットワーク構成におけるネットワークアドレスについて考えます。プライベートネットワークなので、プライベートアドレスを利用します。

PC用VLANのネットワークアドレスは、「172.16」ではじまるネットワークアドレスとしています。また、サーバ用VLANのネットワークアドレスは、「172.17」ではじまるネットワークアドレスとしています。これによって、2バイト目までを見れば、PC用VLANなのかサーバ用VLANなのかをわかるようにしています。また、3バイト目には、各VLANのVLAN番号を組み込んでいて、どのVLANのネットワークアドレスであるかがわかりやすくしています。

BBSWを中心とした機器間のネットワークは、2つのIPアドレスだけあればよいので/30のサブネットマスクのネットワークアドレスとしています。

Step2 DSWのSVIの設定（PC用VLANの接続）

DSWでPC用のVLAN10、VLAN20、VLAN30を相互接続します。そのために、それぞれのVLAN用のSVIを作成して、適切なIPアドレスを割り当てます。設定条件からPC用VLANのSVIのIPアドレスは**表10-F**のようになります。

○表10-F：PC用VLANのSVIのIPアドレス

機器	インタフェース	IPアドレス
DSW	Vlan10（SVI）	172.16.10.1/24
	Vlan20（SVI）	172.16.20.1/24
	Vlan30（SVI）	172.16.30.1/24

DSWでIPルーティングを有効にしSVIを作成して、SVIにIPアドレスを割り当てます。

```
DSW
ip routing
!
interface vlan 10
  ip address 172.16.10.1 255.255.255.0
  no shutdown
!
interface vlan 20
  ip address 172.16.20.1 255.255.255.0
  no shutdown
!
interface vlan 30
  ip address 172.16.30.1 255.255.255.0
  no shutdown
```

この設定によって、DSW内部の仮想ルータで3つのVLANを相互接続します（図10-G）。

○図10-G：DSWのSVI

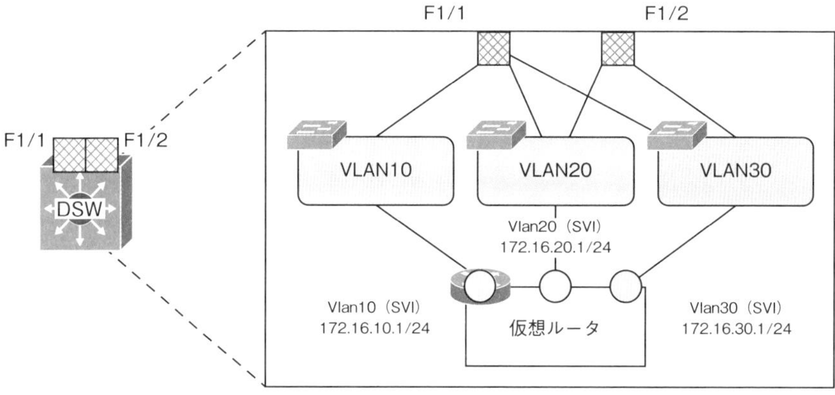

Step3 PCのIPアドレス設定

PC1からPC4にそれぞれが所属するVLANに応じたIPアドレスとデフォルトゲートウェイを設定します。デフォルトゲートウェイは、所属するVLANのDSWのSVIに設定しているIPアドレスです。所属するVLANとホストアドレスのルールから各PCのIPアドレスとデフォルトゲートウェイは**表10-G**のとおりです。

◯表10-G：各PCのIPアドレスとデフォルトゲートウェイ

機器	IPアドレス	デフォルトゲートウェイ
PC1（VLAN10）	172.16.10.101/24	172.16.10.1
PC2（VLAN20）	172.16.20.102/24	172.16.20.1
PC3（VLAN20）	172.16.20.103/24	172.16.20.1
PC4（VLAN30）	172.16.30.104/24	172.16.30.1

本文でも述べていますが、IPアドレスを設定してはじめてPCはネットワークに接続してTCP/IPの通信が可能になります。

```
PC1
no ip routing
!
interface FastEthernet0/0
  ip address 172.16.10.101 255.255.255.0
  no shutdown
!
ip default-gateway 172.16.10.1

PC2
ip 172.16.20.102 255.255.255.0 172.16.20.1

PC3
ip 172.16.20.103 255.255.255.0 172.16.20.1

PC4
ip 172.16.30.104 255.255.255.0 172.16.30.1
```

Step4 IPアドレスとPC用VLANの論理構成の確認

【Step2】で設定したDSWのIPアドレスを確認します。show ip interface briefコマンドを入力します。

```
DSW
DSW#show ip interface brief | include Vlan ⏎
Vlan1              unassigned      YES  NVRAM  administratively down down
Vlan10             172.16.10.1     YES  manual up                    up
Vlan20             172.16.20.1     YES  manual up                    up
Vlan30             172.16.30.1     YES  manual up                    up
```

また、PC1とPC2のIPアドレスは次のようになります。

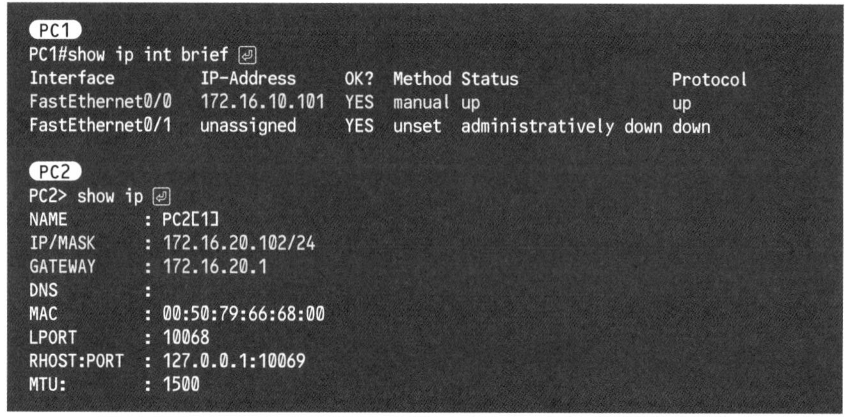

```
PC1
PC1#show ip int brief ⏎
Interface          IP-Address      OK? Method Status                Protocol
FastEthernet0/0    172.16.10.101   YES manual up                    up
FastEthernet0/1    unassigned      YES unset  administratively down down

PC2
PC2> show ip ⏎
NAME        : PC2[1]
IP/MASK     : 172.16.20.102/24
GATEWAY     : 172.16.20.1
DNS         :
MAC         : 00:50:79:66:68:00
LPORT       : 10068
RHOST:PORT  : 127.0.0.1:10069
MTU:        : 1500
```

PC用のVLAN10、VLAN20、VLAN30は、**図10-H**のようにDSWのSVIで相互接続されています。

◯図10-H：PC用VLANの相互接続

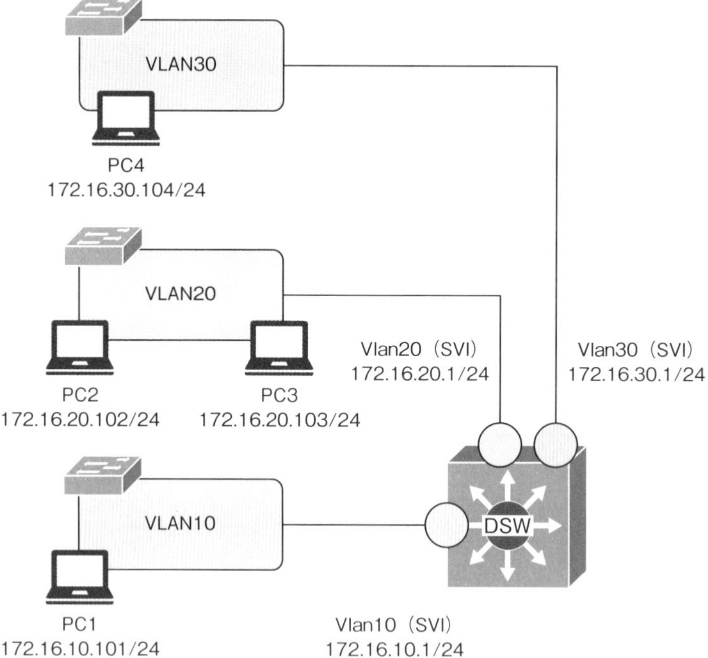

DSWで3つのVLANのネットワークを相互接続していることは、ルーティングテーブルを見るとよくわかります。show ip routeコマンドでルーティングテーブルを表示すると、次のようになります。

```
DSW
DSW#show ip route ⏎
    :(略)

Gateway of last resort is not set

     172.16.0.0/24 is subnetted, 3 subnets
C       172.16.30.0 is directly connected, Vlan30
C       172.16.20.0 is directly connected, Vlan20
C       172.16.10.0 is directly connected, Vlan10
```

DSWでVLAN10、VLAN20、VLAN30が相互接続されているので、VLAN10、VLAN20、VLAN30間の通信が可能です。PC1から他のVLANのPC宛にPingを実行すると、正常に応答が返ってきます。

```
PC1
PC1#ping 172.16.20.102 ⏎

Type escape sequence to abort.
Sending 5, 100-byte ICMP Echos to 172.16.20.102, timeout is 2 seconds:
!!!!!
Success rate is 100 percent (5/5), round-trip min/avg/max = 104/125/200 ms
PC1#ping 172.16.20.103 ⏎

Type escape sequence to abort.
Sending 5, 100-byte ICMP Echos to 172.16.20.103, timeout is 2 seconds:
!!!!!
Success rate is 100 percent (5/5), round-trip min/avg/max = 104/132/240 ms
PC1#ping 172.16.30.104 ⏎

Type escape sequence to abort.
Sending 5, 100-byte ICMP Echos to 172.16.30.104, timeout is 2 seconds:
!!!!!
Success rate is 100 percent (5/5), round-trip min/avg/max = 100/151/312 ms
```

Step5 SFSWのSVIの設定(サーバ用VLANの接続)

SFSWでサーバ用VLANであるVLAN101とVLAN102を相互接続します。それぞれのVLAN用のSVIを作成して、IPアドレスを割り当てます(表10-H)。

○表10-H：SFSWのSVIの設定

機器	インタフェース	IPアドレス
SFSW	Vlan101（SVI）	172.17.101.1/24
	Vlan102（SVI）	172.17.101.1/24

SFSWでIPルーティングを有効にしSVIを作成して、SVIにIPアドレスを割り当てます。

```
SFSW
ip routing
!
interface vlan 101
  ip address 172.17.101.1 255.255.255.0
  no shutdown
!
interface vlan 102
  ip address 172.17.102.1 255.255.255.0
  no shutdown
```

この設定によって、SFSW内部の仮想ルータで2つのサーバ用VLANを相互接続します(**図10-I**)。

また、SRV1/SRV2に適切なIPアドレスとデフォルトゲートウェイを設定します(**表10-I**)。

```
SRV1
ip 172.17.101.201 255.255.255.0 172.17.101.1

SRV2
ip 172.17.102.202 255.255.255.0 172.17.102.1
```

○表10-I：SRV1/SRV2のIPアドレスとデフォルトゲートウェイ

機器	IPアドレス	デフォルトゲートウェイ
SRV1（VLAN101）	172.17.101.201/24	172.17.101.1
SRV2（VLAN102）	172.17.102.202/24	172.17.102.1

○図10-I:SFSWのSVI

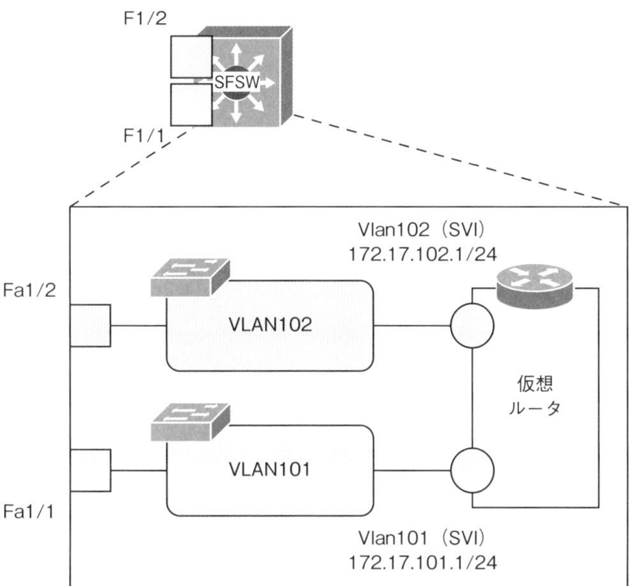

Step6 IPアドレスとサーバ用VLANの論理構成の確認

【Step5】の設定を確認します。SFSWでshow ip interface briefコマンドとshow ip routeコマンドを実行します。

```
SFSW
SFSW#show ip interface brief | include Vlan ⏎
Vlan1                   unassigned      YES NVRAM  administratively down down
Vlan101                 172.17.101.1    YES manual up                    up
Vlan102                 172.17.102.1    YES manual up                    up

SFSW#show ip route ⏎
    :(略)
Gateway of last resort is not set

     172.17.0.0/24 is subnetted, 2 subnets
C       172.17.101.0 is directly connected, Vlan101
C       172.17.102.0 is directly connected, Vlan102
```

SFSWによって、サーバ用のVLAN101とVLAN102を相互接続している論理構成は、**図10-J**のようになります。

○図10-J：サーバ用VLANの相互接続

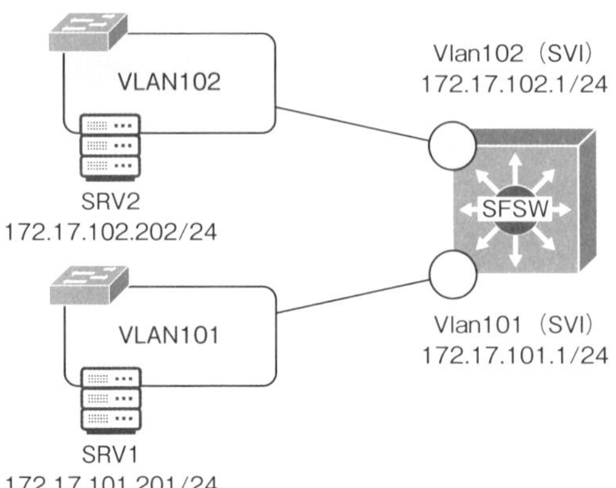

サーバ用の2つのVLANが相互接続されているので、SRV1-SRV2間の通信が可能です。

```
SRV1
SRV1> ping 172.17.102.202 ⏎
84 bytes from 172.17.102.202 icmp_seq=1 ttl=63 time=30.371 ms
84 bytes from 172.17.102.202 icmp_seq=2 ttl=63 time=30.205 ms
84 bytes from 172.17.102.202 icmp_seq=3 ttl=63 time=29.937 ms
84 bytes from 172.17.102.202 icmp_seq=4 ttl=63 time=29.568 ms
84 bytes from 172.17.102.202 icmp_seq=5 ttl=63 time=30.121 ms
```

Step7 ネットワーク機器間のIPアドレスの設定

BBSWを中心としたネットワーク機器間のIPアドレスを設定します。ネットワーク機器同士は1対1で接続しています。そのため、レイヤ3スイッチのポートはすべてルーテッドポートとして、直接IPアドレスを設定します。

設定条件から、各機器のインタフェースに設定するIPアドレスは**表10-J**のようになります。

◯表10-J：各機器のインタフェースに設定するIPアドレス

機器	インタフェース	IPアドレス
DSW	Fa1/8（ルーテッドポート）	172.18.0.2/30
SFSW	Fa1/8（ルーテッドポート）	172.18.0.6/24
BBSW	Fa1/1（ルーテッドポート）	172.18.0.1/30
	Fa1/2（ルーテッドポート）	172.18.0.5/30
	Fa1/3（ルーテッドポート）	172.18.0.9/30
INET	Fa0/0	172.18.0.10/30

```
DSW
interface FastEthernet1/8
  no switchport
  ip address 172.18.0.2 255.255.255.252

SFSW
interface FastEthernet1/8
  no switchport
  ip address 172.18.0.6 255.255.255.252

BBSW
ip routing
!
interface FastEthernet1/1
  no switchport
  ip address 172.18.0.1 255.255.255.252
!
interface FastEthernet1/2
  no switchport
  ip address 172.18.0.5 255.255.255.252
!
interface FastEthernet1/3
  no switchport
  ip address 172.18.0.9 255.255.255.252

INET
interface FastEthernet0/0
  ip address 172.18.0.10 255.255.255.252
  no shutdown
```

BBSW内部の仮想ルータとFa1/1、Fa1/2、Fa1/3は**図10-K**のように直結してIPアドレスを設定しています。

Appendix

○図10-K：BBSWのルーテッドポート

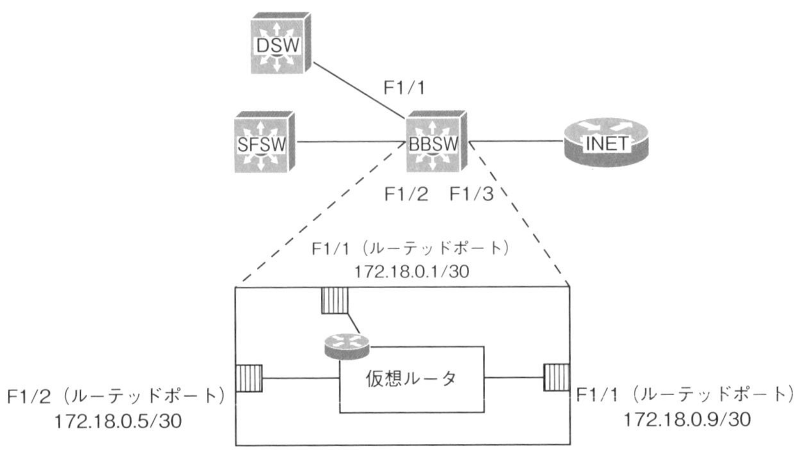

Step8 ネットワーク機器間のIPアドレスの確認

【Step7】で設定したIPアドレスをshow ip interface briefコマンドで確認します。また、show ip routeコマンドでルーティングテーブルを表示して、ネットワークを相互接続していることを確認します。BBSWでは、次のような表示になります。

```
BBSW
BBSW#show ip interface brief | exclude down ⏎
Interface                  IP-Address      OK? Method Status          Protocol
FastEthernet1/1            172.18.0.1      YES manual up              up
FastEthernet1/2            172.18.0.5      YES manual up              up
FastEthernet1/3            172.18.0.9      YES manual up              up

BBSW#show ip route ⏎
     :（略）
Gateway of last resort is not set

      172.18.0.0/30 is subnetted, 3 subnets
C        172.18.0.8 is directly connected, FastEthernet1/3
C        172.18.0.4 is directly connected, FastEthernet1/2
C        172.18.0.0 is directly connected, FastEthernet1/1
```

これでIPアドレスの設定はすべて完了です。今回の演習では、PC用の3つのVLANとサーバ用の2つのVLAN、そしてネットワーク機器間の3つのネッ

○図10-L：社内ネットワーク全体の論理構成

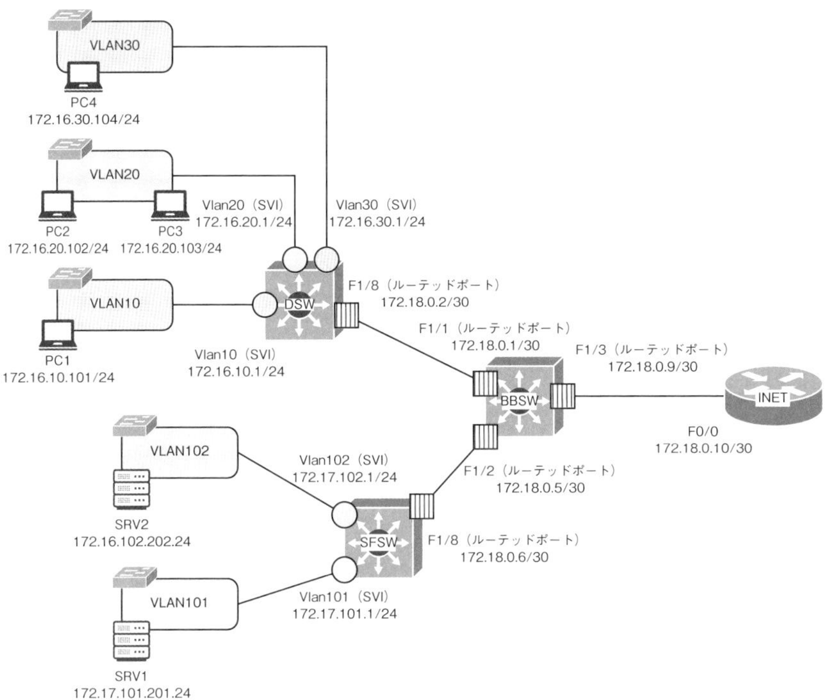

トワーク、合わせて8つのネットワークがあります。8つのネットワークは、DSW/SFSW/BBSW/INETのネットワーク機器で**図10-L**のように相互接続していることになります。

ただし、IPアドレスを設定して各ネットワークを相互接続しただけでは、社内ネットワーク全体の通信はまだできません。PCとサーバ間の通信はまだ不可能です。PC1からSRV1宛にPingを実行しても応答は返ってきません。

```
PC1
PC1#ping 172.17.101.201 ⏎

Type escape sequence to abort.
Sending 5, 100-byte ICMP Echos to 172.17.101.201, timeout is 2 seconds:
UUUUU
Success rate is 0 percent (0/5)
```

社内ネットワーク全体で通信ができない理由は、各レイヤ3スイッチのルーティングテーブルには直接接続しているネットワークの情報しか登録されていないからです。IPアドレスを設定するだけではなく、Part3またはPart4のルーティングの設定をしなければいけません。

Part3 スタティックルート

Step1 リモートネットワークの洗い出し

社内ネットワーク全体で通信するためには、DSW/SFSW/BBSW/INETのルーティングテーブルに社内ネットワークのルート情報をすべて登録しなければいけません。Part3では、スタティックルートの設定によって、各機器のルーティングテーブルにルート情報を登録します。

◯表10-K：機器ごとのリモートネットワーク

機器	リモートネットワーク	ネクストホップ
DSW	172.17.101.0/24	172.18.0.1
	172.17.102.0/24	172.18.0.1
	172.18.0.4/30	172.18.0.1
	172.18.0.8/30	172.18.0.1
SFSW	172.16.10.0/24	172.18.0.5
	172.16.20.0/24	172.18.0.5
	172.16.30.0/24	172.18.0.5
	172.18.0.0/30	172.18.0.5
	172.18.0.8/30	172.18.0.5
BBSW	172.16.10.0/24	172.18.0.2
	172.16.20.0/24	172.18.0.2
	172.16.30.0/24	172.18.0.2
	172.17.101.0/24	172.18.0.6
	172.17.102.0/24	172.18.0.6
INET	172.16.10.0/24	172.18.0.9
	172.16.20.0/24	172.18.0.9
	172.16.30.0/24	172.18.0.9
	172.17.101.0/24	172.18.0.9
	172.17.102.0/24	172.18.0.9
	172.18.0.0/30	172.18.0.9
	172.18.0.4/30	172.18.0.9

スタティックルートの設定を行うには、登録するべきリモートネットワークをきちんと洗い出すことが重要です。各機器にとってのリモートネットワークを表10-Kにまとめます。

Step2 スタティックルートの設定

リモートネットワークを洗い出したら、ip routeコマンドでそれぞれのリモートネットワークのルート情報を設定します。なお、集約することもできますが、この演習では1つずつ登録するものとします。

```
DSW
ip route 172.17.101.0 255.255.255.0 172.18.0.1
ip route 172.17.102.0 255.255.255.0 172.18.0.1
ip route 172.18.0.4 255.255.255.252 172.18.0.1
ip route 172.18.0.8 255.255.255.252 172.18.0.1

SFSW
ip route 172.16.10.0 255.255.255.0 172.18.0.5
ip route 172.16.20.0 255.255.255.0 172.18.0.5
ip route 172.16.30.0 255.255.255.0 172.18.0.5
ip route 172.18.0.0 255.255.255.252 172.18.0.5
ip route 172.18.0.8 255.255.255.252 172.18.0.5

BBSW
ip route 172.16.10.0 255.255.255.0 172.18.0.2
ip route 172.16.20.0 255.255.255.0 172.18.0.2
ip route 172.16.30.0 255.255.255.0 172.18.0.2
ip route 172.17.101.0 255.255.255.0 172.18.0.6
ip route 172.17.102.0 255.255.255.0 172.18.0.6

INET
ip route 172.16.10.0 255.255.255.0 172.18.0.9
ip route 172.16.20.0 255.255.255.0 172.18.0.9
ip route 172.16.30.0 255.255.255.0 172.18.0.9
ip route 172.17.101.0 255.255.255.0 172.18.0.9
ip route 172.17.102.0 255.255.255.0 172.18.0.9
ip route 172.18.0.0 255.255.255.252 172.18.0.9
ip route 172.18.0.4 255.255.255.252 172.18.0.9
```

Step3 スタティックルートと通信の確認

show ip route staticコマンドでルーティングテーブルに正しく必要なルート情報が登録されていることを確認します。DSWでは、次のような表示になります。

```
DSW
DSW#show ip route static ⏎
     172.17.0.0/24 is subnetted, 2 subnets
S       172.17.101.0 [1/0] via 172.18.0.1
S       172.17.102.0 [1/0] via 172.18.0.1
     172.18.0.0/30 is subnetted, 3 subnets
S       172.18.0.8 [1/0] via 172.18.0.1
S       172.18.0.4 [1/0] via 172.18.0.1
```

すべてのネットワーク機器でスタティックルートを正しく設定していれば、社内ネットワーク全体で通信ができます。PC1から社内ネットワーク内の他の機器にPingを実行して、通信できることを確認します。

```
PC1
PC1#ping 172.17.101.201 ⏎

Type escape sequence to abort.
Sending 5, 100-byte ICMP Echos to 172.17.101.201, timeout is 2 seconds:
!!!!!
Success rate is 100 percent (5/5), round-trip min/avg/max = 132/151/180 ms

PC1#ping 172.17.102.202 ⏎

Type escape sequence to abort.
Sending 5, 100-byte ICMP Echos to 172.17.102.202, timeout is 2 seconds:
.!!!!
Success rate is 80 percent (4/5), round-trip min/avg/max = 132/160/208 ms

PC1#ping 172.18.0.10 ⏎

Type escape sequence to abort.
Sending 5, 100-byte ICMP Echos to 172.18.0.10, timeout is 2 seconds:
.!!!!
Success rate is 80 percent (4/5), round-trip min/avg/max = 120/127/136 ms
```

演習で考えているネットワークの規模ならスタティックルートの設定でもそれほど手間はかかりません。また、冗長化もしていないので、障害時にルーティングテーブルのルート情報を再設定する必要もありません。ただ、もし、新しいルータ／レイヤ3スイッチでネットワークが追加されると、既存のすべての機器でスタティックルートの設定の追加が必要になってしまいます。

小規模なネットワークでもルーティングプロトコルを利用すると、ルーティングの設定はとても簡単になります。Part4でスタティックルートに代えて、RIPv2でルーティングテーブルを作成します。

Part4 RIP

Step1 スタティックルートの削除

スタティックルートに代えて、RIPv2でルーティングテーブルを作成します。RIPv2のルート情報よりもスタティックルートのルート情報のほうが優先されます。Part3のスタティックルートの設定が残っていると、RIPv2のルート情報はルーティングテーブルに登録されなくなってしまいます。そこで、Part3のスタティックルートの設定を削除します。

```
DSW
no ip route 172.17.101.0 255.255.255.0 172.18.0.1
no ip route 172.17.102.0 255.255.255.0 172.18.0.1
no ip route 172.18.0.4 255.255.255.252 172.18.0.1
no ip route 172.18.0.8 255.255.255.252 172.18.0.1

SFSW
no ip route 172.16.10.0 255.255.255.0 172.18.0.5
no ip route 172.16.20.0 255.255.255.0 172.18.0.5
no ip route 172.16.30.0 255.255.255.0 172.18.0.5
no ip route 172.18.0.0 255.255.255.252 172.18.0.5
no ip route 172.18.0.8 255.255.255.252 172.18.0.5

BBSW
no ip route 172.16.10.0 255.255.255.0 172.18.0.2
no ip route 172.16.20.0 255.255.255.0 172.18.0.2
no ip route 172.16.30.0 255.255.255.0 172.18.0.2
no ip route 172.17.101.0 255.255.255.0 172.18.0.6
no ip route 172.17.102.0 255.255.255.0 172.18.0.6

INET
no ip route 172.16.10.0 255.255.255.0 172.18.0.9
no ip route 172.16.20.0 255.255.255.0 172.18.0.9
no ip route 172.16.30.0 255.255.255.0 172.18.0.9
no ip route 172.17.101.0 255.255.255.0 172.18.0.9
no ip route 172.17.102.0 255.255.255.0 172.18.0.9
no ip route 172.18.0.0 255.255.255.252 172.18.0.9
no ip route 172.18.0.4 255.255.255.252 172.18.0.9
```


Step2 RIPv2の設定

DSW/SFSW/BBSW/INETのインタフェースでRIPv2を有効化します。

INETは、社内ネットワーク側のFa0/0のみです。自動集約は無効化します。また、DSWとSFSWでは、PC／サーバが接続されているSVIをパッシブインタフェースとします。PC／サーバにはRIPパケットを送信する必要はないからです。

```
DSW
router rip
  version 2
  network 172.16.0.0
  network 172.18.0.0
  no auto-summary
  passive-interface vlan 10
  passive-interface vlan 20
  passive-interface vlan 30

SFSW
router rip
  version 2
  network 172.17.0.0
  network 172.18.0.0
  no auto-summary
  passive-interface vlan 101
  passive-interface vlan 102

BBSW
router rip
  version 2
  network 172.18.0.0
  no auto-summary

INET
router rip
  version 2
  network 172.18.0.0
  no auto-summary
```

Step3 RIPv2と通信の確認

RIPv2の設定が正しく行われていることをshow ip protocolsコマンドで確認します。DSWでは、次のような表示になります。

```
DSW
DSW#show ip protocols ⏎
Routing Protocol is "rip"
  Outgoing update filter list for all interfaces is not set
  Incoming update filter list for all interfaces is not set
  Sending updates every 30 seconds, next due in 16 seconds
  Invalid after 180 seconds, hold down 180, flushed after 240
  Redistributing: rip
  Default version control: send version 2, receive version 2
    Interface             Send  Recv  Triggered RIP  Key-chain
    FastEthernet1/8       2     2
  Automatic network summarization is not in effect
  Maximum path: 4
  Routing for Networks:
    172.16.0.0
    172.18.0.0
  Passive Interface(s):
    Vlan10
    Vlan20
    Vlan30
  Routing Information Sources:
    Gateway         Distance      Last Update
    172.18.0.1           120      00:00:19
  Distance: (default is 120)
```

演習のネットワークでRIPv2を有効にしているインタフェースをまとめると、**図10-M**のようになっています。

RIPv2の設定が正しく行われていれば、社内ネットワークの必要なルート情報がルーティングテーブルに登録されています。show ip route ripコマンドでルーティングテーブルを確認します。DSWでは、次のような表示になります。

```
DSW
DSW#show ip route rip ⏎
     172.17.0.0/24 is subnetted, 2 subnets
R       172.17.101.0 [120/2] via 172.18.0.1, 00:00:03, FastEthernet1/8
R       172.17.102.0 [120/2] via 172.18.0.1, 00:00:03, FastEthernet1/8
     172.18.0.0/30 is subnetted, 3 subnets
R       172.18.0.8 [120/1] via 172.18.0.1, 00:00:03, FastEthernet1/8
R       172.18.0.4 [120/1] via 172.18.0.1, 00:00:03, FastEthernet1/8
```

○図10-M：RIPが有効なインタフェースのまとめ

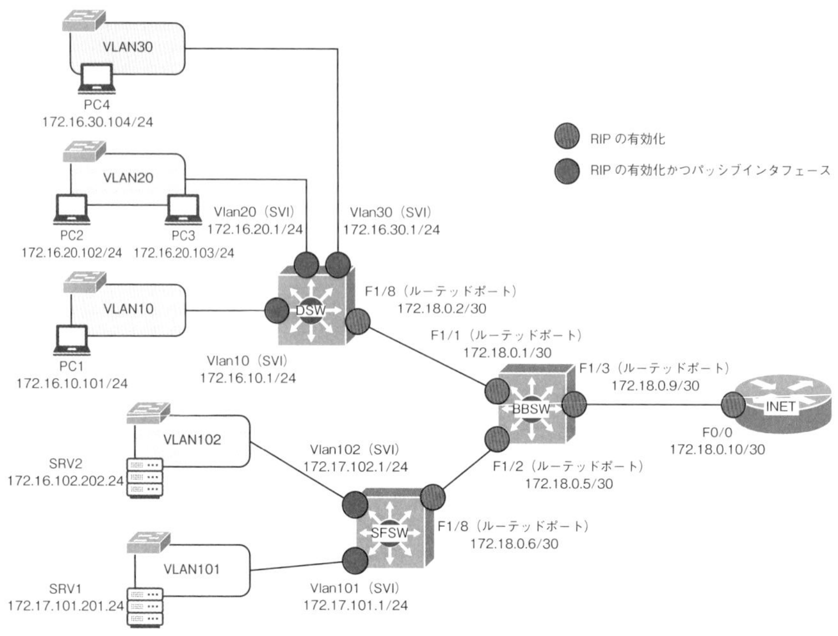

RIPv2によって、ルーティングテーブルが完成してれば社内ネットワーク全体で通信可能です。PC1から他の機器へPingを実行します。

```
PC1
PC1#ping 172.17.101.201

Type escape sequence to abort.
Sending 5, 100-byte ICMP Echos to 172.17.101.201, timeout is 2 seconds:
!!!!!
Success rate is 100 percent (5/5), round-trip min/avg/max = 136/184/216 ms

PC1#ping 172.17.102.202

Type escape sequence to abort.
Sending 5, 100-byte ICMP Echos to 172.17.102.202, timeout is 2 seconds:
!!!!!
Success rate is 100 percent (5/5), round-trip min/avg/max = 136/153/188 ms

PC1#ping 172.18.0.10

Type escape sequence to abort.
Sending 5, 100-byte ICMP Echos to 172.18.0.10, timeout is 2 seconds:
!!!!!
Success rate is 100 percent (5/5), round-trip min/avg/max = 136/146/172 ms
```

RIPv2のようなルーティングプロトコルの設定はスタティックルートよりも簡単です。また、新しいルータ／レイヤ3スイッチによってネットワークが追加されても、既存の機器を再設定する必要はありません。

これで、社内ネットワークの構築はすべて完了です。ただ、プライベートネットワークだけではネットワークを利用するメリットが限定されてしまいます。そこで、次のPartでインターネットへ接続して、社内だけでなくインターネット上のさまざまな機器と通信できるようにします。

Part5 インターネットへの接続

Step1 グローバルアドレスとデフォルトルートの設定（INET）

インターネット接続のためのルータであるINETをISPと接続することで、インターネットへ接続します。ISPからグローバルアドレス100.0.0.1/24を割り当てられているものとしているので、INETのFa0/1に100.0.0.1/24を設定します。

また、インターネット宛にパケットをルーティングするために、ルーティングテーブルにデフォルトルートを登録します。ISPではRIPv2を利用してくれないので、デフォルトルートはスタティックルートとして設定します。

```
INET
interface FastEthernet0/1
  ip address 100.0.0.1 255.255.255.0
  no shutdown
!
ip route 0.0.0.0 0.0.0.0 100.0.0.10
```

Step2 グローバルアドレスとデフォルトルートの確認（INET）

INETでshow ip interface briefおよびshow ip route staticコマンドでグローバルアドレスとデフォルトルートが正しく設定されていることを確認します。

```
INET
INET#show ip interface brief ⏎
Interface              IP-Address      OK? Method Status                Protocol
FastEthernet0/0        172.18.0.10     YES NVRAM  up                    up
FastEthernet0/1        100.0.0.1       YES manual up                    up
INET#show ip route static ⏎
S*    0.0.0.0/0 [1/0] via 100.0.0.10
```

グローバルアドレスとデフォルトルートを正しく設定していれば、INETからインターネット上のINET-SRVへ通信できます。

```
INET
INET#ping 100.100.100.100 ⏎

Type escape sequence to abort.
Sending 5, 100-byte ICMP Echos to 100.100.100.100, timeout is 2 seconds:
!!!!!
Success rate is 100 percent (5/5), round-trip min/avg/max = 104/129/140 ms
```

Step3 社内ネットワークにデフォルトルートをアドバタイズ

INETのルーティングテーブルだけにデフォルトルートが登録されているのでは不十分です。社内ネットワークの他のレイヤ3スイッチDSW/SFSW/BBSWにもデフォルトルートが必要です。

社内ネットワークではRIPv2を利用しているので、RIPv2でデフォルトルートを学習できるようにします。INETでRIPルートとしてデフォルトルートを生成して、他のレイヤ3スイッチにアドバタイズします(**図10-N**)。

```
INET
router rip
 default-information originate
```

Step4 デフォルトルートの確認

社内ネットワークのレイヤ3スイッチのルーティングテーブルにデフォルトルートが正しく登録されていることを確認します。show ip route ripコマンドでルーティングテーブル上のRIPで学習したルート情報のみを表示します。DSWでは、次のような表示になります。

○図10-N：RIPでデフォルトルートをアドバタイズ

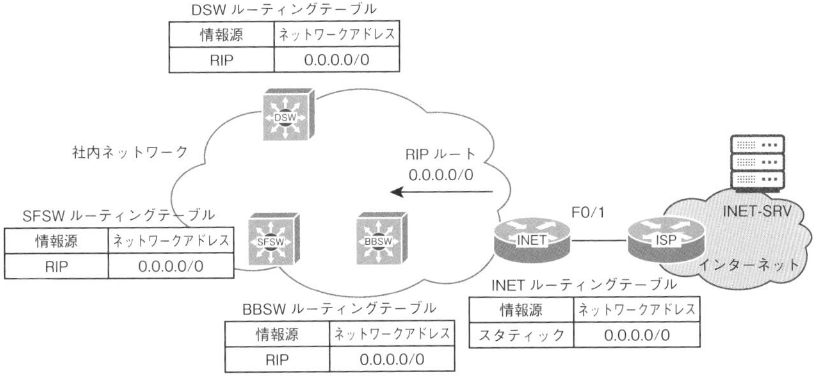

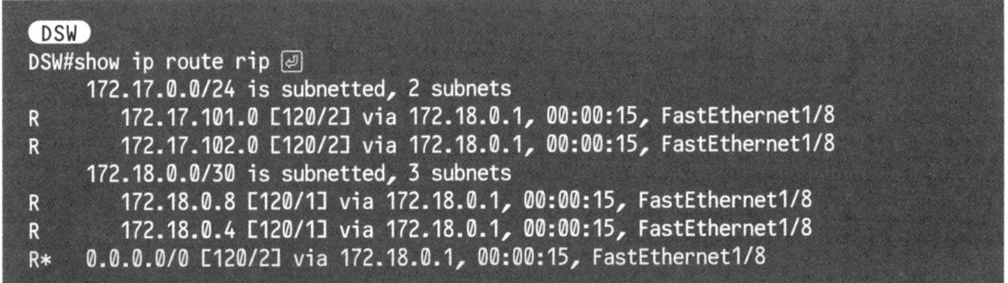

```
DSW
DSW#show ip route rip ⏎
     172.17.0.0/24 is subnetted, 2 subnets
R       172.17.101.0 [120/2] via 172.18.0.1, 00:00:15, FastEthernet1/8
R       172.17.102.0 [120/2] via 172.18.0.1, 00:00:15, FastEthernet1/8
     172.18.0.0/30 is subnetted, 3 subnets
R       172.18.0.8 [120/1] via 172.18.0.1, 00:00:15, FastEthernet1/8
R       172.18.0.4 [120/1] via 172.18.0.1, 00:00:15, FastEthernet1/8
R*   0.0.0.0/0 [120/2] via 172.18.0.1, 00:00:15, FastEthernet1/8
```

社内ネットワークのすべてのレイヤ3スイッチのルーティングテーブルにデフォルトルートが登録されていても、まだ、PCからインターネットへの通信はできません。

```
PC1
PC1#ping 100.100.100.100 ⏎

Type escape sequence to abort.
Sending 5, 100-byte ICMP Echos to 100.100.100.100, timeout is 2 seconds:
.....
Success rate is 0 percent (0/5)
```

デフォルトルートによって、インターネット上のINET-SRVまでは行きのデータが転送されています。しかし、送信元IPアドレスがプライベートアドレスのままでは、戻りのデータが返ってこられないからです。

インターネット宛のデータが戻ってこられるように、PATの設定が必要です。

Step5 PATの設定

社内ネットワークのプライベートアドレスのPCからインターネットへの通信ができるようにアドレス変換の設定を行います。INETの1つのグローバルアドレス100.0.0.1を複数のPCで共有するのでPATの設定を行います。

```
INET
interface FastEthernet0/0
  ip nat inside
!
interface FastEthernet0/1
  ip nat outside
!
access-list 1 permit 172.16.0.0 0.0.255.255
!
ip nat inside source list 1 interface FastEthernet0/1 overload
```

PCからのみインターネットへ接続します。そのため、「access-list 1 permit 172.16.0.0 0.0.255.255」によって送信元IPアドレスが172.16で始まるパケットのみをアドレス変換の対象としています。

Step6 PATの確認

PATの設定とアドレス変換の動作を確認します。INETでshow ip interfaceコマンドを入力して内部ネットワーク、外部ネットワークを確認します。

```
INET
INET#show ip interface FastEthernet0/0 ⏎
FastEthernet0/0 is up, line protocol is up
  Internet address is 172.18.0.10/30
  Broadcast address is 255.255.255.255
    :(略)
  Network address translation is enabled, interface in domain inside
    :(略)
INET#show ip interface FastEthernet0/1 ⏎
FastEthernet0/1 is up, line protocol is up
  Internet address is 100.0.0.1/24
  Broadcast address is 255.255.255.255
    :(略)
  Network address translation is enabled, interface in domain outside
    :(略)
```

また、show running-configでアドレス変換のip nat inside sourceコマンドが正しく入力されていることを確認します。

```
INET
INET#show running-config | include ip nat ⏎
 ip nat inside
 ip nat outside
ip nat inside source list 1 interface FastEthernet0/1 overload
```

PATのアドレス変換の設定が正しく行われていれば、社内ネットワークのPCからインターネット上のINET-SRVまで通信できます。PC1からINET-SRVへPingを実行すると、応答が返ってきます。

```
PC1
PC1#ping 100.100.100.100 ⏎

Type escape sequence to abort.
Sending 5, 100-byte ICMP Echos to 100.100.100.100, timeout is 2 seconds:
.!!!!
Success rate is 80 percent (4/5), round-trip min/avg/max = 156/165/176 ms
```

そして、INETでshow ip nat translationsコマンドでどのようなアドレス変換が行われたがわかります[注1]。

```
INET
INET#show ip nat translations ⏎
Pro Inside global    Inside local      Outside local      Outside global
icmp 100.0.0.1:1     172.16.10.101:1   100.100.100.100:1  100.100.100.100:1
```

PC1からINET-SRV宛のPingリクエストの送信元IPアドレスが172.16.10.101から100.0.0.1へ変換されています(**図10-O**)。

○図10-O：PC1からINET-SRV宛のアドレス変換

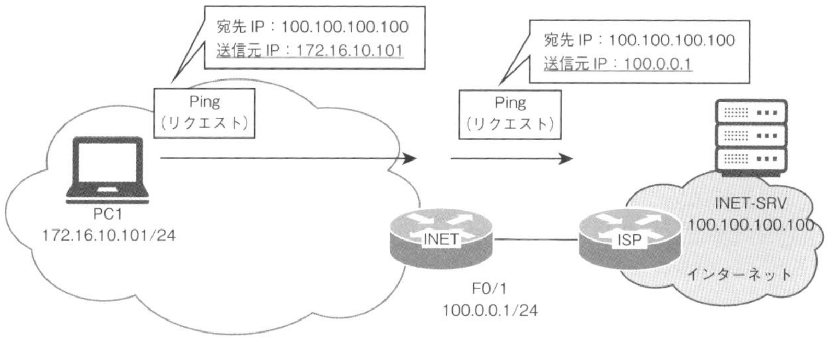

注1) NATテーブルの情報は時間が経過すると消えます。show ip nat translationsで何も表示されなければ、再度PC1からINET-SRVへPingを実行してから確認してください。

すると、Pingのリプライのあて先はINETのグローバルアドレスとなり、返ってこられるようになります。

Step7 リフレクシブアクセスリストの設定

PCからインターネット宛の通信の戻りのみを許可するようにリフレクシブアクセスリストによるパケットフィルタリングの設定を行います。

インターネット宛の通信の条件として「TO_INET」、インターネットから戻りの通信の条件として「FROM_INET」という名前のアクセスリストを作成します。「TO_INET」で、インターネット宛の通信を許可して、その戻りの通信を許可するリフレクシブアクセスリスト条件を「REF」という名前で作成します。

そして、「FROM_INET」で自動的に作成した「REF」をチェックします。

```
INET
ip access-list extended TO_INET
  permit ip any any reflect REF
!
ip access-list extended FROM_INET
  evaluate REF
  deny ip any any
!
interface FastEthernet0/1
  ip access-group TO_INET out
  ip access-group FROM_INET in
```

Step8 リフレクシブアクセスリストの確認

PC1からINET-SRVへPingを実行すると、応答が返ってきます。

```
PC1
PC1#ping 100.100.100.100 ⏎

Type escape sequence to abort.
Sending 5, 100-byte ICMP Echos to 100.100.100.100, timeout is 2 seconds:
.!!!!
Success rate is 80 percent (4/5), round-trip min/avg/max = 152/170/204 ms
```

そして、INETでshow ip access-listを見ると、自動的に戻りの通信を許可するREFの条件が作成されています(図10-P)。

```
INET
INET#show ip access-lists ⏎
Standard IP access list 1
    10 permit 172.16.0.0, wildcard bits 0.0.255.255 (24 matches)
Extended IP access list FROM_INET
    10 evaluate REF
    20 deny ip any any
Reflexive IP access list REF
     permit icmp host 100.100.100.100 host 100.0.0.1  (8 matches) (time left 265)
Extended IP access list TO_INET
    10 permit ip any any reflect REF (5 matches)
```

◯図10-P：リフレクシブアクセスリストの動作

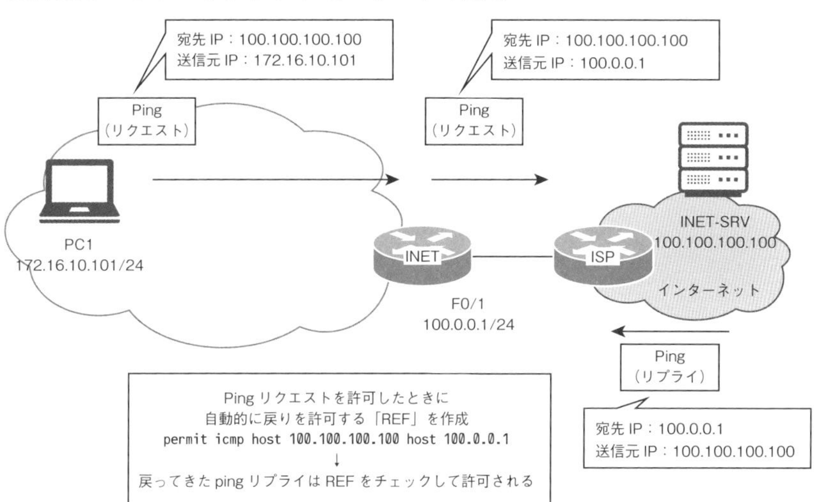

これで、社内ネットワークをインターネットに接続する基本的な設定はすべて完了です。そして、総合演習として本書で学んだ技術を利用したネットワークの構築が完了しました。

【著者紹介】

Gene

2000年よりWebサイト「ネットワークのおべんきょしませんか？」（https://www.n-study.com）を開設。「ネットワーク技術をわかりやすく解説する」ことを目標に日々更新を続ける。ネットワーク技術に関するフリーのインストラクタ、テクニカルライターとして活動中。

●装丁　小島トシノブ（NONdesign）
●本文デザイン・DTP　朝日メディアインターナショナル
●編集　取口敏憲

■お問い合わせについて

本書に関するご質問は、本書に記載されている内容に関するもののみとさせていただきます。本書の内容と関係のないご質問につきましては、いっさいお答えできませんので、あらかじめご了承ください。また、電話でのご質問は受け付けておりませんので、本書サポートページを経由していただくか、FAX・書面にてお送りください。

＜問い合わせ先＞

●本書サポートページ
https://gihyo.jp/book/2022/978-4-297-12687-2
本書記載の情報の修正・訂正・補足などは当該Webページで行います。

●FAX・書面でのお送り先
〒162-0846　東京都新宿区市谷左内町21-13
株式会社技術評論社　雑誌編集部
「[ネットワーク超入門] 手を動かしながら学ぶIPネットワーク」係
FAX：03-3513-6173

なお、ご質問の際には、書名と該当ページ、返信先を明記してくださいますよう、お願いいたします。お送りいただいたご質問には、できる限り迅速にお答えできるよう努力いたしておりますが、場合によってはお答えするまでに時間がかかることがあります。また、回答の期日をご指定なさっても、ご希望にお応えできるとは限りません。あらかじめご了承くださいますよう、お願いいたします。

[ネットワーク超入門] 手を動かしながら学ぶIPネットワーク

2022年4月29日　初版　第1刷発行

著　者　Gene

発行者　片岡　巌
発行所　株式会社技術評論社
東京都新宿区市谷左内町21-13
TEL：03-3513-6150（販売促進部）
TEL：03-3513-6177（雑誌編集部）
印刷／製本　日経印刷株式会社

定価はカバーに表示してあります。

造本には細心の注意を払っておりますが、万一、乱丁（ページの乱れ）や落丁（ページの抜け）がございましたら、小社販売促進部までお送りください。送料小社負担にてお取り替えいたします。

ISBN978-4-297-12687-2 C3055

Printed in Japan